大数据技术精品系列教材

PySpark 大数据分析与应用

Big Data Analysis and Application with PySpark

戴刚 张良均 ◉ 主编
桂友武 李晓英 李晓丹 ◉ 副主编

人 民 邮 电 出 版 社
北 京

图书在版编目（CIP）数据

PySpark大数据分析与应用 / 戴刚，张良均主编. --
北京 : 人民邮电出版社，2024.4
大数据技术精品系列教材
ISBN 978-7-115-63490-0

Ⅰ. ①P… Ⅱ. ①戴… ②张… Ⅲ. ①数据处理—教材
Ⅳ. ①TP274

中国国家版本馆CIP数据核字(2024)第004742号

内 容 提 要

本书以 Python 作为开发语言，系统介绍 PySpark 开发环境搭建流程及基于 PySpark 进行大数据分析的相关知识。本书条理清晰、重点突出，理论叙述循序渐进、由浅入深。本书共 7 章，第 1～5 章包括 PySpark 大数据分析概述、PySpark 安装配置、基于 PySpark 的 DataFrame 操作、基于 PySpark 的流式数据处理、基于 PySpark 的机器学习库，内容介绍注重理论与实践相结合，通过典型示例强化 PySpark 在大数据分析中的实际应用；第 6、7 章通过基于 PySpark 的网络招聘信息的职业类型划分和基于 PySpark 的信用贷款风险分析两个完整的案例实战，结合前 5 章的 PySpark 编程知识，实现完整的大数据分析过程。本书大部分章包含实训和课后习题，读者通过练习和操作实践，能够巩固所学的内容。

本书可作为高校数据科学或大数据相关专业的教材，也可作为机器学习爱好者的自学用书。

◆ 主　　编　戴　刚　张良均
　副 主 编　桂友武　李晓英　李晓丹
　责任编辑　初美呈
　责任印制　王　郁　焦志炜

◆ 人民邮电出版社出版发行　　北京市丰台区成寿寺路 11 号
　邮编　100164　　电子邮件　315@ptpress.com.cn
　网址　https://www.ptpress.com.cn
　北京隆昌伟业印刷有限公司印刷

◆ 开本：787×1092　1/16
　印张：18　　　　　　　　　　2024 年 4 月第 1 版
　字数：401 千字　　　　　　　2024 年 11 月北京第 2 次印刷

定价：69.80 元

读者服务热线：(010)81055256　印装质量热线：(010)81055316
反盗版热线：(010)81055315
广告经营许可证：京东市监广登字 20170147 号

大数据技术精品系列教材

专家委员会

肖　刚（韩山师范学院）　吴阔华（江西理工大学）
邱炳城（广东理工学院）　何小苑（广东水利电力职业技术学院）
余爱民（广东科学技术职业学院）　沈　洋（大连职业技术学院）
沈凤池（浙江商业职业技术学院）　宋眉眉（天津理工大学）
张　敏（广东泰迪智能科技股份有限公司）
张兴发（广州大学）
张尚佳（广东泰迪智能科技股份有限公司）
张治斌（北京信息职业技术学院）　张积林（福建理工大学）
张雅珍（陕西工商职业学院）　陈　永（江苏海事职业技术学院）
武春岭（重庆电子科技职业大学）　周胜安（广东行政职业学院）
赵　强（山东师范大学）　赵　静（广东机电职业技术学院）
胡支军（贵州大学）　胡国胜（上海电子信息职业技术学院）
施　兴（广东泰迪智能科技股份有限公司）
韩宝国（广东轻工职业技术大学）　曾文权（广东科学技术职业学院）
蒙　飚（柳州职业技术大学）　谭　旭（深圳信息职业技术学院）
谭　忠（厦门大学）　薛　云（华南师范大学）
薛　毅（北京工业大学）

序 PREFACE

随着大数据时代的到来，移动互联网和智能手机迅速普及，多种形态的移动互联网应用蓬勃发展，电子商务、云计算、互联网金融、物联网、虚拟现实、智能机器人等不断渗透并重塑传统产业，而与此同时，大数据当之无愧地成为新的产业革命核心。

2019 年 8 月，联合国教科文组织以联合国 6 种官方语言正式发布《北京共识——人工智能与教育》,《北京共识》中提出：“通过人工智能与教育的系统融合，全面创新教育、教学和学习方式，并利用人工智能加快建设开放灵活的教育体系，确保全民享有公平、适合每个人且优质的终身学习机会”。这表明基于大数据的人工智能和教育均进入了新的阶段。

高等教育是教育系统中的重要组成部分，高等院校作为人才培养的重要平台，肩负着为社会培育人才的重要使命。2018 年 6 月 21 日召开的新时代全国高等学校本科教育工作会议首次提出了“金课”的概念。“金专”“金课”“金师”迅速成为新时代高等教育的热词。如何建设具有中国特色的大数据相关专业，以及如何打造世界水平的“金专”“金课”“金师”“金教材”是当代教育教学改革的难点和热点。

实践教学是指在一定的理论指导下，通过实践引导，使学习者获得实践知识、掌握实践技能、锻炼实践能力、提高综合素质的教学活动。实践教学在高校人才培养中处于重要地位，是巩固和加深理论知识的有效途径。目前，高校大数据相关专业的教学体系设置过多地偏向理论教学，课程设置冗余或缺漏，知识体系不健全，且与企业实际应用契合度不高，学生很难将理论转化为实践应用技能。为了有效解决该问题，“泰迪杯”数据挖掘挑战赛组织委员会与人民邮电出版社共同策划了“大数据技术精品系列教材”，这恰与 2019 年 10 月 24 日教育部发布的《教育部关于一流本科课程建设的实施意见》(教高〔2019〕8 号）中提出的“坚持分类建设”“坚持扶强扶特”“提升高阶性”“突出创新性”“增加挑战度”原则契合。

“泰迪杯”数据挖掘挑战赛自 2013 年创办以来，一直致力于推广高校数据挖掘实践教学，培养学生数据挖掘的应用和创新能力。挑战赛的赛题均为经过适当简化和加工的实际问题，来源于各企业、管理机构和科研院所等，非常贴近现实的热点需求。赛题中的数据只做必要的脱敏处理，力求保持原始状态。“泰迪杯”数据挖掘挑战赛围绕数据挖掘的整个流程，从数据采集、数据迁移、数据存储、数据分析与挖掘到数据可视化，涵盖企业应用中的各个环节，与目前大数据专业人才培养目标高度一致。“泰迪杯”数据挖掘挑战赛不依赖数学建模，甚至不依赖传统模型的竞赛形式，这使得“泰迪杯”数据挖掘挑战赛在全国各大高校反响热烈，且得到了全国各界专家学者的认可与支持。2018 年，“泰迪杯”增加了子赛项——数据分析技能赛，为应用型本科、高职和中职技能型人才培养提供理论、技术和资源方面的支持。截至 2021 年，全国共有超 1000 所高校，约 2 万名研究生、9 万名本科生、2 万名高职生参加了“泰迪杯”数据挖掘挑战赛和数据分析技能赛。

本系列教材的第一大特点是注重学生的实践能力培养，针对高校实践教学中的痛点，首次提出“鱼骨教学法”的概念。以企业真实需求为导向，学生学习技能时紧紧围绕企业实际应用需求，将需掌握的理论知识通过企业案例的形式进行衔接，达到知行合一、以用促学的目的。第二大特点是以大数据应用为核心，紧紧围绕大数据应用闭环的流程进行教学。本系列教材涵盖企业大数据应用中的各个环节，符合企业大数据应用真实场景，使学生能从宏观上理解大数据技术在企业中的具体应用场景及应用方法。

在教育部全面实施“六卓越一拔尖”计划 2.0 的背景下，对如何促进我国高等教育人才培养体制机制的综合改革，以及如何重新定位和全面提升我国高等教育质量，本系列教材将起到抛砖引玉的作用，从而加快推进以新工科、新医科、新农科、新文科为代表的一流本科课程的“双万计划”建设；落实“让学生忙起来、管理严起来和教学活起来”措施，让大数据相关专业的人才培养质量有质的提升；借助数据科学的引导，在文、理、农、工、医等方面全方位发力，培养各个行业的卓越人才及未来的领军人才。同时本系列教材将根据读者的反馈意见和建议及时改进、完善，努力成为大数据时代的新型“编写、使用、反馈”螺旋式上升的系列教材建设样板。

汕头大学校长
教育部高等学校大学数学课程教学指导委员会副主任委员
“泰迪杯”数据挖掘挑战赛组织委员会主任
“泰迪杯”数据分析技能赛组织委员会主任

2021 年 7 月于粤港澳大湾区

前言 FOREWORD

随着大数据时代的到来，数据已成为重要的生产要素，渗透到各行各业，也逐渐成了企业核心竞争力的一部分。因此，对企业而言，不仅需要知道如何管理数据，更需要知道如何构建分析系统，挖掘数据规律，解读数据价值。企业如果要通过对数据的有效管控和分析，做出科学、合理的决策，就需要大量的大数据分析人员发现企业所需的数据与信息，运用数据分析方法的思想，科学地建立数据挖掘模型，挖掘其规律和价值，为企业的战略决策和运营管理提供强有力的支撑。此外，随着大数据与人工智能已上升为国家战略，国内诸多高校都开设了大数据相关专业，大数据应用型人才的培养迫在眉睫。大数据应用型人才不仅需要掌握理论知识，还需要具备理论联系实际的分析与决策能力，才能满足企业对数据分析人才的需求。

PySpark 作为 Spark 的 Python 编程接口，继承了 Python 语言表达力强、开发效率高的特点，成为越来越多的数据分析团队、数据分析师进行数据分析时选择的工具。目前市面上关于 PySpark 在大数据应用方面的图书不多，同时能够结合实际案例，从提出问题到需求分析，再到设计分析和编程实践，完整展示 PySpark 大数据分析的相关图书更少。本书全面贯彻党的二十大精神，以社会主义核心价值观为引领，传承中华优秀传统文化，将团结就是力量、去伪存真的科学探索精神、实事求是的科学态度融到 PySpark 大数据分析技术的学习中，并通过理论结合实践，运用该技术解决实际场景中的大数据分析问题，培养学生大数据思维，为加快发展新质生产力，建设网络强国、数字中国而服务。

本书特色

1. 理论叙述由浅入深、循序渐进，表达通俗易懂。本书从基本概念入手，介绍相关的基础理论，再通过应用示例介绍如何运用具体方法解决实际问题。

2. 强化基础，突出知识的应用性。结合高校教学特点和学生的情况，突出 PySpark 大数据分析的重点内容，强调 PySpark 在实际问题中的应用性，充分体现理论知识与应用的紧密结合。

3. 从实践出发，重点突出可操作性。本书从构建 PySpark 的开发环境入手，详细介绍单机模式的 PySpark 开发环境搭建（基于 Windows 系统搭建，搭建过程简单、易于操作）和分布式模式的 PySpark 开发环境搭建（基于 Linux 系统搭建，贴近实际应用场景，处理高效），帮助学生构建可操作的实践环境，实践本书的内容。本书大部分章附有实训和课后习题，便于学生进行上机实验，巩固所学知识，真正理解并应用所学知识。

4. 通过典型案例完整展示 PySpark 大数据分析的过程，强化知识的实际应用。本书最后两章介绍两个案例，以应用为导向，从需求分析入手，再设计解决方案，最终帮助学生运用所学知识实现 PySpark 大数据分析过程。

5. 体现思想育人。本书不仅注重培养学生分析和处理数据的能力，以及运用数据分析理论与方法解决实际问题的实践能力；同时注重课程内容与思想教育的有机融合，在潜移默化中引领学生树立正确的三观和践行社会主义核心价值观，成为坚持正确政治方向的“四有青年”。

本书适用对象

- 开设大数据分析课程的高校师生。
- 大数据开发技术人员。
- 学习 PySpark 大数据分析的爱好者。

代码下载及问题反馈

为了帮助读者更好地使用本书，本书提供配套的原始数据文件、程序代码，以及 PPT 课件、教学大纲、教学进度表和教案等教学资源，读者可以从泰迪云教材网站上免费下载，也可登录人邮教育社区（www.ryjiaoyu.com）下载。同时欢迎读者加入“人邮大数据教师服务群”（QQ 群：669819871）进行交流探讨。

由于编者水平有限，书中难免出现一些疏漏和不足之处。如果读者有更多的宝贵意见和建议，欢迎在“泰迪学社”微信公众号（TipDataMining）回复“图书反馈”进行反馈。更多本系列教材的信息可以在泰迪云教材网站上查阅。

编　者

2023 年 11 月

泰迪云教材

目录 CONTENTS

第1章 PySpark 大数据分析概述

在当今时代，随着计算机、互联网、物联网等技术的迅速发展，数据的产生与获取均呈几何级数、爆炸式增长，大数据概念应运而生。大数据是继云计算、物联网之后信息技术产业领域的又一重大技术革新，被誉为“第三次浪潮的华彩乐章”，现已被广泛应用至各行各业和人们生活的方方面面。如何对大数据进行分析、挖掘并获取有价值的信息，同时推进数字中国建设，越来越受到各行各业的高度重视。

本章首先介绍大数据分析概述，从大数据的概念引入对大数据分析的学习，包括大数据分析的概念、流程、应用场景，并介绍大数据技术体系；然后重点介绍 Spark 大数据技术框架相关知识，包括 Spark 简介、Spark 特点、Spark 运行架构与流程、Spark RDD 和 Spark 生态圈；最后介绍 PySpark 大数据分析。

学习目标

（1）了解大数据分析的概念与流程。
（2）了解大数据技术体系。
（3）了解 Spark 大数据技术框架。
（4）熟悉 Spark RDD 的概念与常见算子。
（5）了解 PySpark 的由来、优势及主要模块。

素质目标

（1）通过学习大数据分析，培养数据分析思维。
（2）通过学习大数据技术技能，培养终身学习的素质。
（3）通过理解 RDD 的基本设计思想，培养团结协作的精神。

1.1 大数据分析概述

在大数据时代，一切都被记录和数字化。人类社会的信息量急剧增长，个人可获取的信息量也呈指数增长。大数据是数据化趋势下的必然产物。然而，大数据的真正魅力并不在于数据的大小和丰富程度，而在于通过分析和挖掘大数据中的价值，帮助政府、企业和个人做出更明智的决策。

1.1.1 大数据的概念

大数据又被称为海量数据，目前学界对大数据的定义尚未统一。2008 年 9 月，国际顶级期刊 *Nature* 推出了名为“Big Data”的专刊，首次正式提出了“大数据”这一专有名词，为大数据概念奠定了基础。2011 年 2 月，同为国际期刊的 *Science* 也发表名为“Dealing with Data”的专刊，首次综合分析了大数据对人类生活造成的影响，并详细描述了人类面临的数据困境。2011 年 5 月，麦肯锡全球研究院（McKinsey Global Institute）发布了报告“Big data: The next frontier for innovation, competition, and productivity”，首次给出了相对清晰的定义，即以数据规模是否能够被经典数据库及时处理来定义大数据，认为大数据是指数据规模大小超过经典数据库系统收集、存储、管理和分析能力的数据集。美国国家标准与技术研究院（National Institute of Standards and Technology，NIST）和国际商业机器公司（International Business Machines Corporation，IBM）也各自对大数据进行了定义。NIST 将大数据定义为“具有规模巨大、种类繁多、增长速度快和变化频繁的特征，需要可扩展体系结构来有效存储、处理和分析的广泛数据集”。IBM 则强调了大数据的“4V”特性，即 Volume（数量）、Variety（多样）、Velocity（速度）和 Value（价值），后来又加入了 Veracity（真实性），形成了大数据的“5V”特性。

尽管学界至今对大数据的概念未达成一致定义，但大数据的“4V”特性得到了普遍认可，具体来说，大数据的“4V”特性如下所述。

（1）Volume，特指大数据的数据体量巨大。计算机中最小的数据存储基本单位是 bit，按照从小到大的顺序给出所有单位，即 bit、byte、KB、MB、GB、TB、PB、EB、ZB、YB、BB、DB。1byte=8bit，从 Byte 开始，前后两个存储单位的换算关系按照进率 1024（2^{10}）进行计算。当前典型的计算机硬盘容量为 TB 量级，而 PB 被认为是大数据的临界点。根据国际数据公司（International Data Corporation，IDC）发布的白皮书“Data Age 2025”预测，2025 年全球数据量总和将达到 175ZB。

（2）Variety，特指大数据的数据类型多样性。传统 IT 产业产生和处理的数据类型较为单一，主要是结构化数据。而现在的数据类型不再局限于结构化数据，更多的是半结构化或非结构化数据，如可扩展标记语言、邮件、博客、即时消息、图片、音频、视频、点击流、日志文件、地理位置信息等。多种数据类型的存在对数据的整合、存储、分析和处理能力提出了更高的要求。

（3）Velocity，特指大数据的数据产生、处理和分析的速度快。随着现代传感技术、网络技术和计算机技术的发展，数据的产生、存储、分析和处理的速度远远超出了人们的想象，业界对大数据的处理能力有一个称谓——“1 秒定律”，这是大数据与传统数据或小数据的重要区别。

（4）Value，特指大数据的数据价值密度低但商业价值高。由于大数据的规模不断扩大，单位数据的价值密度在不断降低，但整体数据的价值却在提高。以监控视频为例，在连续不间断的监控过程中，可能只有一两秒的数据是有用的。现在许多学者和专家将大数据等同于黄金和石油，以表示其中蕴含的巨大商业价值。

综上所述，本书认为大数据是以容量大、种类多、产生与处理速度快以及价值密度低为主要特征的数据集合。由于大数据本身规模大、来源广且格式复杂，因此需要新的体系架构、技术、算法和分析方法来采集、存储和关联分析大数据，以期能够从中提取隐藏的有价值信息。需要注意的是，大数据是一个动态的定义，不同行业根据不同的应用有着不同的理解，其衡量标准也会随着技术的进步而改变。

1.1.2　大数据分析的概念

大数据分析是指对规模巨大、海量的数据进行分析。大数据分析的本质是依托大数据进行数据分析，进而挖掘数据蕴含的价值和知识。大数据分析基于传统的数据分析，又与传统的数据分析有所不同。

传统的数据分析（简称数据分析）是指用适当的统计分析方法对收集的大量数据进行分析，将数据加以汇总、理解并消化，以求最大化地开发数据的价值、发挥数据的作用。

数据分析的目的是将隐藏在一大批看似杂乱无章的数据背后的信息集中和提炼出来，总结出研究对象的内在规律。在实际工作中，数据分析能帮助管理者进行判断和决策，以便采取适当策略与行动。

数据分析支持有科学依据的数据驱动决策，决策应基于事实数据，而不单基于过去的经验或直觉。根据产生的结果，数据分析可以分为描述性分析、诊断性分析、预测性分析和预案性分析 4 个层次。

描述性分析（发生了什么）通过运用制表和分类、图形以及计算概括性数据来描述数据特征的各项活动，主要包括数据的频率分析、集中趋势分析、离散程度分析、分布以及基本的统计图形。描述性分析主要应用于对已发生事件进行描述，即发生了什么。在日常的工作中，职业人员养成每天上班第一时间查看数据的习惯，如查看实时数据，日、周、月报等，从而培养对数据的敏感性。

诊断性分析（为什么会发生）用于获得事件发生的原因，寻找影响这些事件发生的因素。诊断性分析一般建立在描述性分析之上，经过描述性分析对情况有了基本了解之后，需要对原因进行分析，寻找产生现象的原因和影响因素，从而做出相应的调整与优化。

预测性分析（可能发生什么）涵盖各种统计技术，如数据挖掘、机器学习等，分析当前和历史事实以对未来或未知事件做出预测。预测性分析用于对未来将要发生的事件进行预测，即预测未知事件的走向。

预案性分析（需要做什么）在基于预测性分析的结果上，规定、规范应该采取的行动，因此预案性分析也称为规范性分析。预案性分析的重点不仅是遵循哪个最优选项，也包括为什么选择这个选项。预案性分析提供可以推理的结果，可以获得优势或降低风险。

从描述性分析、诊断性分析、预测性分析到预案性分析，前面的分析是后面分析的基础，后面的分析是对前面分析的进一步深化。在日常生活、工作中遇见问题时，我们可以先从数据入手，找出问题，准确地定位问题，多角度寻找问题产生的原因，以数据为驱动，并为下一步的改正找到机会点。分析结果的价值越来越高，复杂度也越来越高。从时间维度上看，描述性分析、诊断性分析立足于过去，预测性分析、预案性分析更关注未来。

以统计学为直接理论工具的数据分析主要关注描述性分析和诊断性分析，在有限的数据集上使用传统的、简单的方法进行分析，获得发生的事件以及事件发生的原因。

在大数据时代，大数据具有容量大、种类多、产生与处理速度快、价值密度低等特点，这些特点增加了对大数据进行有效分析的难度，大数据分析成为当前探索大数据发展的核心内容。大数据分析主要侧重于预测性分析和预案性分析，在大规模的数据集和来源多样的复杂原始数据上进行分析，所使用的方法和模型更加复杂，期望能够从数据中挖掘、发现新的知识和新的规律。

新一代分布式框架、云计算等计算模式的出现提升了对数据的获取、存储、计算与管理能力，相比于传统的数据分析，大数据分析在思维方式上有以下 4 个颠覆性观点转变。

（1）全样而非抽样。对所有相关数据进行分析，不再基于抽样样本进行随机分析，通过观察所有数据寻找异常值进行分析。

（2）混杂而非纯净。数据量的大幅增加会使一些错误的数据混进数据集，但是因为数据量庞大，所以不必担心某个数据点会对整套分析造成不利影响。接收混杂的数据并从中受益，而不是以高昂的代价消除所有的不确定性，这是从“小数据”到“大数据”的转变。

（3）趋势而非精确。过去需要分析的数据很少，因而要求分析结果极其精确。现在数据如此之多，可以适当忽略微观层面上的精确度，这样会在宏观层面上拥有更好的洞察力。

（4）相关而非因果。不需要过于关注事物之间的因果关系，而是应该寻找事物之间的相关关系。虽然相关关系可能无法准确地解释某个事件为何会发生，但是它可以告诉我们某个事件已经发生了，而无需探究现象背后的原因。

1.1.3 大数据分析的流程

大数据分析源于业务需求，其完整的流程包括明确目的、数据采集与存储、数据预处理、分析与建模、模型评估以及可视化应用。

1. 明确目的

每个大数据分析项目都有独特的业务背景和需要解决的问题。在项目开始之前，应考虑数据对象、商业目的、业务需求等问题。只有深入理解业务背景，明确数据分析目的，并确定分析思路，才能确保数据分析过程的有效性。一旦明确了目的，可以做指标的分解，为数据的采集、分析和处理提供清晰的指引方向。

2. 数据采集与存储

根据指标的分解结果，可以确定数据选取范围，并采集目标数据。采集的数据可以来自企业内部数据库中的历史数据、Excel 表格数据、文本文件以及实时数据等。此外，互联网和行业领域相关数据也是重要的数据来源。数据类型可以分为结构化、半结构化和非结构化 3 类。与以往传统数据相比，大数据更多的是半结构化和非结构化的。传统的轻型关系数据库只能完成一些简单的查询和处理请求。当数据存储和处理任务超出轻型关系数据库能力范围时，需要对其进行改进。这时，可以利用大型分布式数据库、集群或云存储平台来完成数据的存储和处理。

3. 数据预处理

数据预处理是大数据处理中不可或缺的环节。由于数据源的多样性以及数据传输中的一些因素，大数据的质量往往具有不确定性。噪声、冗余、缺失和数据不一致等问题严重影响了大数据的质量。为了获得可靠的数据分析和挖掘结果，必须利用数据预处理手段来提高大数据的质量。数据预处理包括数据合并、数据清洗、数据标准化、数据变换等，例如，可以将来自不同部门的数据表合并，补充部分数据缺失的属性值，统一数据格式、编码和度量，进行归一化处理，检测和删除异常数据，进行冗余检测和数据压缩等。数据预处理是一项相对烦琐的工作，并且可能需要花费较长的时间，数据预处理的工作量通常占据了整个大数据分析流程工作量的 60%～80%。

4. 分析与建模

分析与建模是大数据处理的核心环节，涵盖了统计分析、机器学习、数据挖掘和模式识别等多个领域的技术和方法。在分析阶段，可以采用对比分析、分组分析、交叉分析和回归分析等方法。综合考虑业务需求、数据情况、花费成本等因素，可以选择适合的方法进行建模，如分类、聚类、时间序列等。在实践中，对一个目标进行分析通常会使用多个模型。通过后续的模型评估过程，可以对模型进行优化和调整，以找到最适合的模型。

5. 模型评估

模型评估对模型进行全面评估的过程，包括建模过程评估和模型结果评估。具体来说，建模过程评估主要关注模型的精度、准确性、效率和通用性等方面；而模型结果评估则需要考虑是否有遗漏的业务问题，以及模型结果是否解决了业务问题。这需要与业务专家合作进行评估。

6. 可视化应用

将分析结果以可视化的形式呈现。数据可视化的目标是以图形方式清晰、有效地展示信息。通过不同角度的可视化图形，人们可以更好地解读数据的本质，更直观地解释数据之间的特征和属性情况，并更深入地理解数据和数据所代表事件之间的关联。最终，编写分析报告，并将分析结果应用于实际业务中，实现数据分析的真正价值——解决问题、创造商业价值并提供决策依据。

1.1.4 大数据分析的应用场景

大数据无处不在，应用于各行各业。大数据分析的应用场景是其在各行各业业务活动中的具体体现。以下是两个典型的应用场景。

1. 个性化推荐

大数据分析一方面能够帮助用户发现有价值的信息，另一方面能够将信息推荐给可能感兴趣的用户，实现信息消费者和信息生产者的双赢。信息生产者通过分析用户的兴趣爱好，进行个性化推荐。每个用户所得到的推荐信息都是与自己的行为特征和兴趣有关的，而不是笼统的大众化信息。信息生产者利用大数据分析用户的兴趣点，可以帮助用户从海量信息中发现自己潜在的需求。例如，电子商务网站记录所有用户在站点上的行为，网站运营商可以根据不同数据特点对用户行为进行分析、处理，并分成不同区为用户推送推荐。社交网站的音乐、电影和图书推荐，以及媒体根据用户的品位和阅读习惯进行个性化推荐也是基于用户行为分析。

2. 预测性分析

预测性分析是大数据分析的核心应用之一。它基于大数据和预测模型预测未来某事件发生的概率，让分析从“面向已经发生的过去”转向“面向即将发生的未来”。预测性分析的优势在于它可以将一个非常困难的预测问题转化为一个相对简单的描述问题，这是传统小数据集无法企及的。例如，设备管理领域可以通过物联网技术收集和分析设备上的数据流，包括连续用电、零部件温度、环境湿度和污染物颗粒等潜在特征，建立设备管理模型，预测设备故障，合理安排预防性维护，以确保设备正常作业，降低因设备故障带来的安全风险。此外，交通物流分析领域也可以通过业务系统和全球定位系统（Global Positioning System，GPS）获得数据，对客户使用数据构建交通状况预测分析模型，有效预测实时路况、物流状况、车流量、客流量和货物吞吐量等，进而提前补货，制定库存管理策略。公安机关、各大金融机构、电信部门等也可以利用用户基本信息、用户交易信息、用户通话短信信息等数据，识别可能发生的潜在欺诈交易，做到未雨绸缪。

1.1.5 大数据技术体系

大数据分析是基于大数据进行的数据分析，与传统数据分析的主要区别是数据来源广泛、规模庞大、形式多样化，对数据的计算处理速度要求高，尤其是实时处理方面。大数据分析围绕数据、平台和算法 3 个主要要素展开，其中，数据是加工处理的对象，平台是加工数据的载体和工具，算法是对数据进行加工的具体流程和方法。

由于大数据的规模庞大且类型多样，因此对平台的承载和支撑能力提出了更高的要求，相应的分析流程也与传统数据分析有所差异。

1. 大数据采集框架

大数据采集框架负责从外部数据源采集数据，包括大数据收集、交换和消息处理系统等框架。典型的大数据采集开源框架有 Flume，数据交换开源框架有 Sqoop，消息处理系统开源框架有 Kafka。通过这些框架能采集数量繁多、结构复杂、实时、流式数据。

① Flume 是分布式海量日志采集、聚合和传输框架，属于 Apache 顶级项目。作为非关系数据采集工具，Flume 可近实时采集流式日志数据，经过滤、聚集后加载到 Hadoop 分布式文件系统（Hadoop Distributed File System，HDFS）等存储系统中。

② Sqoop 是一款数据迁移工具框架，用于在关系数据库和 Hadoop 之间交换数据。利用 Sqoop，可以将数据从 MySQL、Oracle 等关系数据库中导入 Hadoop 中，如 HDFS、Hive 中，也可以将数据从 Hadoop 导出到关系数据库中。

③ Kafka 是发布/订阅的消息系统框架，其设计初衷是为处理实时数据提供统一、高通量、低等待的消息传递平台。作为分布式消息系统，Kafka 可以处理大量的数据，能够将消息从一个端点传递到另一个端点，能够在离线和实时两种大数据计算架构中处理数据。

2. 大数据存储框架

大数据存储框架负责对大数据进行存储。典型的大数据存储框架包括 HDFS、HBase、Cassandra、ScyllaDB、MongoDB、Accumulo、Redis、Ignite、Arrow、Geode、CouchDB、Kudu、CarbonData 等。下面仅对 HDFS 和 HBase 做简要介绍。

HDFS 是 Hadoop 的核心子项目，基于流数据模式访问和处理超大文件的需求而开发，数据在相同节点上以复制的方式进行存储，以实现将数据合并计算的目的。与传统的单机文件系统不同，HDFS 本质上是为了大量的数据能横跨成百上千台计算机而设计的，呈现给用户的是一个文件系统，而不是多文件系统。例如，获取/hdfs/tmp/file1 的文件数据，引用的是一个文件路径，实际的数据存放在很多不同的计算机上。HDFS 的优点是作为具有高度容错性的系统，适合部署在廉价的计算机上，能提供高吞吐量的数据访问，非常适合在大规模数据集上应用。然而，HDFS 也存在一些缺点，如不适合低延迟数据访问、无法高效存储大量小文件、不支持多用户写入及任意修改文件等。

HBase 是一个分布式、面向列、非关系开源数据库，属于 Apache 顶级项目。作为高可靠性、高性能、面向列、可伸缩的分布式存储系统，HBase 可在廉价的计算机服务器上搭建起大规模结构化存储集群，处理由成千上万的行和列组成的大型数据。此外，HBase 还可以对分布式计算的结果数据进行随机、实时存储。

3. 大数据计算框架

根据对时间的性能要求，大数据计算可分为批处理、交互式处理和实时处理。

批处理对时间要求最低，一般要求处理时间为分钟到小时级别，甚至天级别，它追求的是高吞吐率，即单位时间内处理的数据量尽可能大。

交互式处理对时间要求比较高，一般要求处理时间为秒级别，这类框架需要与使用者进行交互，因此会提供类结构查询语言（Structure Query Language，SQL）以便于用户使用。

实时处理对时间要求最高，一般要求处理时间延迟在秒级以内。

大数据计算框架主要有 MapReduce、Spark、Flink、Storm 等，相应介绍如下。

（1）MapReduce

Hadoop 是 Apache 软件基金会旗下的开源分布式计算平台，主要包括分布式存储 HDFS、离线计算框架 MapReduce、资源调度框架 YARN 共 3 部分，为用户提供系统底层细节透明的分布式基础架构。

MapReduce 是一个分布式的离线计算框架，用于海量数据的并行运算，是 Hadoop 数据分析的核心。MapReduce 框架使得开发人员在不会分布式并行编程的情况下，也可以将编写的业务逻辑代码运行在分布式系统上，开发人员可以将绝大部分的工作集中于业务逻辑上的开发，具体的计算只需要交给 MapReduce 框架即可。

MapReduce 的处理过程分为两个步骤：Map 和 Reduce。Map 对输入的数据进行并行处理，处理结果传给 Reduce 完成最后的汇总。但 MapReduce 对 HDFS 的频繁操作（计算结果持久化、数据备份、资源下载及重新洗牌等）导致磁盘输入/输出（Input/Output，I/O）成为系统性能的瓶颈，因此只适用于离线数据处理或批处理，而不支持对迭代式、交互式、流式数据进行处理。

（2）Spark

Spark 是通用的一栈式计算框架，是专为大规模数据处理而设计的快速、通用的计算框架。Spark 是基于 MapReduce 算法实现的分布式计算，拥有 MapReduce 所具有的优点，但不同于 MapReduce 的是，程序中间输出和结果可以保存在内存中，从而不再需要读写 HDFS。因此 Spark 能更好地适用于数据挖掘与机器学习等需要迭代的算法中，高效地支持更多计算模式，包括交互式查询和流处理等。

Spark 是 MapReduce 的替代方案，是对 Hadoop 的补充，而且兼容 HDFS、Hive，可融入 Hadoop 的生态系统，以弥补 MapReduce 的不足。Spark 旨在成为运行批处理、数据流处理、交互处理、图形处理和机器学习等应用的整合平台。目前 Spark 已经成为大数据领域最热门的技术之一。关于 Spark 的具体内容将在 1.2 节中介绍。

（3）Flink

Flink 是一个开源的、适用于流处理和批处理的分布式数据处理框架，其核心是一个流式的数据流执行框架。Flink 旨在成为运行批处理、数据流处理、交互处理、图形处理和机器学习等应用的一栈式平台。Flink 不仅具有支持高吞吐、低延迟和 exactly-once（保证每条记录仅被处理一次）语义的实时计算能力，而且有基于流式计算引擎处理批量数据的计算能力，真正意义上实现了批流统一，同时 Flink 运行时本身也支持迭代算法的执行。Flink 流式计算模型实现了高吞吐、低延迟、高性能兼具的实时流式计算框架，而且完全兼容 Hadoop。

由于众多优秀的特性，因此 Flink 成为开源大数据处理框架中的一颗新星。在全球范围内，越来越多的公司开始使用 Flink，Flink 渐渐成为企业内部主流的数据处理框架，也有逐渐成为下一代大数据处理框架标准的趋势。

（4）Storm

Storm 是一个开源的分布式实时大数据处理系统。Storm 擅长实时处理海量数据，而非批处理。Storm 用于在容错和水平可扩展方法中处理大量数据。

Storm 最初由内森·马兹创建，后来被推特收购并开源。2011 年 9 月 Storm 正式发布，2013 年 9 月进入 Apache “孵化”并于 2014 年 9 月 17 日“毕业”成为 Apache 顶级项目，短时间内 Storm 成了分布式实时处理系统的标准。Storm 是用 Java 和 Clojure 编写的，使用 Apache Thrift，能以任何语言编写拓扑（Topology）。Storm 拥有毫秒级别的实时数据处理能力。随着 Spark 和 Flink 的发展，Storm 市场占有率在逐渐降低，但目前它仍然是实时分析的领导者。

4. 资源调度框架

资源调度框架主要有 YARN 和 Mesos，如何提高资源利用率、降低运营成本是资源管理的任务。下面仅对 YARN 做简要介绍。

YARN（Yet Another Resource Negotiator）是 Hadoop 的资源管理和作业调度系统。作为 Apache Hadoop 的核心组件之一，YARN 负责将系统资源分配给在 Hadoop 集群中运行的各种应用程序，并调度在不同集群节点上执行的任务。YARN 是 Hadoop 2.x 中的新特性。它的出现其实是为了弥补 MapReduce 的不足，提高集群环境下的资源利用率，这些资源包括内存、磁盘、网络、I/O 等。

YARN 的基本思想是将资源管理和作业调度的功能分解为单独的守护进程（Daemon）。YARN 拥有一个全局 ResourceManager、每个应用程序的 ApplicationMaster 及每台计算机框架代理 NodeManager。ResourceManager 负责所有应用程序之间的资源分配。NodeManager 负责容器（Container）的资源管理，监视其资源使用情况（CPU、内存、磁盘、网络等）并报告给 ResourceManager。ApplicationMaster 负责协调来自 ResourceManager 的资源，并与 NodeManager 一起执行和监视任务。

5. 数据查询与分析框架

数据分析层直接与用户应用程序对接，为其提供易用的数据处理工具。为了让用户更轻松地分析数据，计算框架会提供多样化的工具，包括应用程序接口（Application Program Interface，API）、类 SQL、数据挖掘软件开发工具包（Software Development Kit，SDK）等。典型的数据查询与分析框架有 Hive、Spark SQL、Mahout 等。

Hive 是基于 Hadoop 的数据仓库工具，是 Apache 顶级项目。Hive 可以将结构化数据文件映射为一张数据库表，并提供类 SQL 语句的 Hive SQL（即 HQL）查询功能，将 SQL 语句转换为 MapReduce 任务运行。Hive 的优点在于学习成本低，可以通过 HQL 语句快速实现简单的 MapReduce 统计，而无需开发专门的 MapReduce 应用。然而，由于 Hive 底层默认是转换为 MapReduce 行，而 MapReduce 的洗牌（Shuffle）阶段是基于磁盘进行的，因此 Hive 只适用于离线分析，并且效率比较低。

Mahout 是一个基于 Hadoop 的机器学习和数据挖掘的分布式框架，提供了一些可扩展的机器学习领域经典算法的实现，旨在帮助开发人员更方便、快捷地创建智能应用程序。Mahout 包含了许多实现，包括聚类、分类、推荐（过滤）、频繁子项挖掘，其中核心的三大算法为推荐、聚类及分类。此外，通过使用 Hadoop 库，Mahout 可以有效地扩展到云环境中。

大数据技术体系庞大且复杂，在学习过程中，我们应该培养解决问题的自主能力。遇到问题时，可第一时间利用搜索引擎寻找解决方案，学会独立解决问题，充分利用互联网资源。在参考资料的选择上，应优先查阅官方文档，以便获得最权威、最准确的信息。同时，我们需要深入理解各个技术的思想与原理，积极提问、勤于思考。例如：MapReduce 是如何分而治之的策略的？HDFS 数据到底存储在哪里，副本机制是如何工作的？YARN 是什么，它的功能有哪些？Spark 和 Flink 各自的优势和特点是什么？为什么 Spark 不能完全取代 MapReduce？此外，我们还应该通过动手实践，来加深对大数据先进技术的理解，掌握大数据技术的精髓，走在时代前列，为国、为民服务。

1.2 Spark 大数据技术框架

Spark 是一个开源的、通用的并行计算框架，支持分布式数据处理。其最大的特点是基于内存进行计算，这样可以显著提高处理速度，尤其是对于那些需要多次访问同一数据集的迭代算法。Spark 与 Hadoop 生态系统兼容，它可以运行在 Hadoop 的 YARN 资源管理器上，并且可以使用 HDFS 作为其文件系统。Spark 由多个组件组成，包括 Spark Core、Spark SQL、Spark Streaming、MLlib（机器学习库）和 GraphX（图计算库）。这些组件使得 Spark 能够一站式解决多种业务和应用需求，如批处理、结构化数据查询、流式计算、机器学习和图计算等。Spark 的设计理念是灵活性和易用性，使其适用于多种应用场景，特别是那些需要对特定数据集进行多次操作或迭代计算的场景。

1.2.1 Spark 简介

Spark 作为新一代大数据处理引擎，其设计理念基于内存存储式计算和高效的容错机制，以便于交互式查询和迭代计算。自推出以来，Spark 就迅速成为社区的热门项目，本书写作时，活跃度在 Apache 所有开源项目中排第 3 位。

2009 年，Spark 诞生，由加利福尼亚大学伯克利分校 AMPLab 开发，是一个研究性项目。

2010 年，Spark 通过 BSD 许可协议正式对外开源发布。

2012 年，第一篇关于 Spark 的论文发布，第一个正式版本 Spark 0.6.0 发布。

2013 年，Spark 成为 Apache 软件基金会项目，Spark Streaming、Spark MLlib、Shark（Spark on Hadoop）发布。

2014 年，Spark 成为 Apache 的顶级项目，5 月底 Spark 1.0.0 发布，同时 Spark Graphx 和 Spark SQL 取代了 Shark。

2015 年，Spark 推出了适用于大数据分析的 DataFrame 编程模型，此后，Spark 在 IT 行业变得越来越受欢迎，许多公司开始重点部署或使用 Spark 取代 MapReduce、Hive、Storm 等其他大数据计算框架。

2016 年，Spark 推出了更强的数据分析工具 DataSet。

2017 年，Structured Streaming 发布。

2018 年，Spark 2.4.0 发布，成为全球最大的开源项目。

2019 年，Spark 3.0 发布，性能相比 Spark 2.4 提升了 2 倍，提供结构化流的新用户界面（User Interface，UI），对 Python 支持更加友好，并且兼容 ANSI SQL。

1.2.2 Spark 特点

尽管 Hadoop 已经成为大数据技术的事实标准，并且 MapReduce 适用于对大规模数据集进行批处理操作，但 Hadoop 并不适用于实时数据处理。根据 MapReduce 的工作流程，它存在表达能力有限、磁盘 I/O 开销大和延迟高的缺点。相比之下，Spark 基于内存进行计算，其计算性能得到了极大的提升。Spark 主要有以下 4 个特点。

（1）高效性。Spark 采用内存存储中间计算结果，可减少迭代运算的磁盘 I/O，并通过并行计算有向无环图（Directed Acyclic Graph，DAG）的优化，减少不同任务之间的依赖，降低延迟等待时间。在内存中，Spark 的运行速度比 MapReduce 快 100 倍。

（2）易用性。与仅支持 Map 和 Reduce 两种编程类型的算子的 MapReduce 不同，Spark 提供超过 80 种不同的转换和行动算子，并采用函数式编程风格，使相同功能需要的代码量大大缩小。

（3）通用性。Spark 提供一栈式解决方案，可以用于批处理、交互式查询、实时流处理、机器学习和图计算等多种不同类型的处理。这些处理可以在同一个应用中无缝使用。对企业应用来说，可以使用一个平台来进行不同的工程实现，从而减少人力开发和平台部署成本。

（4）兼容性。Spark 能够与很多开源框架兼容使用。例如，Spark 可以使用 Hadoop YARN 和 Apache Mesos 作为其资源管理和调度器，并且可以从多种数据源读取数据，如 HDFS、HBase、MySQL 等。

1.2.3 Spark 运行架构与流程

Spark 运行架构指 Spark Core 架构。Spark Core 是 Spark 的核心，其功能包含内存计算、任务调度、模式部署、存储管理、故障恢复等。

1. Spark 运行架构

Spark 运行架构包括四个主要组件：集群管理器（Cluster Manager）、应用的任务驱动器（Driver）、工作节点（Worker Node）以及执行进程（Executor）。这四个组件共同构成了 Spark 的运行环境，如图 1-1 所示。在这个架构中，集群管理器位于中心位置，左侧是任务驱动器，右侧是工作节点。

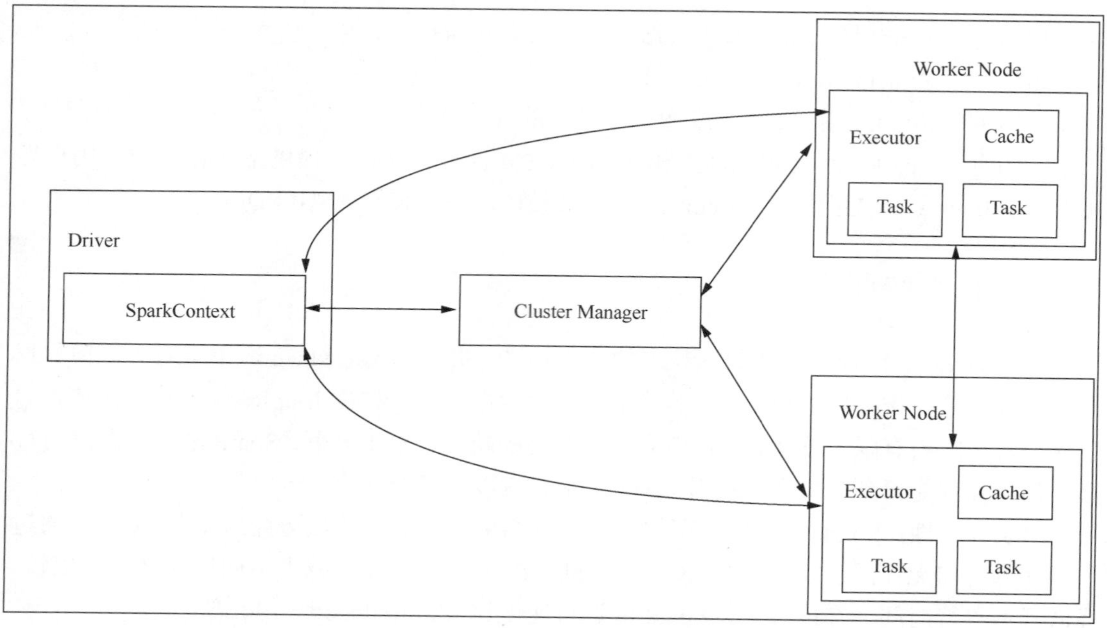

图 1-1 Spark 运行架构

用户编写的 Spark 应用程序包括一个 Driver 功能的代码和分布在集群中多个节点上运行的 Executor 代码。Spark 运行架构包括的四个主要组件的具体说明如下。

（1）Driver：任务驱动器，负责启动运行 main()方法并创建 SparkContext 对象。

（2）Cluster Manager：集群管理器，在集群上获取资源的外部服务，支持 Standalone、Mesos 和 YARN 这 3 种类型。

（3）Worker Node：工作节点，集群中运行 Application 代码的任意一个节点。

（4）Executor：运行在工作节点中的进程，负责运行 Task，并为应用程序存储数据，在这个过程中，可能会将数据写入内存或磁盘，进行 Cache（缓存）。

运行在某个 Executor 上的工作单元称为 Task（任务），Task 是 Executor 中的一个线程。一个并行计算的 Job（作业），由一组 Task 组成，每组 Task 称为 Stage（阶段）。

在 Spark 中，每个工作节点上的 Executor 服务于不同的 Application，它们之间是不可以共享数据的。与 MapReduce 计算框架相比，Spark 采用的 Executor 具有两大优势。

（1）Executor 利用多线程来执行具体任务，相比 MapReduce 的进程模型，使用的资源和启动开销要小很多。

（2）Executor 中有一个 BlockManager 存储模块，会将内存和磁盘共同作为存储设备，当需要多轮迭代计算时，可以将中间结果存储到这个存储模块里，供下次需要时直接使用，而不需要从磁盘中读取，从而有效减少 I/O 开销。在交互式查询场景下，可以预先将数据缓存到 BlockManager 存储模块上，从而提高 I/O 性能。

2. Spark 运行流程

Spark 运行基本流程如图 1-2 所示。

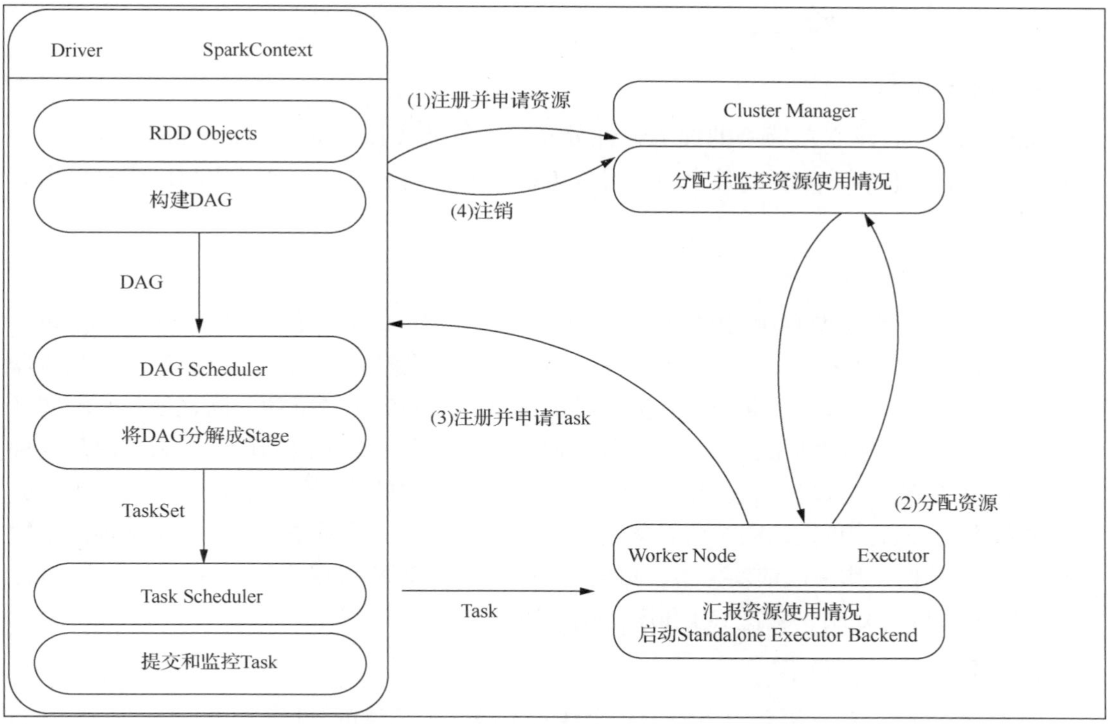

图 1-2 Spark 运行基本流程

Spark 运行基本流程具体步骤如下。

（1）Driver 创建一个 SparkContext 对象来构建 Spark Application 的运行环境，SparkContext 向 Cluster Manager（集群管理器）注册并申请运行 Executor 资源。

（2）Cluster Manager 为 Executor 分配资源并启动 Executor 进程。

（3）SparkContext 根据 RDD 依赖关系构建 DAG（有向无环图），然后 DAG Scheduler 将 DAG 分解成多个 Stage，并将每个 Stage 的 TaskSet（任务集，即多组任务）发送给 Task Scheduler（任务调度器）。Executor 向 SparkContext 申请 Task，Task Scheduler 将 Task 发放给 Executor。

（4）Task 在 Executor 上运行，将执行结果反馈给 Task Scheduler，再反馈给 DAG Scheduler。运行完毕后，数据被写入存储系统，并向 Cluster Manager 注销 Task，释放所有 Task Scheduler 资源。

关于 DAG Scheduler 与 Task Scheduler 具体的作用如下。

（1）DAG Scheduler 决定运行 Task 的理想位置，并将这些信息传递给下层的 Task Scheduler。DAG Scheduler 还会将 DAG 分解成多个 Stage，然后将 Stage 以 TaskSet 的形式提交给 Task Scheduler。此外，DAG Scheduler 还处理可能在 Shuffle 阶段因数据丢失所导致的失败，这有可能需要重新提交运行之前的 Stage。

（2）Task Scheduler 维护所有 TaskSet，当 Executor 向 Driver 发送“心跳”信息时，Task Scheduler 会根据其资源剩余情况分配相应的 Task。另外，Task Scheduler 还维护着所有 Task

的运行状态，重试失败的 Task。

1.2.4 Spark RDD

Spark 的核心建立在统一的抽象弹性分布式数据集（Resilient Distributed Datasets，RDD）之上，这使得 Spark 的各个组件可以无缝集成，能够在同一个应用程序中完成大数据处理。

1. RDD 产生背景

RDD 的设计理念源自 AMP Lab 发表的论文“Resilient Distributed Datasets: A Fault-Tolerant Abstraction for In-Memory Cluster Computing”。在实际应用中，存在许多诸如机器学习、图算法等迭代式算法和交互式数据挖掘工具，这些应用场景的共同之处是，不同计算阶段之间会重用中间结果，即一个阶段的输出会作为下一个阶段的输入。为了满足这种需求，Spark 创造性地设计出 RDD，RDD 提供了一个抽象的数据结构，使得开发者无需关心底层数据的分布式特性。通过将具体的应用逻辑表达为一系列 RDD 的转换处理，不同 RDD 之间的转换操作形成依赖关系，可以实现管道化。这样可以避免对中间结果的存储，从而大大降低数据复制、磁盘 I/O 和序列化开销。

2. RDD 概念与特点

RDD 是分布式对象集合，本质上一个 RDD 是一个只读的分区记录集合，每个 RDD 可以分成多个分区，这些分区是数据集的片段。不同 RDD 的分区可以保存在集群中的不同节点上，从而实现在不同节点上的并行计算。

RDD 的主要特点如下。

（1）弹性计算。弹性计算包括如下内容。

① 存储弹性，指内存和磁盘之间的自动切换。当计算过程内存不足时，内存与磁盘进行数据交换。

② 容错弹性，指数据丢失可自动恢复。基于 RDD 之间的“血缘关系”（详见本小节第 4 点），数据丢失时可以自动恢复。

③ 计算弹性，指计算出错时的重试机制。当计算出错时，可以进行重试。

④ 分片弹性，指根据需要可重新分片。

（2）分布式数据存储计算。RDD 数据被分割到不同服务器节点的内存上，以实现分布式计算的目的。RDD 可以看作 Spark 中一个抽象的对象。

（3）延迟计算。RDD 转换操作采用惰性机制，执行转换操作后，相应的计算并不会立即开始。只有当执行行动操作时；才会真正开始计算。延迟计算让 Spark 能够更全面地查看 DAG 后进行更多优化计算。

（4）不可变性。RDD 数据采用只读模式，不能直接修改，只能通过相关的转换操作生成新的数据来间接达到修改的目的。不可变性是高并发（多线程）系统的方法，如果同时读、写（更新），并发程序就更难实现，且不可变数据也更容易在内存中存储和操作。

（5）可分区。作为分布式计算框架，Spark 支持数据可分区，用户可以在任何现有的 RDD 上执行分区操作。

3. RDD 基本操作

RDD 的基本操作包括 RDD 构建操作、RDD 转换（Transformation）操作和 RDD 行动（Action）操作。下面介绍 RDD 的基本操作。

（1）RDD 构建操作

在 Spark 中，计算是通过一系列对 RDD 的操作来完成的，计算的第一步就是构建 RDD。RDD 主要有以下 3 种构建方式。

① 从集合中构建 RDD。

② 在现有 RDD 的基础上构建新的 RDD。

③ 从外部数据源（如本地文件、HDFS、数据库等）中读取数据来构建 RDD。

（2）RDD 转换操作

在介绍 RDD 转换操作前，要先了解算子的概念。分布式对象上的 API 称为算子，本地对象上的 API 称为方法或函数。RDD 转换操作是指从一个 RDD 中生成一个新的 RDD。需要注意的是，RDD 中的所有转换都是延迟加载的，并不会直接计算结果。只有遇到行动算子时，这些转换操作才会真正进行。这种设计让 Spark 能更加高效地运行。RDD 转换操作通过诸如 map()、filter()、flatMap()、reduceByKey()等具有不同功能的转换算子实现。常用的 RDD 转换算子如表 1-1 所示。

表 1-1 常用的 RDD 转换算子

算子	解释
map(func)	对 RDD 中的每个元素都使用 func，返回一个新的 RDD，其中 func 为用户自定义函数
filter(func)	对 RDD 中的每个元素都使用 func，返回使 func 为 true 的元素构成的 RDD，其中 func 为用户自定义函数
flatMap(func)	对 RDD 中的每个元素进行 map 操作后，再进行扁平化
union(otherDataset)	合并 RDD，需要保证两个 RDD 的元素类型一致
groupByKey(numPartitions)	按键分组，在键值对（K,V）组成的 RDD 上调用时，返回(K,Iterable[V])对组成的新 RDD。numPartitions 用于设置分组后 RDD 的分区个数，默认分组后的分区个数与分组前的个数相等
reduceByKey(func,[numPartitions])	聚合具有相同键的值

（3）RDD 行动操作

RDD 行动操作用于执行计算并按指定方式输出结果。行动操作接收 RDD 作为输入，但返回非 RDD 类型的值或结果。在 RDD 执行过程中，真正的计算发生在 RDD 行动操作。RDD 行动操作通过如 reduce()、count()、take()、countByKey()等各具功能的行动算子实现，RDD 常用的行动算子如表 1-2 所示。

表 1-2　RDD 常用的行动算子

算子	解释
reduce(func)	通过函数 func 聚集 RDD 中的所有元素。函数 func 接收两个参数，返回一个值
collect()	返回 RDD 中所有的元素
count(n)	返回 RDD 中所有元素的个数
first(n)	返回 RDD 中的第一个元素
take(n)	返回前 *n* 个元素
countByKey()	根据键值对（key-value）中的 key 进行计数，返回一个字典，对应每个 key 在 RDD 中出现的次数
countByValue()	根据 RDD 中数据的数据值进行计数（需要注意的是，计数的数据值不是键值对中的 value），同样返回一个字典，对应每个数据出现的次数
saveAsTextFile(path)	将 RDD 的元素以文本文件的形式保存到指定的路径，path 可以是本地文件系统、HDFS 或任何其他 Hadoop 支持的文件系统。Spark 将会调用每个元素的 toString()方法，并将它转换为文件中的一行文本
foreach(func)	对 RDD 中的每个元素都执行函数 func

4. RDD 血缘关系

RDD 具有一个重要的特性——血缘关系（Lineage）。血缘关系用于记录一个 RDD 是如何从其父 RDD 计算得到的。当某个 RDD 丢失时，可以根据其血缘关系从其父 RDD 重新计算。

一个 RDD 执行过程的实例，如图 1-3 所示。在 RDD 执行过程中，系统从输入中逻辑上生成了 A 和 C 两个 RDD，经过一系列转换操作，逻辑上生成了 F 这个 RDD。

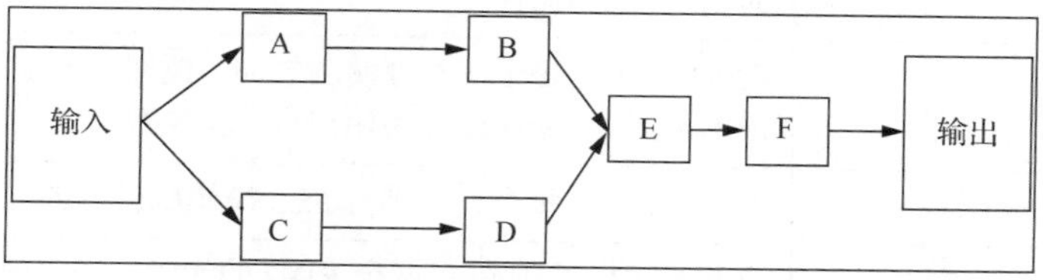

图 1-3　一个 RDD 执行过程的实例

Spark 记录了 RDD 之间的生成和依赖关系。当 F 进行行动操作时，Spark 才会根据 RDD 的依赖关系生成 DAG，并从起点开始真正的计算。

上述一系列处理称为血缘关系，即 DAG 拓扑排序的结果。在血缘关系中，下一代的 RDD 依赖于上一代的 RDD。在图 1-3 所示实例中，B 依赖于 A，D 依赖于 C，而 E 依赖于 B 和 D。

5. RDD 之间的依赖关系

RDD 之间存在依赖关系，用户可以通过已有的 RDD 转换生成新的 RDD。新、旧 RDD 之间的联系称为依赖关系，分为窄依赖和宽依赖两种。

窄依赖表现为父 RDD 的一个分区对应子 RDD 的一个分区，或父 RDD 的多个分区对应子 RDD 的一个分区。RDD 之间的窄依赖如图 1-4 所示。典型的窄依赖操作包括 map()、filter()、union()、join()等。

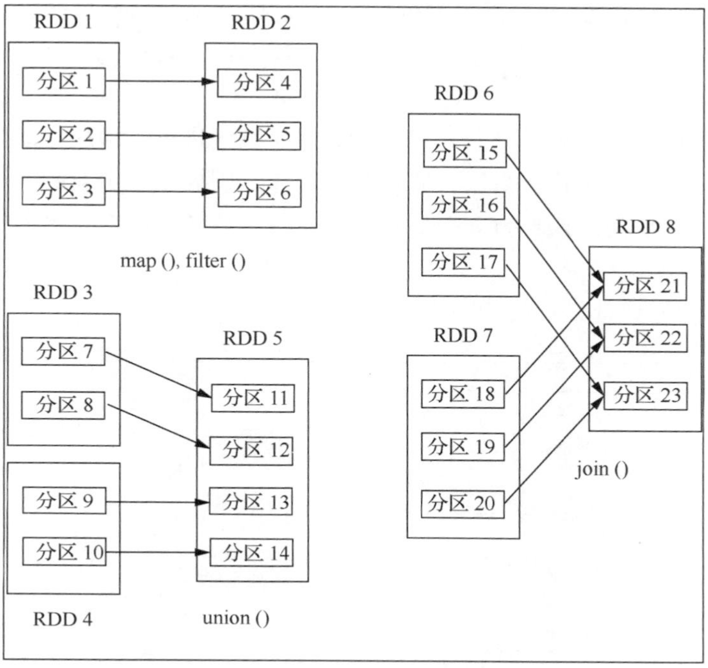

图 1-4　RDD 之间的窄依赖

宽依赖表现为父 RDD 的一个分区对应子 RDD 的多个分区。RDD 之间的宽依赖如图 1-5 所示。宽依赖典型的操作包括 groupByKey()、sortByKey()等。

Spark 的依赖关系设计使其具有良好的容错性，并大大提升了执行速度。RDD 通过血缘关系记录了它是如何从其他 RDD 中演变过来的。当某个 RDD 的部分分区数据丢失时，它可以通过血缘关系获取足够的信息，重新计算和恢复丢失的数据分区。

相对而言，窄依赖的失败恢复更为高效，只需要根据父 RDD 的分区重新计算丢失的分区即可，而不需要重新计算父 RDD 的所有分区。而对于宽依赖来说，即使只是单个节点失效导致 RDD 的一个分区失效，也需要重新计算父 RDD 的所有分区，开销较大。

宽依赖操作类似于将父 RDD 中所有分区的记录进行“洗牌”，数据被打散后在子 RDD 中进行重组。

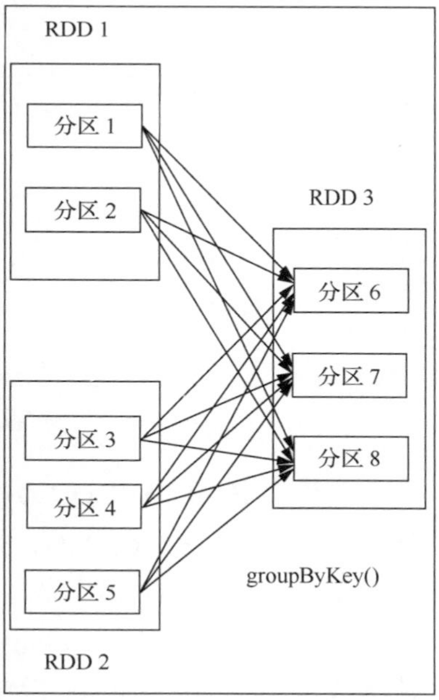

图 1-5　RDD 之间的宽依赖

6. 阶段划分

用户提交的计算任务是一个由 RDD 构成的 DAG，如果 RDD 的转换是宽依赖，那么宽依赖转换就将这个 DAG 分为不同的阶段。由于宽依赖会带来洗牌，因此不同阶段不能并行计算，后面阶段的 RDD 计算需要等待前面阶段 RDD 的所有分区全部计算完毕后才能进行。这类似于在 MapReduce 中，默认情况下，Reduce 阶段的计算必须等待所有 Map 任务完成后才能开始。

在对作业中的所有操作划分阶段时，一般会按照倒序进行，即从行动操作开始，遇到窄依赖操作则划分到同一个执行阶段；遇到宽依赖操作则划分一个新的执行阶段。后面的阶段需要等待前面的所有阶段执行完毕后才可以执行，这样阶段之间根据依赖关系就构成了一个大粒度的 DAG。

DAG 阶段划分的详细过程，如图 1-6 所示。

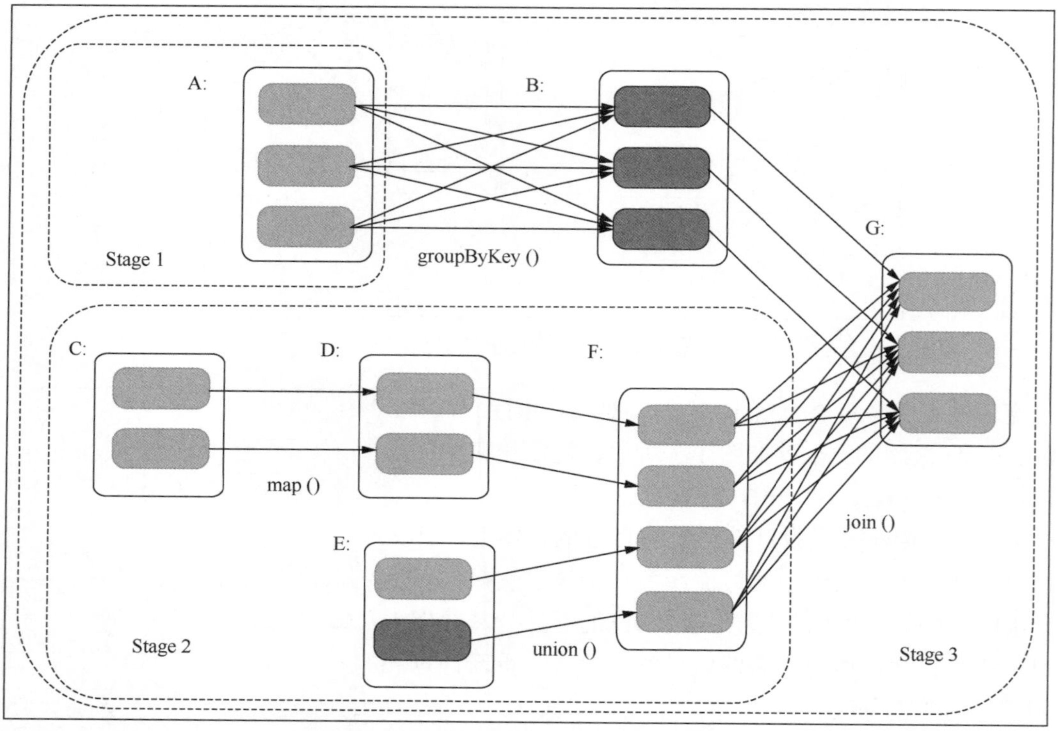

图 1-6　DAG 阶段划分的详细过程

假设根据 HDFS 中读入数据生成 3 个不同的 RDD，分别为 A、C 和 E，经过一系列转换操作后得到新的 RDD G，并将结果保存到 HDFS 中。在图 1-6 所示的 DAG 中，只有 groupByKey()、join()操作是宽依赖，Spark 会以此为边界将其前后划分成不同的阶段。

同时可以注意到，在 Stage 2 中，从 map()到 union()都是窄依赖，这两步操作可以形成流水线操作。即通过 map()操作生成的分区可以不用等待整个 RDD 计算结束，而是继续进行 union()操作，这样大大提高了计算的效率。

7. 持久化

RDD 是惰性求值的，每次对某个 RDD 调用行动操作时都会重新计算该 RDD 及其依赖。如果需要多次使用同一个 RDD，那么消耗会非常大。为了避免多次计算同一个 RDD，可以对 RDD 数据进行持久化。

persist()和 cache()是用于将任意 RDD 缓存到内存或磁盘文件系统中的方法。缓存是容错的，如果一个 RDD 分片丢失，可以通过构建 RDD 的转换操作自动重构。已缓存的 RDD 被使用时，存取速度会大大提升。一般情况下，Executor 60%的内存用于缓存 RDD 数据，剩下的 40%用于执行任务。

需要注意的是 cache()只能将 RDD 缓存到内存中，是 persist()的特例方法。而 persist()可以让用户根据需求指定一个持久化级别，如表 1-3 所示。

表 1-3 持久化级别

级别	使用空间	CPU 时间	是否在内存	是否在磁盘
MEMORY_ONLY	高	低	是	否
MEMORY_ONLY_SER	低	高	是	否
MEMORY_AND_DISK	高	中	部分	部分
MEMORY_AND_DISK_SER	低	高	部分	部分
DISK_ONLY	低	高	否	是

对于 MEMORY_AND_DISK 和 MEMORY_AND_DISK_SER 级别，系统会首先将数据保存在内存中，如果内存不够，那么将溢出部分写入磁盘中。另外，为了提高缓存的容错性，可以在持久化级别名称的后面加上“_2”，将持久化数据存为两份，如 MEMORY_ONLY_2。不同持久化级别的目的是满足内存使用和 CPU 效率权衡上的不同需求。可以通过如下步骤选择合适的持久化级别。

（1）如果 RDD 可以很好地与默认的存储级别（MEMORY_ONLY）契合，那么不需要做任何修改。MEMORY_ONLY 是 CPU 使用效率最高的选项，该存储级别使得 RDD 的操作尽可能快。

（2）如果 RDD 不能与默认的存储级别较好契合，那么可以尝试使用 MEMORY_ONLY_SER，并选择一个快速序列化的库使得对象在有比较高的空间使用率的情况下，依然可以较快被访问。

（3）除非数据集的计算量特别大或需要过滤大量数据，否则应尽量避免将数据存储至硬盘上。重新计算一个分区的速度与从硬盘中读取的速度基本差不多。

（4）如果希望拥有较强的故障恢复能力，可以使用复制存储级别（MEMORY_ONLY_2）。所有的存储级别都有通过重新计算丢失数据来恢复错误的容错机制。复制存储级别可以让任务在 RDD 上持续运行，而不需要等待丢失的分区被重新计算。

在不需要缓存 RDD 时，应及时使用 unpersist()算子来释放缓存的 RDD 数据。

Spark RDD 的设计原理体现了在数据和计算资源已知的前提下，各个 RDD 有效地分工协作以最大化提高计算效率的思想。这与人们在生活、工作中“团结协作”和“互帮互助”非常相似。当团队面对重大任务时，只有科学地协作，每个人才能发挥更大的作用，效率也会大大提高。

1.2.5 Spark 生态圈

Spark 生态圈也称为伯克利数据分析软件栈（Berkeley Data Analytics Stack，BDAS），Spark 的设计遵循“一个软件栈满足不同应用场景”的理念，逐渐形成了一套完整的生态系统。Spark 生态圈如图 1-7 所示。

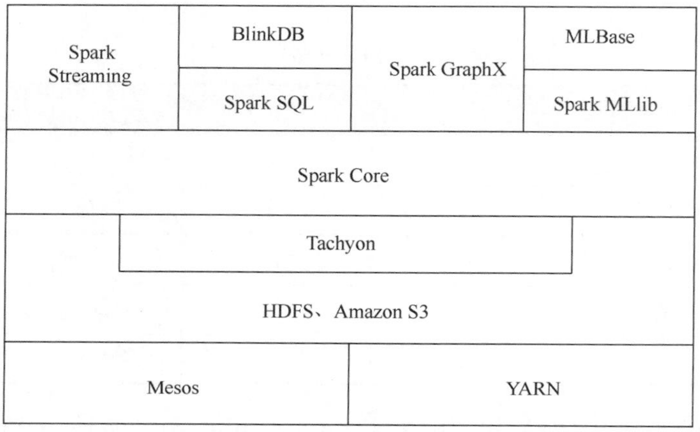

图 1-7 Spark 生态圈

Spark 生态圈的组件可以应用于机器学习、数据挖掘、数据库、信息检索、自然语言处理和语音识别等多个领域。Spark 生态圈以 Spark Core 为核心，从 HDFS、Amazon S3、Tachyon（分布式内存文件系统）等数据源中读取数据，可以使用 Mesos、YARN 或自身携带的 Standalone 作为资源管理器调度作业，完成应用程序的计算。这些应用程序可以来自不同的组件，如 Spark Streaming 的实时处理应用、采样近似查询引擎 BlinkDB 的权衡查询、Spark SQL 的即时查询、MLBase/Spark MLlib 的机器学习和 Spark GraphX 的图处理等。Spark 这种大一统的软件栈也能给人们的生活和工作带来启示，一个人掌握的技能越多，才能在竞争中立于不败之地。

需要说明的是，无论是 Spark Streaming、Spark SQL、Spark MLlib，还是 Spark GraphX，都可以使用 Spark Core 的 API 处理问题。它们的方法几乎是通用的，处理的数据也可以共享，因此 Spark 可以完成不同应用之间数据的无缝集成。

1. Spark Core

Spark Core 作为 Spark 引擎的核心，提供基于内存的分布式计算，在 Hadoop 原生的 MapReduce 引擎的基础上继承其优势、弥补其不足，减少计算过程当中的迭代运算，大大提升计算效率。Spark Core 强大功能体现在其包含 Spark 基础和核心的功能，如内存计算、任务调度、部署模式、故障恢复、存储管理等，主要面向数据批处理。Spark Core 建立在统一的抽象 RDD 之上，因此能够以基本一致的方式应对不同的大数据处理场景。Spark Core 通常简称为 Spark。

2. Spark SQL

Spark SQL 是用于处理结构化数据的组件，允许开发人员直接处理 RDD，以及查询存储在 Hive、HBase 上的外部数据。Spark SQL 的一个重要特点是能够统一处理关系表和 RDD，使得开发人员可以轻松地使用 SQL 命令进行外部查询，并进行更复杂的数据分析。本书将在第 3 章中对 Spark SQL 框架及其使用做进一步介绍。

3. Spark Streaming

Spark Streaming 是对实时数据流进行高吞吐量、容错处理的流式处理系统，其核心思想是将数据分解成一系列短小的批处理作业，每个短小的批处理作业都可以使用 Spark Core 进行快速处理。Spark Streaming 可以对多种数据源，如 Kafka、Flume 和传输控制协议（Transmission Control Protocol，TCP）套接字等进行类似 map()、reduce()和 join()等操作，并将结果保存到外部文件系统或数据库中，或应用到实时仪表盘上。本书将在第 4 章中对 Spark Streaming 框架及其使用做进一步介绍。

4. Spark MLlib

Spark MLlib 机器学习库实现一些常见的机器学习算法和实用程序。Spark MLlib 降低了机器学习的门槛，开发人员只要具备一定的理论知识就能进行机器学习相关的工作。本书将在第 5 章中对 Spark MLlib 库及其使用做进一步介绍。

5. Spark GraphX

Spark GraphX 是 Spark 中用于图计算的 API，可以认为是 GraphLab 和 Pregel 在 Spark 上的重写及优化。与其他分布式图计算框架相比，Spark GraphX 最大的贡献是在 Spark 之上提供一栈式数据解决方案，可以方便且高效地完成图计算的一整套流水作业。

1.3 PySpark 大数据分析

Spark 主要由 Scala 和 Java 语言开发，运行在 Java 虚拟机（Java Virtual Machine，JVM）中。除了提供 Scala、Java 开发接口外，Spark 还为 Python、R 等语言提供了开发接口。PySpark 是 Spark 为 Python 开发者提供的 API，使得 Python 开发者在 Python 环境下可以运行 Spark 程序。

1.3.1 PySpark 简介

Python 在数据分析和机器学习领域拥有丰富的库资源，如 NumPy、SciPy、Pandas 和 Scikit-learn 等，因此成为数据科学家和数据分析师处理和分析数据的热门语言。Spark 是目前处理和使用大数据的主流框架之一，其设计初衷是加速迭代计算，非常适合大数据分析、机器学习等应用场景。为了兼顾 Spark 和 Python 的优势，Apache Spark 开源社区推出了 PySpark。

与原生 Python 相比，PySpark 的优势在于其能够运行在集群上，而不仅仅局限于单机环境。因此，当数据量过大以至于单机无法处理，或数据存储在 HDFS 中，或需要进行分布式/并行计算时，可以选择使用 PySpark。

1.3.2 PySpark 子模块

PySpark 包括一组公共类、用于处理结构化数据的 SQL 模块与流数据处理的 Streaming 模块、用于机器学习的 MLlib 和 ML 两个包。PySpark 类、模块与包如图 1-8 所示。

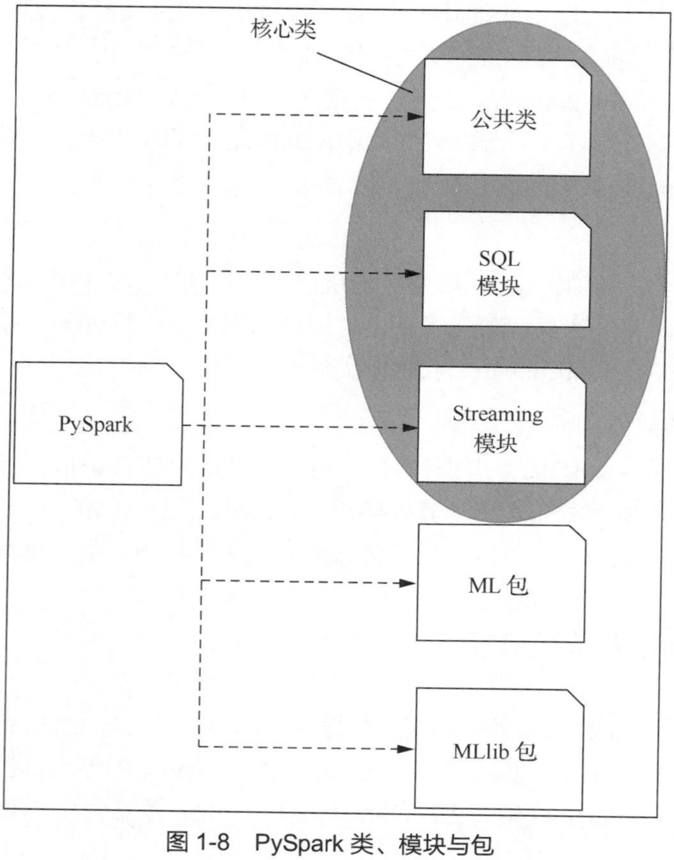

图 1-8　PySpark 类、模块与包

PySpark 公共类中的 pyspark.SparkContext、pyspark.RDD，Streaming 模块中的 pyspark.streaming.StreamingContext、pyspark.streaming.DStream 以及 SQL 模块中的 pyspark.sql.SparkSession、pyspark.sql.DataFrame 为 PySpark 的核心类。PySpark 核心类说明如表 1-4 所示。

表 1-4 PySpark 核心类说明

类型	类名	说明
公共类	pyspark.SparkContext	PySpark 编程的主要入口点
公共类	pyspark.RDD	PySpark 数据抽象
Streaming 模块	pyspark.streaming.StreamingContext	PySpark 流编程主要入口点
Streaming 模块	pyspark.streaming.DStream	PySpark 流数据抽象
SQL 模块	pyspark.sql.SparkSession	PySpark SQL 编程入口点
SQL 模块	pyspark.sql.DataFrame	处理结构化数据

1. PySpark 公共类

在 PySpark 中有 11 个公共类，分别是 Accumulator、Broadcast、RDD、SparkConf、SparkContext、SparkFiles、StorageLevel、TaskContext、RDDBarrier、BarrierTaskContext 和 BarrierTaskInfo。PySpark 公共类的简要说明如表 1-5 所示。

表 1-5 PySpark 公共类的简要说明

类名	说明
Accumulator	累加器，只允许增加值
Broadcast	广播变量，可用于在任务之间复用
RDD	PySpark 中基础抽象
SparkConf	用于 PySpark 应用程序的参数配置
SparkContext	PySpark 应用程序的编程入口点
SparkFiles	提供对文件进行操作的相关功能
StorageLevel	用于数据存储级别的设置
TaskContext	可以提供关于当前运行任务的信息
RDDBarrier	用屏障包装 RDD 以实现屏障执行
BarrierTaskContext	为屏障执行提供额外信息和工具
BarrierTaskInfo	与屏障作业有关的信息

PySpark 的主要公共类解释说明如下。

（1）SparkContext 编程入口

在 PySpark 中，SparkContext 类是所有 Spark 功能的核心入口点，扮演着重要的角色。它负责与 Spark 集群通信，并负责任务的分发和执行。以下是关于 SparkContext 的详细说明。

① 功能入口。SparkContext 作为 Spark 功能的入口点，是运行任何 Spark 应用程序时必须初始化的对象。因此，在编写 PySpark 程序时，需要先创建一个 SparkContext 实例，并传入一个 SparkConf 对象作为参数。通过这个 SparkContext 实例，可以提交作业、分发任务和注册应用程序。

② 驱动程序。当运行一个 Spark 应用程序时，系统会启动一个驱动程序，其中包含 main 函数。SparkContext 会在驱动程序中启动，并在工作节点上的 Executor 中运行操作。

③ 集群连接。SparkContext 表示与 Spark 集群的连接，它是创建 RDD 和广播变量的基础。

④ 默认实例。默认情况下，PySpark 将 SparkContext 实例命名为“sc”，因此在大多数情况下，可以直接使用“sc”这个名字来访问 SparkContext 实例。

此外，SparkContext 还提供了许多用于操作 RDD 的方法，例如 map()、filter()、reduce() 等，这些方法使得对数据的操作变得简单高效。它还支持广播变量，这是一种只读变量，可以被缓存在每台机器上，以便在每个任务中快速访问而无需通过网络传输。

（2）SparkConf 配置对象

在 PySpark 中，SparkConf 是一个关键的配置类，用来设置和管理 Spark 应用程序的各种参数。通过创建 SparkConf 对象，可以自定义 Spark 应用程序参数来定制应用程序的行为，以满足不同的需求和环境。以下是关于 SparkConf 对象的详细说明。

① 创建 SparkConf 对象。通过调用 SparkConf()构造函数，可以创建一个新的 SparkConf 对象。这个构造函数接受一个可选的字典参数，用于指定默认的配置选项。

② 加载系统属性。SparkConf 对象会自动从 Java 系统属性中加载所有以“spark.”为前缀的属性。例如，如果在启动 JVM 时设置了“-Dspark.app.name=MyApp”，那么可以使用 SparkConf 对象的“.get("spark.app.name")”方法获取到“MyApp”。

③ 设置和获取配置选项。可以使用“set(key, value)”方法来设置配置选项，使用 get(key) 方法来获取配置选项的值。如果尝试获取一个未设置的配置选项，那么系统将会抛出一个异常。

④ 优先级规则。如果在创建 SparkConf 对象后使用 set()方法设置了某个配置选项，那么该方法设置的值将优先于从系统属性中加载的值。

⑤ 不可变性。一旦创建了 SparkConf 对象并将其传递给 SparkContext，就不能再修改该对象。这是由于 Spark 需要确保在应用程序的整个生命周期中，配置参数保持一致。

⑥ 传递配置给 SparkContext。在创建 SparkContext 对象时，需要传入一个 SparkConf 对象。这样，SparkContext 就可以使用这些配置参数来初始化和运行 Spark 应用程序。

（3）PySpark 广播变量与累加器

在 Spark 中，为了支持并行处理，可以使用两种类型的变量：广播变量（Broadcast Variables）和累加器（Accumulators）。这两种变量可以在集群的每个节点上运行任务时使用。

① 广播变量。广播变量用于在所有节点上保存数据的只读副本。当需要在多个节点上使用相同的数据时，可以使用广播变量来避免数据的重复传输。广播变量在第一次使用时会被缓存在各个节点上，之后可以快速访问而无需再次通过网络传输。

② 累加器。累加器用于在集群中的多个节点上聚合信息。与广播变量不同，累加器是可变的，可以进行关联和交换操作。例如，可以使用累加器来实现计数器或求和操作。累加器的值会在任务执行过程中不断更新，并最终返回给驱动程序。

总的来说，广播变量主要用于在集群中共享只读数据，而累加器用于在集群中进行信息聚合。

2. PySpark SQL 模块

PySpark SQL（pyspark.sql）模块包含 10 个类，提供了类型、配置、DataFrame 和许多其他功能的 SQL 函数和方法，PySpark SQL 模块相关类说明如表 1-6 所示。关于 PySpark SQL 模块，在本书第 3 章中将进行详细介绍。

表 1-6　PySpark SQL 模块相关类说明

类名	说明
SparkSession	PySpark SQL 编程的入口点
Column	用来表示 DataFrame 中的列
Row	用来表示 DataFrame 中的行
GroupedData	用于提供 DataFrame 中的汇总功能
types	定义 DataFrame 中的数据类型
Functions	提供丰富、常用的功能，如数学工具、日期计算、数据转换等
Window	提供窗口函数功能
DataFrame	处理结构化数据
DataFrameNaFunctions	用于处理 DataFrame 中的空值
DataFrameStatFunctions	用于统计、汇总 DataFrame 中的数据

3. PySpark Streaming 模块

PySpark Streaming（pyspark.streaming）模块包含 3 个主要的类：StreamingContext、DStream、StreamingListener，也特别提供针对 Flume、Kafka、Kinesis 流数据处理的类，但这里只对前 3 个类进行说明，如表 1-7 所示。PySpark Streaming 模块将在本书第 4 章中做详细介绍。

表 1-7　PySpark Streaming 模块相关类说明

类名	说明
StreamingContext	用于处理 Spark Streaming 应用的入口
DStream	Spark Streaming 的基本抽象，DStream 是一个连续的数据流
StreamingListener	对 Streaming 数据流事件进行监控和处理

小结

本章首先介绍了大数据分析的基本概念、流程和应用场景，使读者对大数据分析有了初步了解。然后，从大数据分析的角度引入了大数据技术体系，并重点介绍了 Spark 大数据技术框架，包括 Spark 的简介、特点、运行架构与流程、RDD 以及 Spark 生态圈。最后，通过介绍 Spark 为 Python 开发者提供的 API——PySpark，阐述了 PySpark 子模块中重要的类、模块与包，使读者能够熟悉 PySpark 的主要功能，并为后续使用 PySpark 进行数据分析奠定基础。

课后习题

选择题

（1）当前大数据技术的基础是由（　　）首先提出的。

A. 微软　　B. 谷歌　　C. 百度　　D. 腾讯

（2）下列关于大数据特点的说法中，错误的是（　　）。

A. 数据规模大　　B. 数据类型多样

C. 数据处理速度快　　D. 数据价值密度高

（3）在 Spark 中，如果需要对实时数据进行流式计算，那么使用的子框架是（　　）。

A. Spark MLlib　　B. Spark SQL　　C. Spark Streaming　　D. Spark GraphX

（4）关于 Spark RDD，下列说法不正确的是（　　）。

A. Spark RDD 是一个抽象的 RDD

B. RDD 的行动操作指的是将原始数据集加载为 RDD 或将一个 RDD 转换为另一个 RDD

C. 窄依赖指的是子 RDD 的一个分区只依赖于某个父 RDD 中的一个分区

D. 宽依赖指的是子 RDD 的每一个分区都依赖于某个父 RDD 一个以上的分区

（5）下列关于大数据分析理念的说法中，错误的是（　　）。

A. 在数据基础上倾向于全体数据而不是抽样数据

B. 在分析方法上更注重相关分析而不是因果分析

C. 在分析效果上更追究效率而不是绝对精确

D. 在数据规模上强调相对数据而不是绝对数据

第 2 章 PySpark 安装配置

PySpark 开发环境分为单机模式的开发环境和分布式模式的开发环境。单机模式配置简单，运行在一台计算机中，便于开发和调试，可使用本地文件系统存储数据。分布式模式配置较为复杂，PySpark 所依赖的 Hadoop 组件、Spark 组件运行在多个计算机节点上，形成计算集群，利用集群中各个计算节点的计算能力，可以快速地处理海量数据。单机模式和分布式模式各有优缺点，读者可能会受限于可用计算机节点的数量及配置，因此可以采用单机模式学习本书内容。虽然单机模式运行在一台计算机中，但 Spark 操作方式与其在分布式模式下的操作几乎是相同的。

本章分别介绍单机模式和分布式模式的 PySpark 开发环境的搭建过程，为后续 PySpark 编程学习提供程序运行的环境；最后介绍 Python 常用数据结构与 Python 函数式编程基础。

学习目标

（1）掌握单机模式和分布式模式的 PySpark 开发环境的搭建方法。

（2）熟悉 Linux 系统虚拟机的安装过程。

（3）掌握单机模式和分布式模式下 Hadoop 集群配置。

（4）掌握分布式模式下 Spark 集群配置。

（5）掌握 Python 常用数据结构及函数式编程基础知识。

素质目标

（1）通过学习单机模式的 PySpark 开发环境的搭建方法，养成严谨的思维习惯，严格按照计算机语言的语法要求，做到配置步骤完整、配置文档正确，确保开发环境的正常运行。

（2）通过学习分布式模式的 PySpark 开发环境的搭建方法，领会分布式模式中的团队协作精神，构建互信机制、协同处理的工作方式，正确构建分布式协同工作环境，确保 PySpark 分布式计算环境的高效运转。

（3）通过学习 Python 常用数据结构和函数式编程基础知识，理解利用计算机解决实际问题的基本过程，融会贯通，提升创新和实践能力。

2.1 搭建单机模式的 PySpark 开发环境

本节主要帮助初学者在 Windows 系统上搭建一个可以运行 PySpark 程序的开发环境。单机模式的搭建步骤相对于分布式模式更加简单、易操作，且搭建的环境能够满足 Spark 应用程序的开发和测试工作，对初学者而言是非常有益的。

为了搭建单机模式的 PySpark 开发环境，需要准备表 2-1 所示的安装包。

表 2-1　单机模式的 PySpark 开发环境安装包

安装包	版本	备注
JDK	jdk-8u281	Java 运行环境，Spark 的运行需要 JDK 的支持
Anaconda	Anaconda3-2020.11	Python 的包管理器和环境管理器
Hadoop	3.2.2	提供 HDFS、Hive 运行环境支持
Hive	3.1.1 1.22	Hive 运行环境，其中 3.1.1 为运行版本，1.22 版本则提供 Windows 系统下的运行工具
MySQL	8	Hive 元数据存储服务
MySQL Connector	8.0.21	Hive 数据库连接工具包

2.1.1　安装 JDK

由于 Hadoop、Hive 和 Spark 是由 Java 编写而成的，运行环境需要 Java 支持，因此需要下载安装 Java 开发工具包（Java Development Kit，JDK）。在 Java 官方网站下载版本为 jdk-8u281 的 JDK 即可。在 Windows 系统下安装 JDK 可参考安装过程中的文字提示完成。

2.1.2　安装 Anaconda

Anaconda 是 Python 的包管理器和环境管理器，包含大量的 Python 科学包及其依赖项。Anaconda 可以便捷获取包并对包进行管理，同时也可以对 Python 环境进行统一管理。Anaconda 的安装可以通过官方网站或镜像网站（例如图 2-1 所示的清华大学开源软件镜像站）下载 Windows 版本的安装包进行安装。安装好 Anaconda 后，即可方便地管理（如安装、卸载、更新）包。

在 Windows“开始”菜单中，选择“Anaconda3(64-bit)”，单击“Anaconda Navigator (anaconda3)”打开 Anaconda 管理器，出现“Anaconda Navigator”窗口，如图 2-2 所示，在左边的导航栏选择“Environments”选项。单击“Create”按钮可以创建指定版本的 Python 运行环境，如图 2-3 所示。

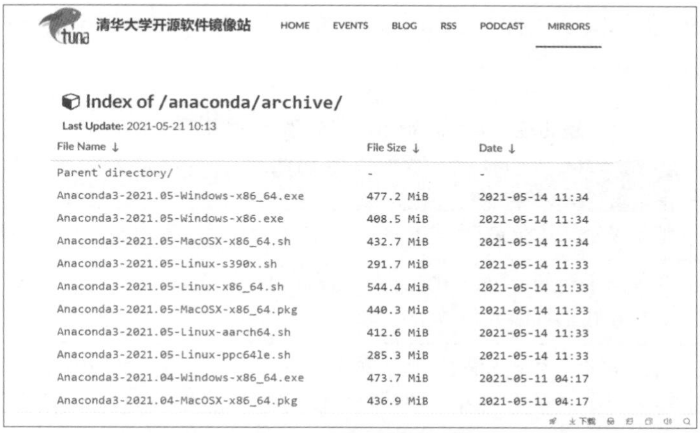

图 2-1 清华大学开源软件镜像站

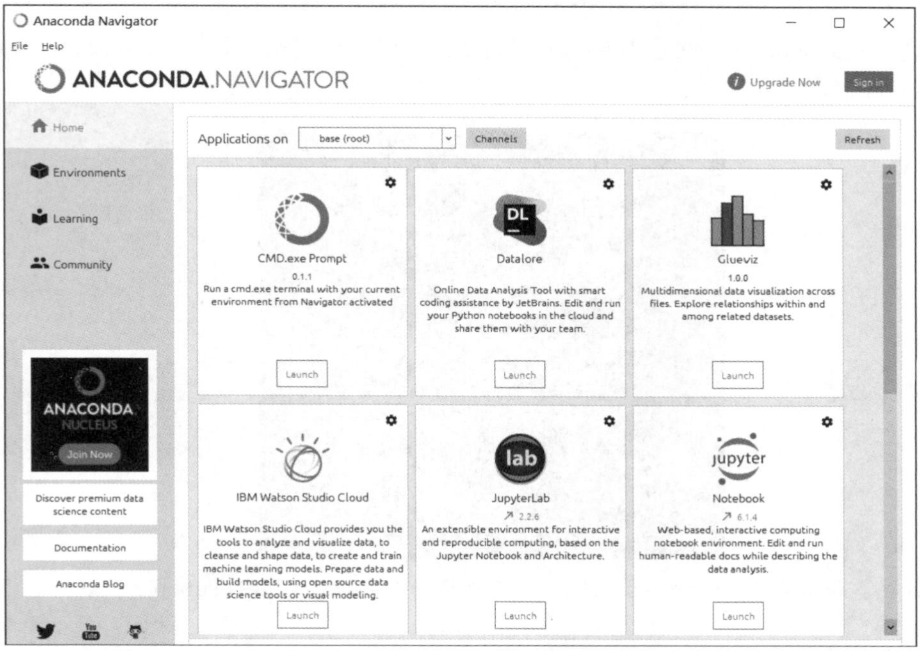

图 2-2 “Anaconda Navigator”窗口

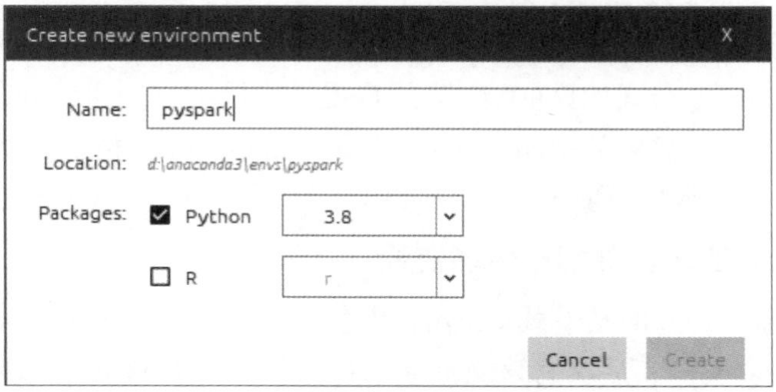

图 2-3 在 Anaconda 中创建 Python 运行环境

在 Anaconda 中，默认安装 3 种 Python 集成开发环境（Integrated Development Environment，IDE），如表 2-2 所示。

表 2-2　Anaconda 中的 Python IDE

IDE	备注
Jupyter Notebook	基于 Web 环境的交互式 Python 编辑运行环境，对 IPython 的功能进行了扩展
Spyder	开源跨平台的 Python IDE，Spyder 既可以跨平台，也可以使用附加组件扩充，自带交互式工具以处理数据
IPython	Python 的交互式 Shell，基于命令行方式编写代码。从 4.0 版本开始 IPython 集中精力只做交互式 Shell，使其变得轻量化，用户可从 Windows 系统的开始菜单启动 Anaconda Prompt 并进入 IPython。其他 Notebook 格式和 Notebook Web 应用等均从 IPython 分离出来并统一命名为 Jupyter Notebook

安装好 Anaconda 后，通过 Windows 系统的“开始”菜单，启动 Jupyter Notebook，如图 2-4 所示。

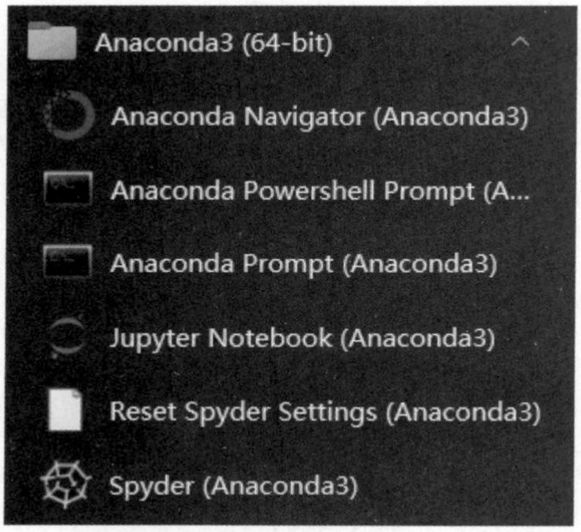

图 2-4　在 Windows“开始”菜单中选择并启动 Jupyter Notebook

2.1.3　安装 Hadoop

Hadoop 是一套开源的、用于大规模数据集的分布式存储和处理的工具平台，核心设计为 HDFS 和 MapReduce 分布式计算框架，为用户提供底层细节透明的分布式基础设施。为了向 Spark 提供存储支持，需要安装 Hive，Hive 需要 Hadoop 运行环境，因此需要在 Windows 系统上搭建 Hadoop 单机运行环境。

1.　下载 Hadoop 安装包并配置环境变量

从 Apache Hadoop 官方网站下载 Hadoop 安装包，如图 2-5 所示。并将安装包解压缩至文件夹（如“D:\Hadoop”，后文将该文件夹所在路径称为 HADOOP_HOME 路径）中。

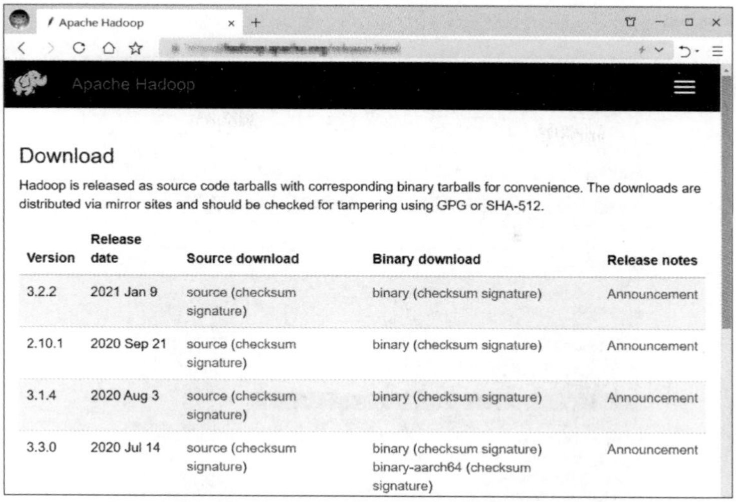

图 2-5　从 Apache Hadoop 官方网站下载 Hadoop 安装包

为方便在命令行中执行 Hadoop 命令，还需要设置 Windows 系统中的环境变量。以 Windows 10 系统为例，右键单击“此电脑”图标，选择“属性”选项，在弹出的窗口中选择“高级系统设置”选项。在弹出的“系统属性”对话框中，选择“高级”选项卡，可看到 Windows 系统环境变量设置入口，单击“环境变量”按钮，如图 2-6 所示。

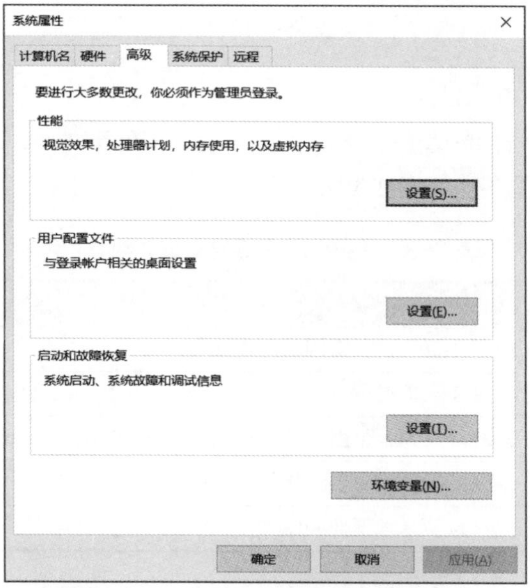

图 2-6　Windows 系统环境变量设置入口

在“环境变量”对话框中，配置 Hadoop 环境变量。需配置环境变量包括：新建 HADOOP_HOME 环境变量，指定 Hadoop 家目录（即 Hadoop 安装包解压目录），如图 2-7 所示；编辑 PATH 环境变量，指定 Hadoop 中可执行程序的路径（即 Hadoop 安装包解压目录的 bin 目录），如图 2-8 所示。

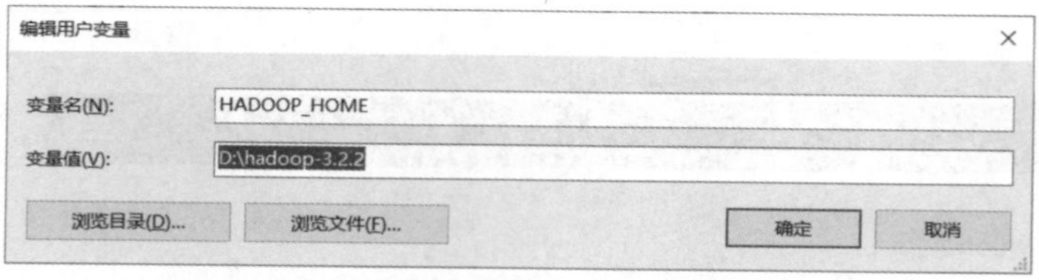

图 2-7 设置 HADOOP_HOME 环境变量

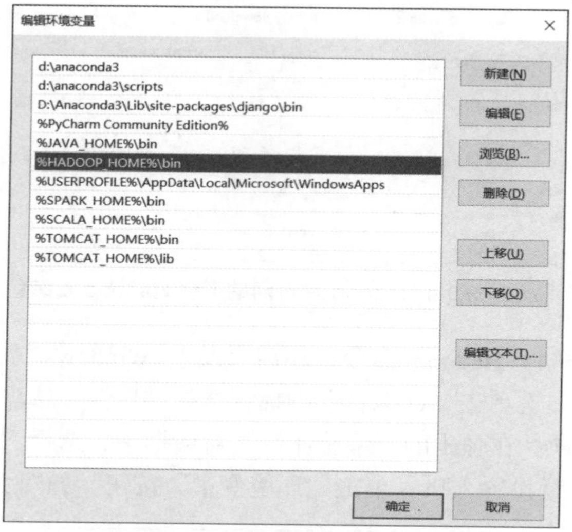

图 2-8 设置 PATH 环境变量

2. 修改 Hadoop 配置文件

完成 Hadoop 环境变量的配置后，需要修改 Hadoop 配置文件，以便 Hadoop 可以正常运行，Hadoop 主要的配置文件如表 2-3 所示。

表 2-3 Hadoop 主要的配置文件

文件名	文件描述
hadoop-env.cmd	记录 Hadoop 要使用的环境变量
hdfs-site.xml	HDFS 守护进程配置文件，包括 NameNode、DataNode 配置
core-site.xml	Hadoop Core 配置文件，包括 HDFS 和 MapReduce 常用的 I/O 设置
mapreduce-site.xml	MapReduce 守护进程配置文件
yarn-site.xml	YARN 资源管理器配置文件

Hadoop 的配置文件主要以可扩展标记语言（Extensible Markup Language，XML）为主，通过标签形式结构化存储数据。通过 XML 文件配置 Hadoop 时，需要注意两点：一是标签要配对，每一个标签，如
，需要有一个对应的关闭标签，如</br>；二是标签对大小写敏感，如标签<Letter>与标签<letter>是不同的。在修改 Hadoop 配置文件时，要养成严谨的思维习惯，注意配置过程中的每一个细节，确保配置文件的正确性。

修改 Hadoop 配置文件的主要过程如下。

（1）修改 hadoop-env.cmd 文件

在 hadoop-env.cmd 文件末尾添加 Java 环境变量，如代码 2-1 所示，将 JAVA_HOME 对应的 Java 路径更改为实际的路径。JAVA_HOME 设置为 JDK 的安装路径，本书 JDK 的安装路径是“C:\Program Files\Java\jdk1.8.0_281”。

代码 2-1 设置 JAVA_HOME 环境变量

```
@set JAVA_HOME="C:\Program Files\Java\jdk1.8.0_281"
::为了避免执行过程中可能出现的问题，可采用“8.3”命名方法，用 6 位字母，然后添加“~”符号和 1 个数字
set JAVA_HOME="C:\Progra~1\Java\jdk1.8.0_281"
```

（2）修改 hdfs-site.xml 文件

修改 hdfs-site.xml 文件内容，如代码 2-2 所示。其中，dfs.replication 配置项设置了 HDFS 中文件副本数为 1；dfs.namenode.name.dir 配置项设置了 HDFS 中 NameNode 元数据存储的本地文件路径；dfs.datanode.data.dir 配置项设置了 DataNode 存储数据的本地文件路径。

代码 2-2 修改 hdfs-site.xml 文件内容

```
<configuration>
    <property>
        <name>dfs.replication</name>
        <value>1</value>
    </property>
    <property>
        <name>dfs.namenode.name.dir</name>
        <value>/D:/hadoop-3.2.2/data/namenode</value>
    </property>
    <property>
        <name>dfs.datanode.data.dir</name>
        <value>/D:/hadoop-3.2.2/data/datanode</value>
    </property>
</configuration>
```

（3）修改 core-site.xml 文件

修改 core-site.xml 文件内容，如代码 2-3 所示。fs.defaultFS 配置项设置了 HDFS 服务的主机名和端口号，主机 localhost 即本机。

代码 2-3 修改 core-site.xml 文件内容

```
<configuration>
    <property>
      <name>fs.defaultFS</name>
      <value>hdfs://localhost:9000</value>
    </property>
</configuration>
```

（4）修改 mapreduce-site.xml 文件

修改 mapreduce-site.xml 文件内容，如代码 2-4 所示，其中 mapreduce.framework.name 配置项将 MapReduce 执行框架设置为 YARN。

代码 2-4　修改 mapreduce-site.xml 文件内容

```
<configuration>
    <property>
        <name>mapreduce.framework.name</name>
        <value>yarn</value>
    </property>
</configuration>
```

（5）修改 yarn-site.xml 文件

修改 yarn-site.xml 文件内容，如代码 2-5 所示。其中，yarn.nodemanager.aux-services 配置项需将 NodeManager 上运行的附属服务配置成 mapreduce_shuffle，后续才可以运行 MapReduce 程序；yarn.nodemanager.aux-services.mapreduce.shuffle.class 配置项配置了 mapreduce_shuffle 的实现类，即 org.apache.hadoop.mapred.ShuffleHandler。

代码 2-5　修改 yarn-site.xml 文件内容

```
<configuration>
    <property>
        <name>yarn.nodemanager.aux-services</name>
        <value>mapreduce_shuffle</value>
    </property>
    <property>
        <name>yarn.nodemanager.aux-services.mapreduce.shuffle.class</name>
        <value>org.apache.hadoop.mapred.ShuffleHandler</value>
    </property>
</configuration>
```

（6）配置文件存储路径

在 hdfs-site.xml 文件中，配置了 NameNode 和 DataNode 数据存储的本地文件路径，需要按照对应路径创建文件夹。dfs.namenode.name.dir 配置的路径为“D:/hadoop-3.2.2/data/namenode”，因此需要在“D:/hadoop-3.2.2/data”路径下创建文件夹 namenode。按照相同方法在 dfs.datanode.data.dir 指定的路径下创建 datanode 文件夹，如图 2-9 所示。

3. 复制工具文件

在 Windows 系统中运行 Hadoop，需要下载两个额外的工具文件 winutils.exe 和 hadoop.dll（需要和 Hadoop 安装包的版本保持一致），并将这两个文件复制至“C:\windows\System32”路径中。

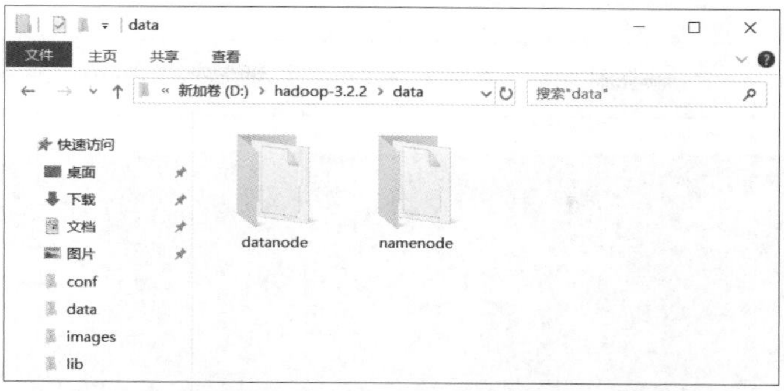

图 2-9 创建 namenode 和 datanode 文件夹

4. 格式化 NameNode

在第一次启动 Hadoop 前，必须先将 HDFS 格式化，打开 cmd 命令提示符窗口，执行代码 2-6 所示的命令，格式化 HDFS。

代码 2-6 格式化 HDFS

```
hdfs namenode -format
```

5. 启动 Hadoop

格式化 HDFS 后，便可以启动 Hadoop。在 Hadoop 家目录的 sbin 目录中执行 start-all.cmd 脚本文件启动 Hadoop 集群，如图 2-10 所示。

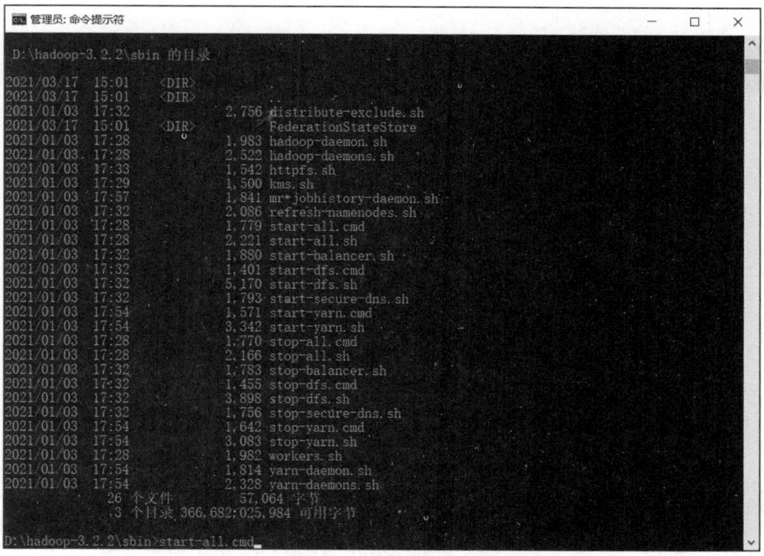

图 2-10 启动 Hadoop 集群

执行文件启动 Hadoop 集群后，将弹出 4 个窗口，分别是 Apache Hadoop Distribution - hadoop datanode、Apache Hadoop Distribution - yarn resourcemanager、Apache Hadoop Distribution - hadoop namenode、Apache Hadoop Distribution - yarn nodemanager，如图 2-11 所示。

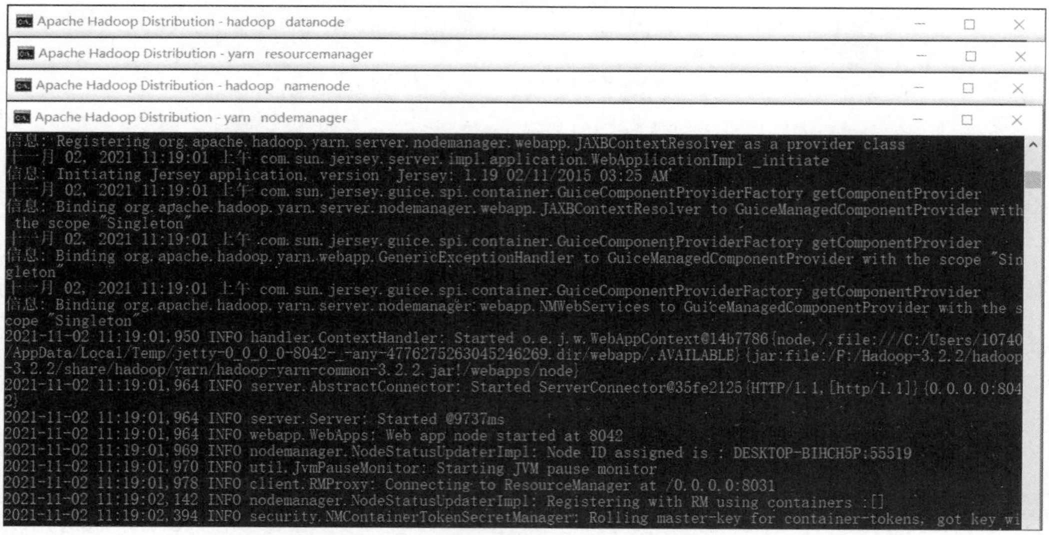

图 2-11 Hadoop 启动后打开的窗口

6. 验证 Hadoop 是否安装成功

打开浏览器，在地址栏输入“http://localhost:9870”网址，进入 Hadoop 的 Web UI，如图 2-12 所示，正常显示该界面内容即表示 Hadoop 配置正确且正常运行。

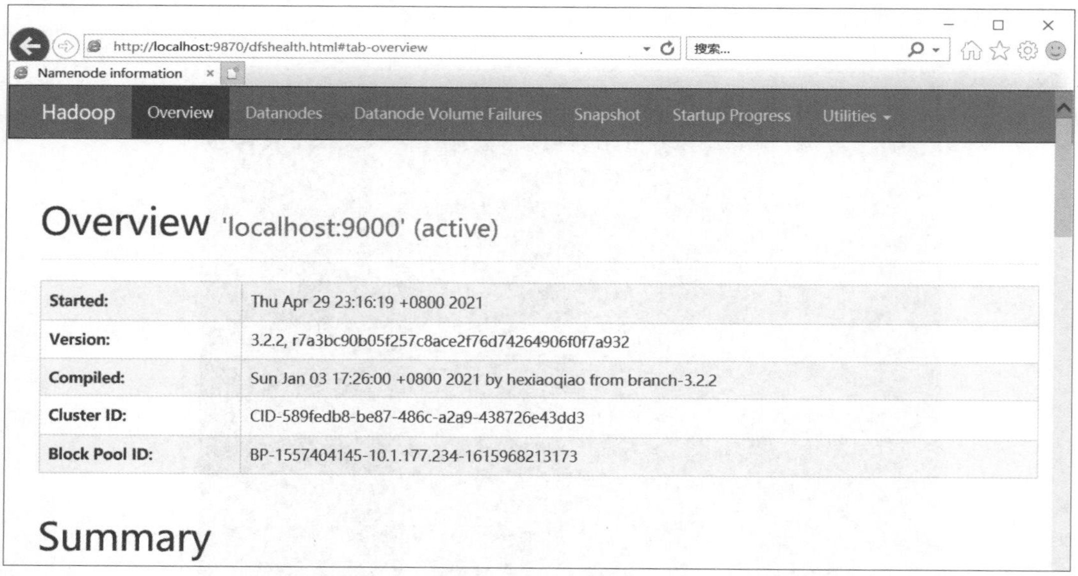

图 2-12 Hadoop 的 Web UI

2.1.4 安装 MySQL

数据仓库 Hive 在运行时，需要数据库系统为 Hive 提供元数据存储服务。因此，需要安装数据库管理系统。在众多的数据库管理系统中，MySQL 是一款安全、跨平台、易于安装、高效的数据库管理系统，能够为 Hive 提供元数据管理服务。在 Windows 系统下安装 MySQL 可参考安装过程中的文字提示完成，其中设置用户名为 root、密码为 123456。

安装完成后，在 Windows 开始菜单中，依次选择“MySQL”→“MySQL 8.0 Command Line Client”，如图 2-13 所示。

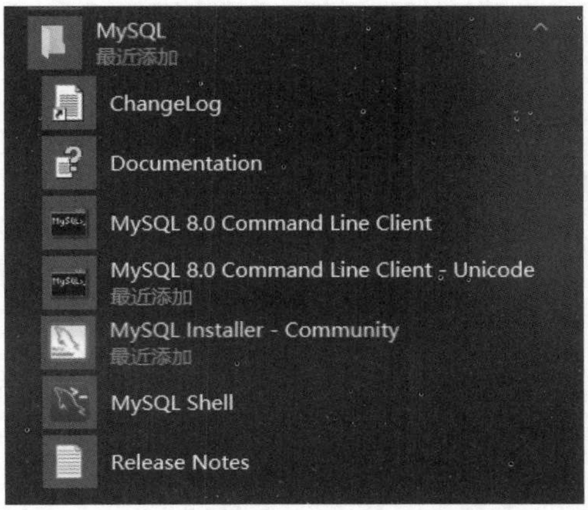
MySQL
最近添加
ChangeLog
Documentation
MySQL 8.0 Command Line Client
MySQL 8.0 Command Line Client - Unicode
最近添加
MySQL Installer - Community
最近添加
MySQL Shell
Release Notes

图 2-13　在 Windows 开始菜单中选择并启动 MySQL

在打开的窗口中，输入 root 的密码（本书设置为“123456”）即可登录 MySQL 客户端，如图 2-14 所示。

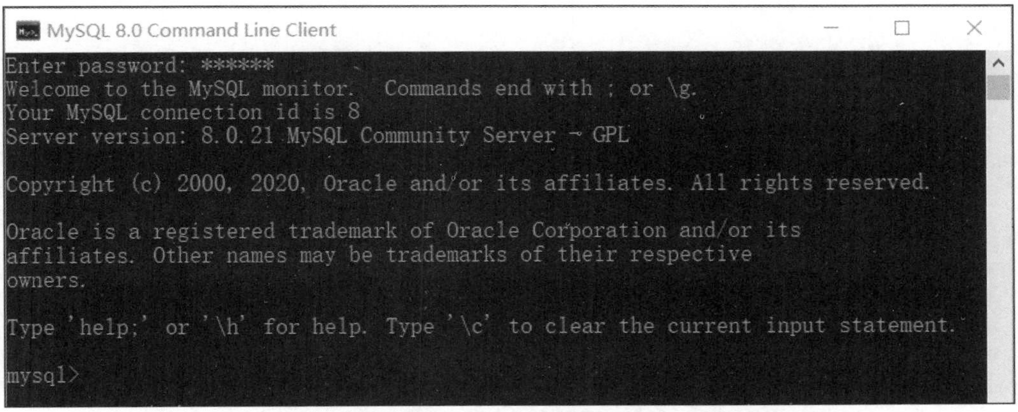
MySQL 8.0 Command Line Client
Enter password: ******
Welcome to the MySQL monitor. Commands end with ; or \g.
Your MySQL connection id is 8
Server version: 8.0.21 MySQL Community Server - GPL
Copyright (c) 2000, 2020, Oracle and/or its affiliates. All rights reserved.
Oracle is a registered trademark of Oracle Corporation and/or its
affiliates. Other names may be trademarks of their respective
owners.
Type 'help;' or '\h' for help. Type '\c' to clear the current input statement.
mysql>

图 2-14　登录 MySQL 客户端

2.1.5　安装 Hive

Hive 是基于 Hadoop 的数据仓库工具，可以将结构化的数据文件映射为一张表，并提供类 SQL 查询功能，可为 PySpark 提供数据存储服务。因此，将在 Windows 系统中安装并配置 Hive。

1. 安装 Hive 并配置环境变量

在 Hive 官方网站下载 Hive 安装包，并将 Hive 的安装包解压至本地文件路径（如

“D:\hive-3.1.1”，后文将其称为 HIVE_HOME 路径）中。与配置 Hadoop 一样，需要配置 Windows 系统的环境变量。需配置的环境变量包括：新建 HIVE_HOME 环境变量，指定 Hive 家目录（即 Hive 安装包解压目录），如图 2-15 所示；编辑 PATH 环境变量，指定 Hive 中可执行程序的路径（即 Hive 安装包解压目录的 bin 目录），如图 2-16 所示。

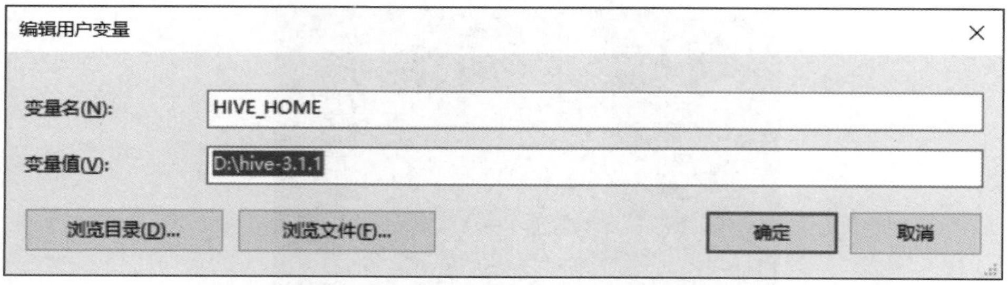

图 2-15　配置 HIVE_HOME 环境变量

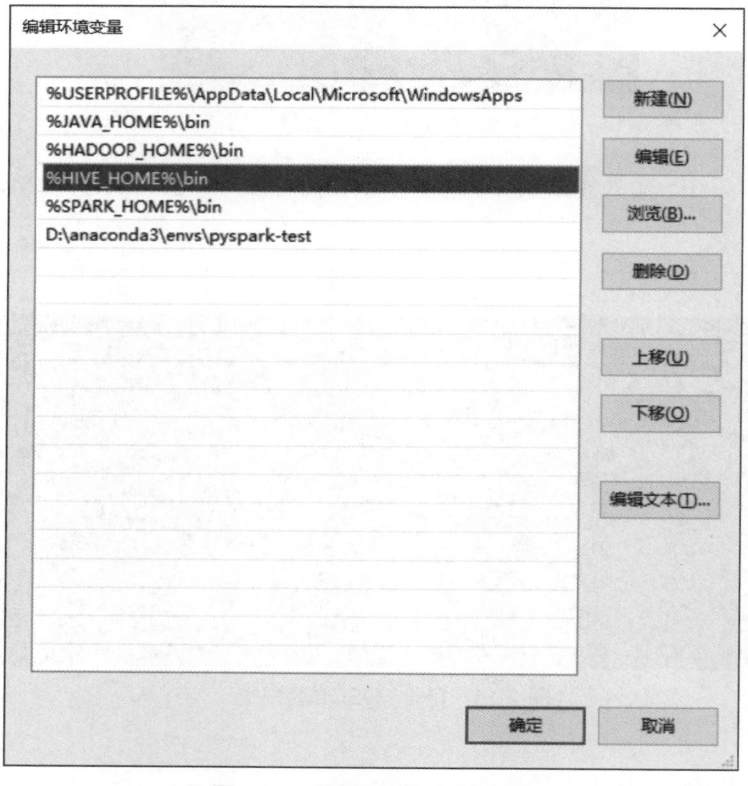

图 2-16　配置 PATH 环境变量

2. 配置 MySQL 驱动

Hive 需要将元数据存储至数据库中，本书使用 MySQL 作为 Hive 存储元数据的数据库。若 Hive 需要访问 MySQL 数据库，则需要为 Hive 提供 MySQL 的 JDBC 驱动 JAR 包（mysql-connector-java-8.0.21.jar），将该 JAR 包复制至 HIVE_HOME\lib 目录下，否则 Hive 不能成功连接 MySQL 数据库。

3. 在 HDFS 中创建目录

Hive 将表中的数据以文件形式存储在 HDFS 中，因此需要在 HDFS 中为 Hive 创建存储目录。打开 cmd 命令提示符窗口，进入命令执行界面。在 HDFS 中创建 tmp 目录、user 目录及其子目录，并设置组可写权限，如代码 2-7 所示。注意，在 HDFS 中创建目录前需要先启动 Hadoop。

代码 2-7　在 HDFS 中创建 Hive 存储目录

```
hadoop fs -mkdir /tmp
hadoop fs -chmod g+w /tmp
hadoop fs -mkdir -p /user/hive
hadoop fs -mkdir /user/hive/warehouse
hadoop fs -chmod g+w /user/hive/warehouse
```

4. 创建 data 目录及其子目录

在 HIVE_HOME 对应的路径中，创建本地 data 目录，并在 data 目录中创建 operation_logs、querylog、resources、scratch 子目录用于存储 Hive 本地日志内容，如图 2-17 所示。

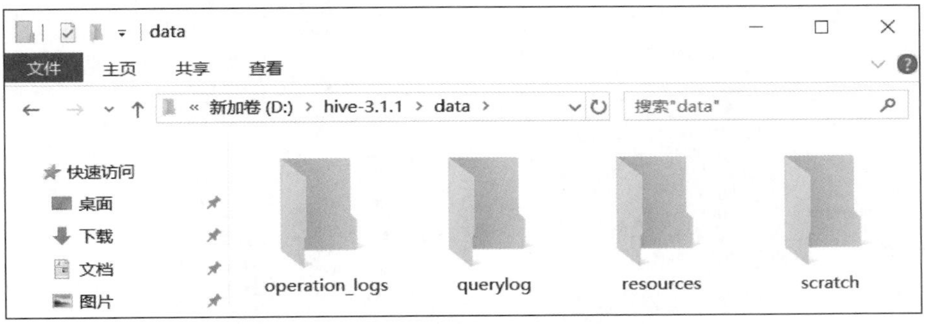

图 2-17　在 data 目录中创建子目录

5. 修改 hive-site.xml 文件

复制 HIVE_HOME 目录的 conf 目录下的 hive-default.xml.template 文件，将其重命名为 hive-site.xml 并修改文件内容，如代码 2-8 所示，注意将配置文件中的路径替换成实际路径。

代码 2-8　修改 hive-site.xml 文件

```
<!-- scratch 本地目录 -->
<property>
    <name>hive.exec.local.scratch</name>
    <value> D:/hive-3.1.1/data/scratch</value>
    <description>Local scratch space for Hive jobs</description>
</property>
```

```
<!-- resources 本地目录 -->
<property>
    <name>hive.downloaded.resources.dir</name>
    <value> D:/hive-3.1.1/data/resources </value>
    <description>Temporary local directory for added resources in the remotefile system.
</description>
</property>

<!-- querylog 本地目录 -->
<property>
    <name>hive.querylog.location</name>
    <value> D:/hive-3.1.1/data/querylog </value>
    <description>Location of Hive run time structured log file</description>
</property>

<!-- operation_logs 本地目录 -->
<property>
    <name>hive.server2.logging.operation.log.location</name>
    <value> D:/hive-3.1.1/data/operation_logs </value>
    <description>Top level directory where operation logs are stored if logging
functionality is enabled</description>
</property>

<!-- 数据库连接地址配置 -->
<property>
    <name>javax.jdo.option.ConnectionURL</name>
    <value>jdbc:mysql:/localhost:3306/hive?createDatabaseIfNotExist=true&amp;
serverTimezone=GMT&amp;characterEncoding=UTF-8&amp;allowPublicKeyRetrieval=
true&amp;useSSL=false </value>
    <description>
    JDBC connect string for a JDBC metastore.
    </description>
</property>

<!-- 数据库驱动配置 -->
<property>
    <name>javax.jdo.option.ConnectionDriverName</name>
    <value> com.mysql.cj.jdbc.Driver </value>
    <description>Driver class name for a JDBC metastore</description>
```

```
</property>

<!-- 数据库用户名 -->
<property>
    <name>javax.jdo.option.ConnectionUserName</name>
    <value>root</value>
    <description>Username to use against metastore database</description>
</property>
<!-- 数据库访问密码 -->
<property>
    <name>javax.jdo.option.ConnectionPassword</name>
    <value>123456</value>
    <description>password to use against metastore database</description>
</property>

<!-- 解决 Caused by: MetaException(message:Version information not found in metastore. )
-->
<property>
    <name>hive.metastore.schema.verification</name>
    <value>false</value>
    <description>
    Enforce metastore schema version consistency.
    True: Verify that version information stored in is compatible with one from Hive jars.
Also disable automatic
    schema migration attempt. Users are required to manually migrate schema after Hive
upgrade which ensures
    proper metastore schema migration. (Default)
    False: Warn if the version information stored in metastore doesn't match with one
from in Hive jars.
</description>
</property>

<!-- 自动创建全部 -->
<property>
    <name>datanucleus.schema.autoCreateAll</name>
    <value>true</value>
    <description>Auto creates necessary schema on a startup if one doesn't exist. Set
this to false, after creating it once.To enable auto create also set hive.metastore.
schema.verification=false. Auto creation is not recommended for production use cases, run
```

```
schematool command instead.</description>
</property>

<!-- HIVE 3.1.1 hive-site.xml 3210行 description有错误，删除 -->
<description>
    Ensures commands with OVERWRITE (such as INSERT OVERWRITE) acquire Exclusive locks
for transactional tables.  This ensures that inserts (w/o overwrite) running concurrently
are not hidden by the INSERT OVERWRITE.
</description>
```

6. 修改 hive-env.sh 文件

复制 HIVE_HOME 目录的 conf 目录下的 hive-env.sh.template 文件，将其重命名为 hive-env.sh 并修改文件内容，配置 Hive 所需要的环境变量信息，添加代码 2-9 所示的内容。

代码 2-9　修改 hive-env.sh 文件

```
HADOOP_HOME= D:\hadoop-3.2.2
export HIVE_CONF_DIR= D:\hive-3.1.1\conf
export HIVE_AUX_JARS_PATH= D:\hive-3.1.1\lib
```

7. 复制 Hive 运行文件

Hive 1.2 以后的版本不再提供 Windows 系统下的命令行工具，无法通过命令行工具访问 Hive 数据仓库。但该工具可以在 hive.1.2.2-src 源码包（可在清华大学开源软件镜像站中下载）中找到，复制 hive.1.2.2-src 安装包中的 bin 目录至 Hive 的家目录中，覆盖 Hive 家目录原有的 bin 目录。执行后，Hive 的 bin 目录文件如图 2-18 所示，其中，hive.cmd 为 Windows 系统下的 Hive 命令行工具。

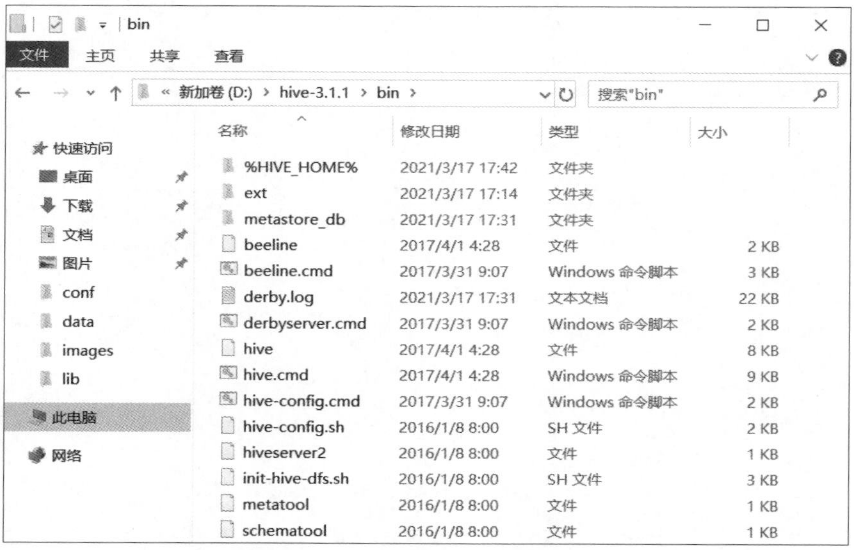

图 2-18　Hive 的 bin 目录文件

8. 初始化 Hive 元数据

Hive 将元数据存储在 MySQL 数据库中，运行 Hive 前，需要初始化 Hive 元数据库，创建存储 Hive 元数据的数据表。打开 cmd 命令提示符窗口，输入并执行“cd d:\hive-3.1.1\bin”命令，切换工作目录至“d:\hive-3.1.1\bin”，输入并执行“hive --service schematool -dbType mysql -initSchema”命令初始化 Hive 元数据库。初始化成功后显示“Initialization script completed schemaTool completed”信息，如图 2-19 所示。

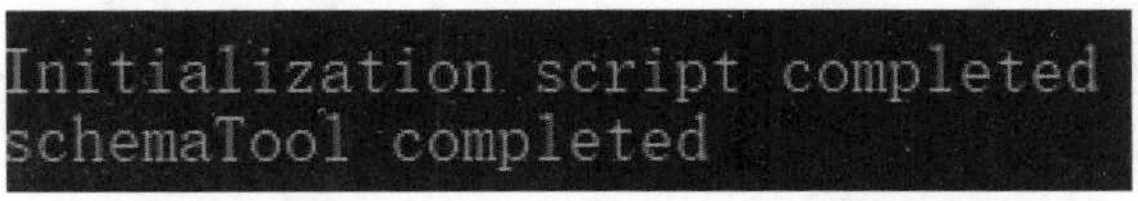

图 2-19　元数据库初始化成功后显示信息

在 cmd 命令提示符窗口中，输入并执行“hive --service schematool -dbType mysql -info”命令，查看元数据库初始化后信息，如图 2-20 所示。

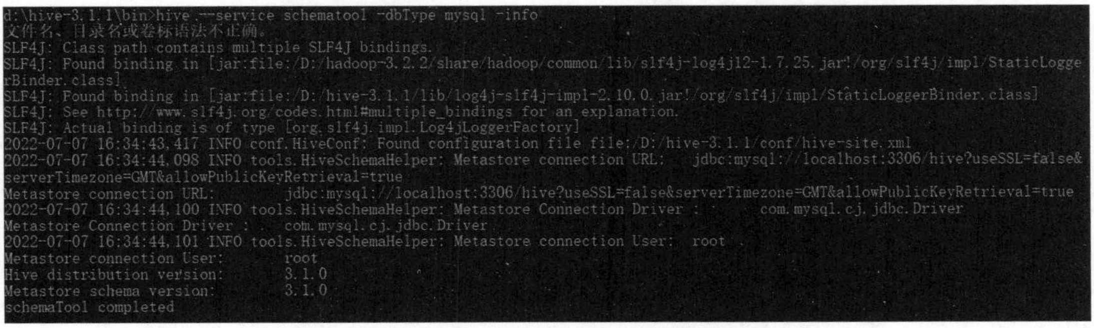

图 2-20　查看元数据库初始化后信息

9. 启动 Hive

执行 bin 目录中的 hive.cmd 文件，执行成功后，会出现“hive> ”提示符，表示 Hive 运行成功，Hive 运行界面如图 2-21 所示。

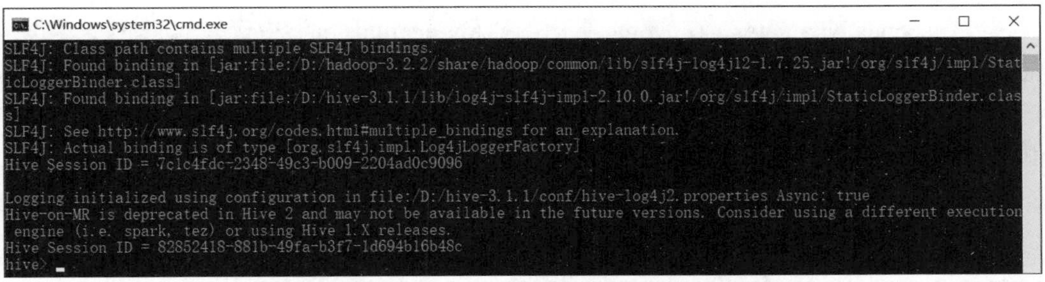

图 2-21　Hive 运行界面

2.1.6　配置 PySpark 模块

PySpark 模块实现调用 Spark 功能的 Python 接口，可以使用 Anaconda 包管理器安装

PySpark 模块。打开 Anaconda Navigator，在左侧导航栏中依次选择“Environments”→“pyspark”选项，在窗口右边的下拉框中选择“All”，并在搜索框搜索“pyspark”，选中后单击“Apply”按钮安装 PySpark 模块，如图 2-22 所示。

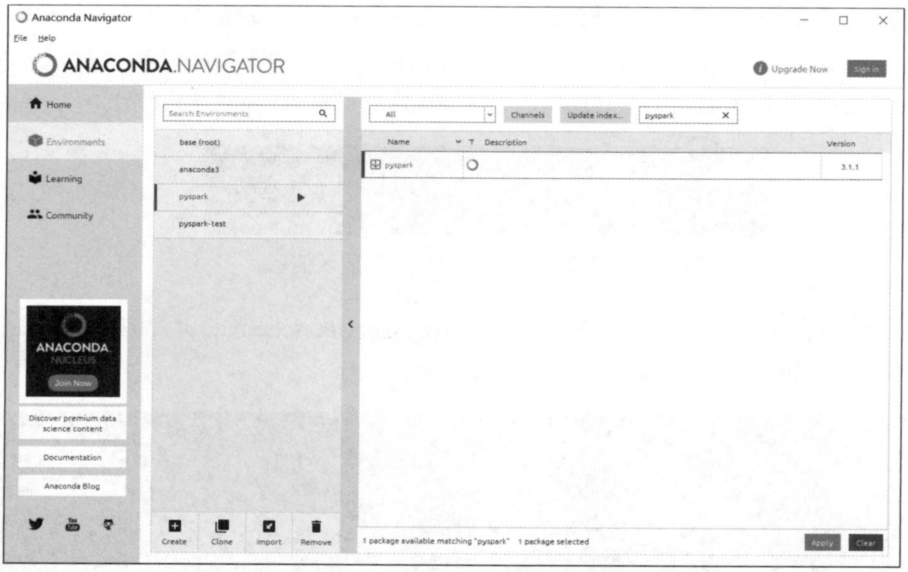

图 2-22　在 Anaconda 中安装 PySpark 模块

安装成功后，将 Hive 的配置文件 hive-site.xml 复制到 PySpark 的配置文件夹（即路径 ANACONDA_HOME\env\[环境名称]Lib\site-packages\pyspark\conf）中，这里的路径为“D:\anaconda3\envs\pyspark\Lib\site-packages\pyspark\conf”，conf 文件夹需手动创建。

在计算机环境变量中添加 Python 解释器路径，其中变量名为 PYSPARK_PYTHON，变量值为创建的 PySpark 环境中的 python.exe，设置为“D:\anaconda3\envs\pyspark\python.exe”。

2.1.7　运行 Jupyter Notebook

打开 Anaconda Navigator，在 Home 页面的“Applications on”中选择 pyspark，单击运行 Jupyter Notebook，Anaconda 将会打开浏览器，并连接 Jupyter Notebook。为了验证 PySpark 单机运行环境是否搭建成功，可以在 Jupyter Notebook 中新建一个 Python3 的笔记本，在单元格中编写程序进行测试，如代码 2-10 所示，注意运行代码前需要先启动 Hadoop 和 Hive 服务。

代码 2-10　验证 PySpark 单机运行环境配置情况

```
In[1]:  from pyspark.sql import SparkSession

        spark = SparkSession.builder.enableHiveSupport().getOrCreate()
        spark
```

```
Out[1]:  SparkSession - hive
         SparkContext
         Spark UI
         Version
         v3.1.1
         Master
         local[*]
         AppName
         pyspark-shell

In[2]:   spark.sql('create table test(id int);')
         spark.sql('show tables;').show()

Out[2]:  +--------+---------+-----------+
         |database|tableName|isTemporary|
         +--------+---------+-----------+
         | default|     test|      false|
         +--------+---------+-----------+
```

至此，单机模式的 PySpark 开发环境搭建完成。

2.2 搭建分布式模式的 PySpark 开发环境

在分布式模式中，Hadoop、Hive 和 Spark 的守护进程运行在多台计算机节点上，形成一个真正意义上的集群，充分体现多计算机并行处理的优势；能够更快、更高效地处理和分析数据，充分体现团队协作精神。每台计算机节点根据自身计算资源的情况，承担不同数量的任务，最后将所有任务结果汇总，形成最终结果。为了搭建分布式模式的 PySpark 开发环境，需要准备表 2-4 所示的安装包。

表 2-4 分布式模式的 PySpark 开发环境安装包

安装包	版本	备注
VirtualBox	6.1.22	虚拟机软件
Spark	spark-3.1.1-bin-hadoop3.2	Spark 运行环境
CentOS	CentOS-7-x86_64-DVD-2009	Linux 系统
JDK	jdk-8u281	Java 运行环境，Spark 的运行需要 JDK 的支持
Anaconda	Anaconda3-2020.11	Python 的包管理器和环境管理器
Hadoop	3.2.2	提供 HDFS 支持和 Hive 运行环境支持
Hive	3.1.1	Hive 运行环境
MariaDB	5.5.68	Hive 元数据管理
MySQL Connector	8.0.21	Hive 数据库连接工具包

构建分布式模式需要多台计算机，本节将采用 3 台计算机（节点）搭建分布式 Spark 集群，其中 1 台作为 Master 节点（主节点），其余 2 台作为 Slave 节点（执行节点），节点配置如表 2-5 所示。

表 2-5　分布式模式节点配置

服务器名称	IP 地址	HDFS 服务	Spark 服务	YARN 服务
master	192.168.10.2	NameNode	Driver，Worker	YARN
slaver1	192.168.10.3	DataNode	Worker	—
slaver2	192.168.10.4	DataNode	Worker	—

考虑到在实际情况中，不是所有读者都有足够的物理机进行实验，为了方便搭建分布式模式的 PySpark 开发环境，本节将采用 VirtualBox 软件创建 3 台虚拟机 master、slaver1 和 slaver2，模拟出 3 台计算机搭建的分布式环境。

2.2.1　安装配置虚拟机

VirtualBox 是一款开源虚拟机软件，使用者可以在 VirtualBox 上安装并且执行 Solaris、Windows、DOS、Linux、BSD 等系统作为客户端操作系统。在 VirtualBox 网站下载主机操作系统对应的二进制文件，运行安装文件，按照安装向导完成安装即可。

1. 创建虚拟机网络

完成 3 台虚拟机的创建，并且将 3 台虚拟机通过网络连接在一起完成集群搭建。在开始创建虚拟机前，需要先确定虚拟机互联互通的网络设置，VirtualBox 提供多种网络模式，在不同网络模式中主机与虚拟机、虚拟机与外部网络访问规则是不同的，如表 2-6 所示。

表 2-6　VirtualBox 网络模式及访问规则

网络模式	仅主机（Host-only）网络	内部（Internal）网络	桥接（Bridged）网络	网络地址转换（Network Address Translation，NAT）	NAT 网络
虚拟机 → 主机	√	—	√	√	√
虚拟机 ← 主机	√	—	√	端口转发	端口转发
虚拟机 1↔ 虚拟机 2	√	√	√	—	√
虚拟机 → 外部网络	—	—	√	√	√
虚拟机 ← 外部网络	—	—	√	端口转发	端口转发

注：箭头表示网络访问方式，如“虚拟机 ← 主机”表示的是主机访问虚拟机的方式。

选择最后一种网络模式“NAT 网络”配置虚拟机的网络。在 VirtualBox 软件菜单中选择“管理”→“全局设置”，在 VirtualBox 全局设定对话框的导航栏中，选择“网络”，如

图 2-23 所示。

创建 NAT 网络名称为“NatNetwork”以及 IP 地址范围，如图 2-24 所示。在 NatNetwork 中，主机访问虚拟机需要通过端口转发功能才能与虚拟机通信，因此还需要单击“端口转发”按钮，配置端口转发规则。

图 2-23 配置虚拟机 NAT 网络

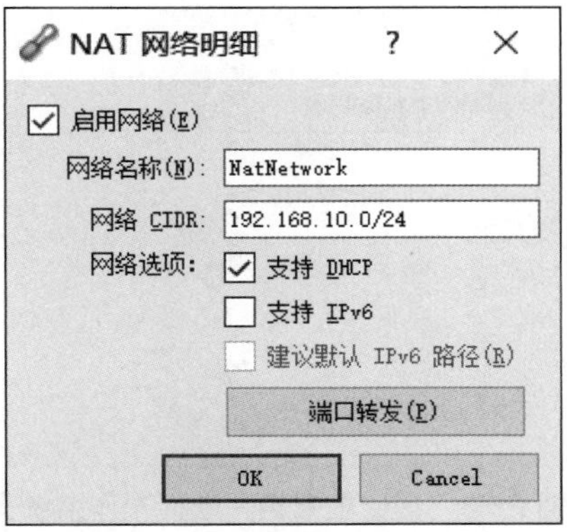

图 2-24 创建 NAT 网络名称为“NatNetwork”及 IP 地址范围

配置主机与虚拟机端口转发规则如图 2-25 所示。

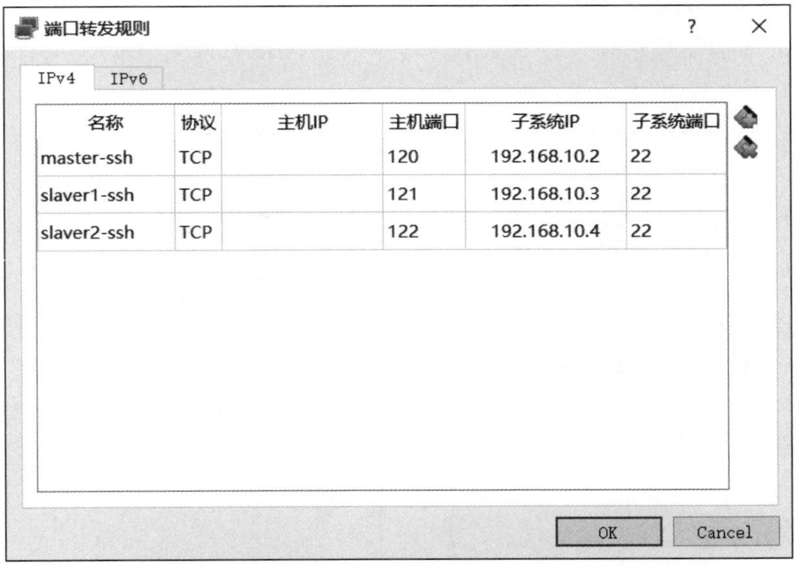

图 2-25 配置主机与虚拟机端口转发规则

2. 创建 Linux 虚拟机

在 VirtualBox 中安装 Linux 系统之前，需要为 Linux 系统的创建做准备。首先，需要在 VirtualBox 中创建虚拟机，然后选择虚拟机中运行的操作系统类型，如图 2-26 所示。

为虚拟机分配内存。因为 VirtualBox 不支持内存过量使用，所以不能给虚拟机分配超过主机内存大小的内存值，创建 3 台虚拟机，每台虚拟机分配 2GB（2048MB）内存，如图 2-27 所示。

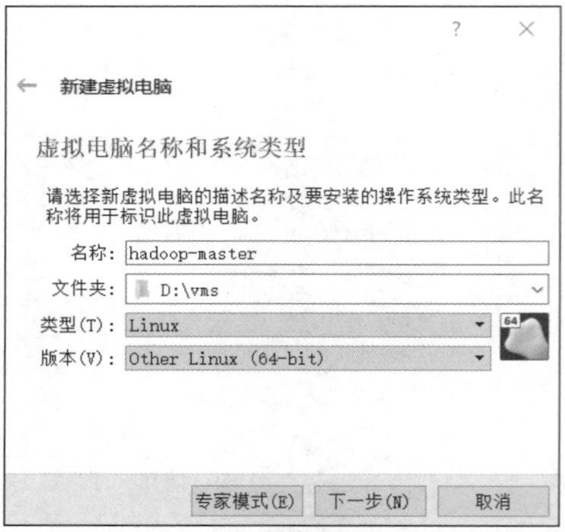

图 2-26　创建虚拟机并选择操作系统类型

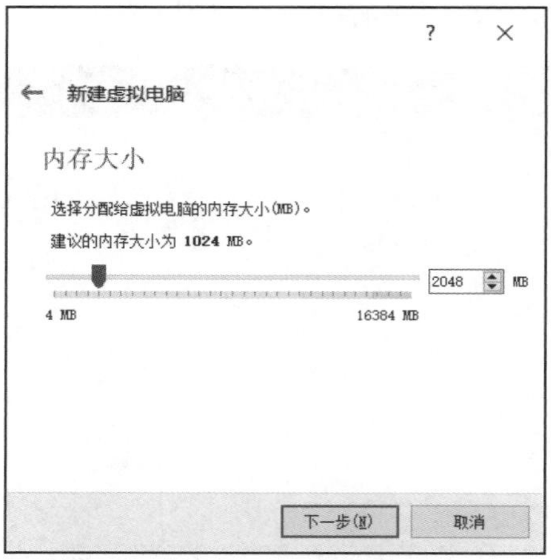

图 2-27　为虚拟机分配内存

创建虚拟磁盘并指定虚拟机磁盘分配方式。有两种磁盘分配方式，动态分配和固定大小。动态分配方式的虚拟磁盘空间起始值较小，但会随着客户操作系统写入数据到磁盘中而逐渐增加；固定大小方式中所有的磁盘空间在虚拟机创建阶段一次性分配。本书中创建的虚拟机均采用动态分配方式，如图 2-28 所示。

为虚拟机的虚拟磁盘选择文件位置和大小，每个虚拟机分配 16GB 的存储空间，如图 2-29 所示。

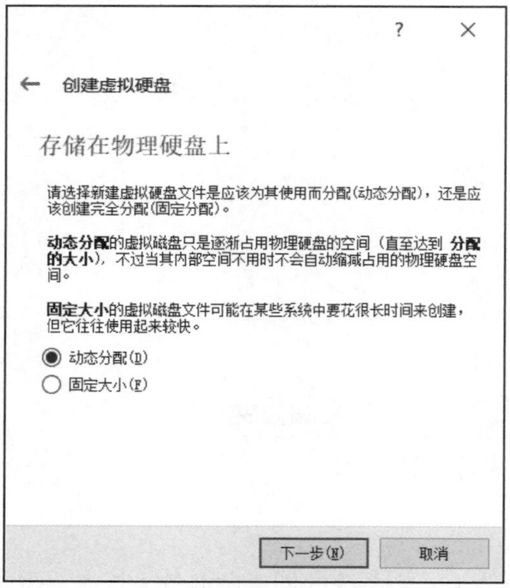

图 2-28　创建虚拟磁盘并指定虚拟机磁盘分配方式

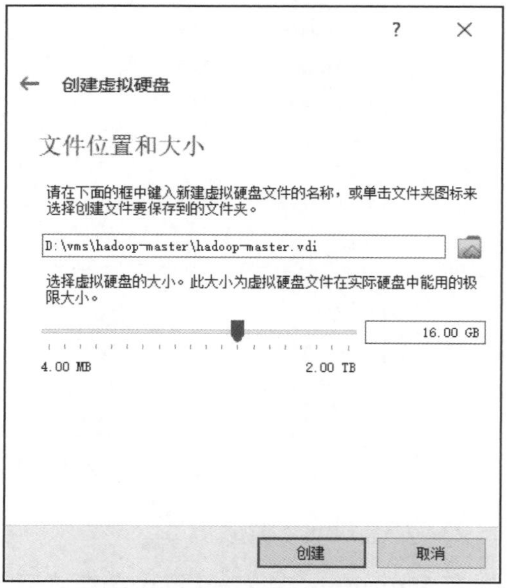

图 2-29　为虚拟机的虚拟磁盘选择文件位置和大小

完成了 VirtualBox 虚拟机创建向导的所有步骤后，可以开始安装客户操作系统。首先需要在虚拟机中挂载操作系统的安装光盘。VirtualBox 主界面如图 2-30 所示，在 VirtualBox 虚拟机软件的导航栏中，选择创建的虚拟机，单击“设置”选项，弹出虚拟机设置对话框。

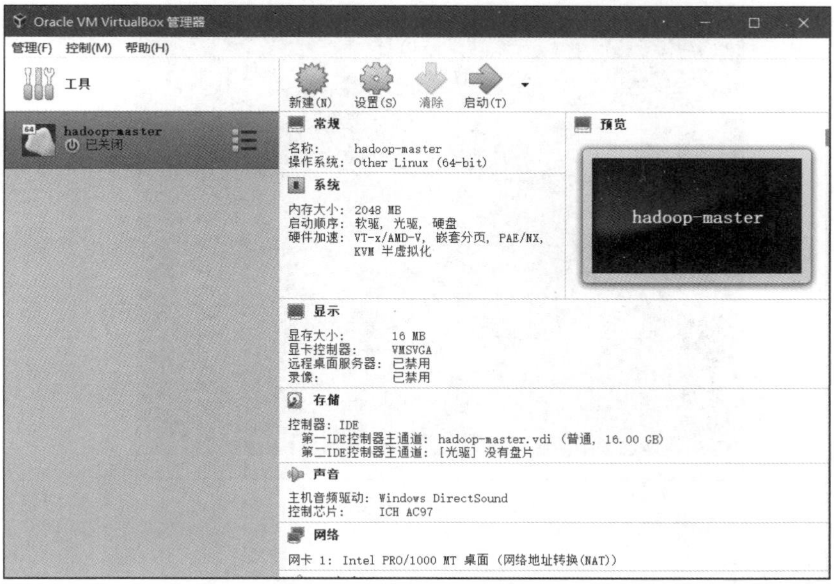

图 2-30 VirtualBox 主界面

挂载操作系统的安装光盘的配置步骤如下。

（1）选择图 2-30 面板右边中的“设置”选项。

（2）选择“存储”选项的存储介质下的光盘图标，如图 2-31 所示。

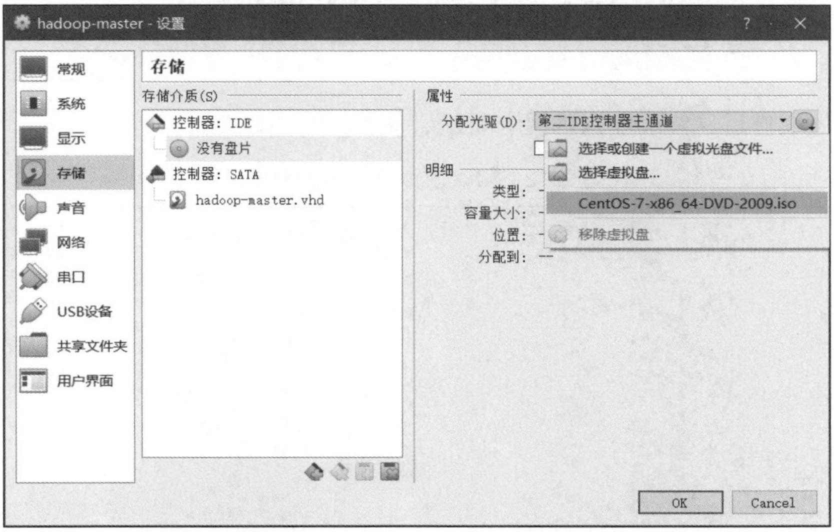

图 2-31 配置虚拟的光盘驱动器

（3）选择属性视图下带箭头的光盘图形配置虚拟的光盘驱动器。

配置完成后，返回 VirtualBox 主界面，启动虚拟机，如图 2-32 所示（下文称该 Linux 系统为 Linux 虚拟机）。

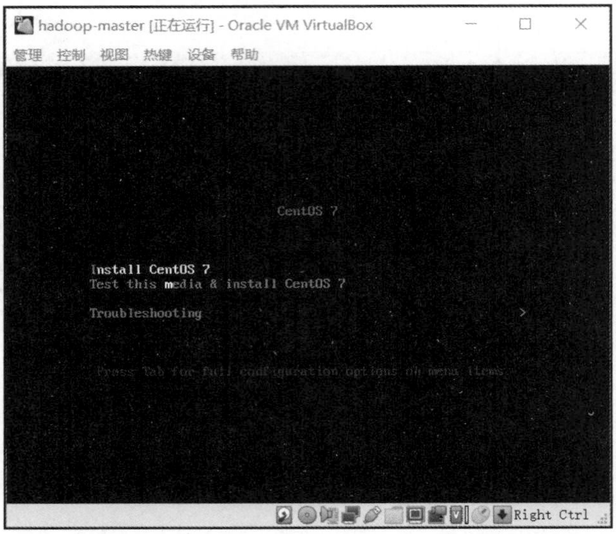

图 2-32 启动虚拟机

3. 设置固定 IP

为了能够远程登录主机，同时也为了集群中的各个节点可以相互通信，需要设置 Linux 虚拟机的 IP 地址。默认情况下，Linux 虚拟机中网卡的配置文件在/etc/sysconfig/network-scripts 目录下，通过修改配置文件，实现对网卡的配置。下面 Linux 虚拟机的网卡为 enp0s3，可以使用 vi 命令编辑虚拟机网卡配置文件，如代码 2-11 所示。

代码 2-11 编辑虚拟机网卡配置文件

```
vi /etc/sysconfig/network-scripts/ifcfg-enp0s3
```

打开配置文件后，修改虚拟机网卡配置信息如代码 2-12 所示。

代码 2-12 修改虚拟机网卡配置信息

```
#修改：
ONBOOT=yes
BOOTPROTO=static
#添加以下内容
NM_CONTROLLED=yes
IPADDR=192.168.10.2
NETMASK=255.255.255.0
GATEWAY=192.168.10.1
DNS1=192.168.10.1
```

配置完成后，启动虚拟机网卡完成 IP 地址的配置，如代码 2-13 所示。

代码 2-13 启动虚拟机网卡完成 IP 地址的配置

```
ifup enp0s3
```

为了能够在配置及使用 Hadoop 和 Spark 时可以使用主机名代替 IP 地址，可以在 /etc/hosts 文件中添加主机与 IP 地址的映射，如代码 2-14 所示。

代码 2-14 添加主机与 IP 地址的映射

```
192.168.10.2 master
192.168.10.3 slaver1
192.168.10.4 slaver2
```

4. 远程连接虚拟机

VirtualBox 为每一台虚拟机提供一个可视化窗口，用户可以通过该窗口与虚拟机进行交互。但是物理主机一般会放在机房中，用户是不能直接对物理主机进行操作的，因此需要通过远程连接方式管理和操作 Linux 主机。Linux 通过安全外壳（Secure SHell，SSH）服务实现远程登录功能，默认的服务端口号为 22。Windows 系统上 Linux 远程登录客户端有 Xshell、Putty、SSH 等，本书使用 Xshell 工具登录远程服务器。

配置 SSH 连接时，需要通过转发端口连接虚拟机，如连接 master 主机（192.168.10.2），根据图 2-25 所示的端口转发规则，访问 master 主机的 22 号端口需要通过 Windows 本地主机（宿主机）的 120 号端口访问。因此，主机配置为宿主机的 IP 地址（此处输入“192.168.1.11”），端口号配置为 120，Xshell 连接信息配置如图 2-33 所示。需要注意的是：每台电脑的 IP 地址可能都不一样，主机配置需根据自身电脑进行修改。电脑的 IP 地址可通过“Win+R”组合键，调出“运行”窗口，输入“cmd”，打开命令提示符窗口，输入“ipconfig”查看。

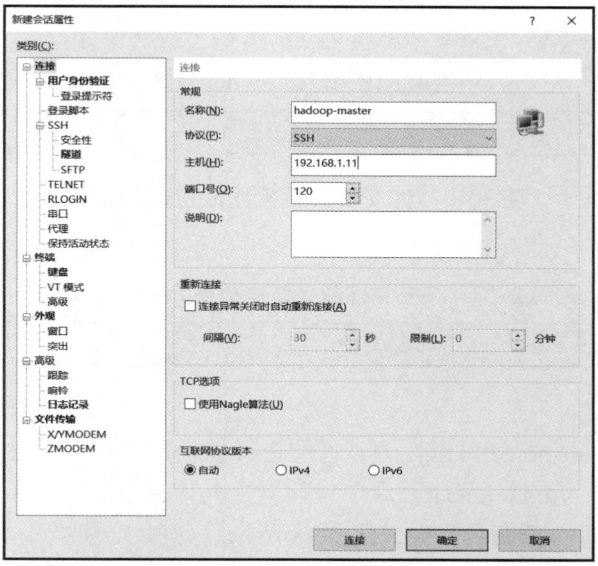

图 2-33 Xshell 连接信息配置

5. 虚拟机在线安装软件

在 Linux 系统中安装软件与在 Windows 系统中安装软件不同，Linux 系统中软件依赖很多其他的软件包，安装软件前需要将该软件所依赖的其他软件包安装好后才能安装该软件，安装过程较为烦琐。因此，Linux 系统提供了一个软件包管理器，专门用于软件包的安装、卸载、升级和管理等任务。软件包管理器能够从指定的服务器自动下载红帽软件包管理器（Red Hat Package Manager，RPM）并安装，可以自动处理依赖性关系，并且一次安装所有依赖的软件包，无须烦琐地一次次下载、安装。CentOS、Fedora 发行版本的 Linux 系统使用 yum 工具进行包管理，Debian、Ubuntu 发行版本的 Linux 系统使用 apt 工具进行包管理。本书所使用的 Linux 系统的发行版本为 CentOS，因此以 yum 工具为例介绍如何在 Linux 系统中安装软件。

使用 CentOS 的 yum 工具安装软件，yum 工具会通过互联网从指定的服务器自动下载软件包及其依赖的软件包并进行安装。如果安装 VirtualBox 的主机可以连接互联网（NAT 模式下 VirtualBox 中的虚拟机是可以访问互联网的），那么执行代码 2-15 所示的命令即可安装 openssh-clients 软件。该软件作为一个 SSH 客户端连接 openssh-server，在 Hadoop 分布式集群中，各节点的 Hadoop 服务需要基于 SSH 连接 Hadoop 主节点服务。

代码 2-15　使用 yum 安装软件

```
yum install openssh-clients
```

如果 Linux 虚拟机无法连接互联网，那么可以使用安装镜像文件（iso）中的软件包为 yum 工具提供软件包来源，从而实现软件安装，操作步骤如下。

（1）配置 CentOS 镜像的路径

在 Linux 系统中，访问安装镜像文件，需要先将该安装镜像文件挂载至 Linux 文件系统的目录中，才能访问文件中的内容。在 Linux 系统中创建 media 目录，为安装镜像文件提供挂载点，如代码 2-16 所示。

代码 2-16　创建 media 目录

```
mkdir /media
```

执行 mount 挂载命令，将安装镜像文件挂载至 Linux 系统的 media 目录中，如代码 2-17 所示。

代码 2-17　将安装镜像文件挂载至 media 目录中

```
mount /dev/dvd /media
```

（2）配置 yum 工具

为了使 yum 工具将 meida 目录作为软件源进行软件安装，需要对 yum 工具进行配置。yum 的配置文件在/etc/yum.repos.d/目录中，首先进入该目录，对除了 CentOS-Media.repo 之外的其他配置文件进行重命名，如代码 2-18 所示。

代码 2-18　重命名 yum 配置文件

```
cd /etc/yum.repos.d/
mv CentOS-Base.repo CentOS-Base.repo.bak
mv CentOS-Debuginfo.repo CentOS-Debuginfo.repo.bak
mv CentOS-fasttrack.repo CentOS-fasttrack.repo.bak
mv CentOS-Vault.repo CentOS-Vault.repo.bak
```

再使用 vi 命令编辑 CentOS-Media.repo 文件，如代码 2-19 所示。

代码 2-19　编辑 CentOS-Media.repo 文件

```
vi CentOS-Media.repo
```

最后修改 CentOS-Media.repo 文件内容，如代码 2-20 所示。

代码 2-20　修改 CentOS-Media.repo 文件内容

```
[c7-media]
name=CentOS-$releasever - Media
baseurl=file:///media
enabled=1
```

（3）验证 yum 配置

验证 yum 配置是否成功，在命令行输入并执行代码 2-21 所示的命令，如果能够使用 yum 安装软件，那么表示 yum 配置成功。

代码 2-21　使用 yum 安装软件

```
yum clean all
yum install openssh-clients
```

2.2.2　安装 Java

无论是 Windows 系统中 PySpark 程序的开发环境还是 Linux 系统中 PySpark 程序的运行环境，均离不开 Java 开发工具的支持。因此，需要在 Windows 系统和 Linux 系统中安装 JDK。

1. 在 Windows 系统中安装 Java

在 Java 官方网站中下载 Windows 系统的 Java 安装文件。运行 Java 安装文件，按照安装向导提示完成 Java 的安装。

2. 在 Linux 系统中安装 Java

在 Linux 系统中安装 Java 的操作步骤如下。

（1）上传 JDK 安装包至虚拟机 master，按“Ctrl+Alt+F”组合键，进入文件传输对话框，左侧为个人计算机的文件系统，右侧为 Linux 虚拟机的文件系统。在左侧的文件系统中查找到 jdk-8u281-linux-x64.rpm 安装包，右键单击该安装包，选择“传输”命令上传至

Linux 系统的/opt 目录下，如图 2-34 所示。

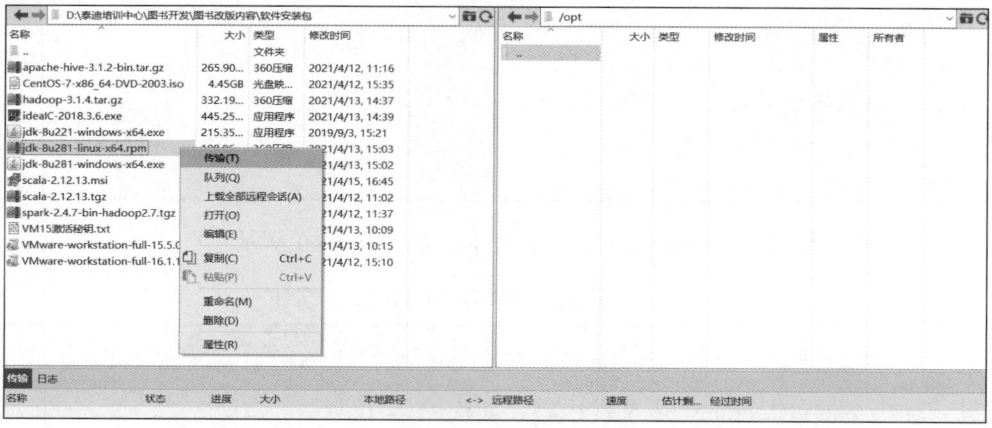

图 2-34　上传 JDK 安装包至虚拟机 master

（2）执行“cd /opt/”命令切换至/opt 目录，使用“rpm -ivh jdk-8u281-linux-x64.rpm”命令，安装 JDK，如图 2-35 所示。

```
[root@master opt]# rpm -ivh jdk-8u281-linux-x64.rpm
warning: jdk-8u281-linux-x64.rpm: Header V3 RSA/SHA256 Signature, key ID ec551f03: NOKEY
Preparing...                          ################################# [100%]
Updating / installing...
   1:jdk1.8-2000:1.8.0_281-fcs        ################################# [100%]
Unpacking JAR files...
        tools.jar...
        plugin.jar...
        javaws.jar...
        deploy.jar...
        rt.jar...
        jsse.jar...
        charsets.jar...
        localedata.jar...
```

图 2-35　安装 JDK

完成 Java 安装后，需要配置 Java 的环境变量。编辑/etc/profile 文件，添加 JAVA_HOME 环境变量，将 JAVA_HOME 环境变量内容替换为所在主机的实际路径，如代码 2-22 所示。配置好后保存退出，执行“source /etc/profile”命令使配置文件生效。

代码 2-22　配置 Java 环境变量

```
vi /etc/profile
# 添加
JAVA_HOME=/usr/java/jdk1.8.0_281-amd64
PATH=$PATH:$JAVA_HOME/bin
```

验证 Java 环境是否安装成功，可以查看 Java 版本，如代码 2-23 所示。查看 Java 版本的结果如图 2-36 所示。

代码 2-23　查看 Java 版本

```
java -version
```

```
[root@master ~]# java -version
java version "1.8.0_281"
Java(TM) SE Runtime Environment (build 1.8.0_281-b09)
Java HotSpot(TM) 64-Bit Server VM (build 25.281-b09, mixed mode)
```

图 2-36　查看 Java 版本的结果

3. 复制虚拟机

本书使用 3 台虚拟机搭建 Hadoop、Spark 分布式集群，3 台虚拟机需要相同的配置。可以使用虚拟机提供的复制功能，对已经安装好的 Linux 虚拟机进行复制，快速完成新虚拟机的创建，操作步骤如下。

（1）复制虚拟机

右键单击待复制的虚拟机，选择“复制”命令，在弹出的“复制虚拟电脑”对话框中，设置新虚拟机名称和保存路径，如图 2-37 所示。

单击“下一步”，并选择“完全复制”单选按钮，设置虚拟机副本类型，如图 2-38 所示。

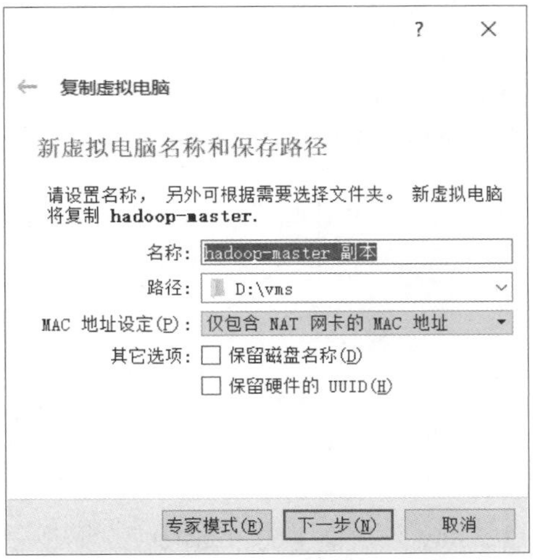

图 2-37　设置新虚拟机名称和保存路径

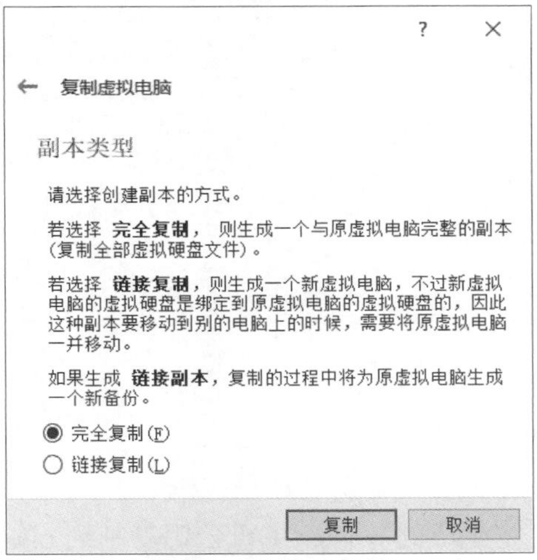

图 2-38　设置虚拟机副本类型

复制成功执行后，会生成与原虚拟机一样的新虚拟机。

（2）配置新主机的 IP

复制得到的主机与源主机的配置相同，因此复制得到两台主机的 IP 地址也与源主机相同。3 台虚拟机启动后将会出现 IP 地址冲突现象，因此需要修改新虚拟机的 IP 地址。复制完成后启动主机，并修改 IP 地址。进入/etc/sysconfig/network-scripts/目录，修改 ifcfg-enp0s3 文件中的 IPADDR 参数，如代码 2-24 所示。slaver1、slaver2 主机的 IP 地址参考表 2-5。

代码 2-24　slaver1 主机 IP 地址配置

```
IPADDR=192.168.10.3
```

4. 配置 SSH 免密码登录

Hadoop 集群启动时，其中 master 主机会连接 slaver1 和 slaver2 主机中的服务组件（如

DataNode），连接时会提示用户输入用户名和密码。为了避免每次启动时都要输入主机的用户名和密码，需要建立计算机节点间的互信机制，通过配置信任文件，实现计算机之间的协同配合。在 Linux 系统中可以通过配置 SSH 免密码登录实现互信机制，减少集群启动时的交互操作，操作步骤如下。

（1）创建公钥

在 master 主机中，使用 ssh-keygen 命令创建主机公钥，如代码 2-25 所示。接着按 3 次“Enter”键，命令执行后生成 SSH 密钥，如图 2-39 所示。命令执行成功后会生成私有密钥 id_rsa 和公有密钥 id_rsa.pub 两个文件。

代码 2-25　创建主机公钥

```
ssh-keygen -t rsa
```

```
[root@master ~]# ssh-keygen -t rsa
Generating public/private rsa key pair.
Enter file in which to save the key (/root/.ssh/id_rsa):
Created directory '/root/.ssh'.
Enter passphrase (empty for no passphrase):
Enter same passphrase again:
Your identification has been saved in /root/.ssh/id_rsa.
Your public key has been saved in /root/.ssh/id_rsa.pub.
The key fingerprint is:
SHA256:3cTDjy1gulEfiXkwc/3xfxGdOH3Dqey62Zf1nku8X/M root@master
The key's randomart image is:
+---[RSA 2048]----+
|          + ..+ +|
|           X +.Oo|
|          * X o.*|
|         = * O .o|
|        S . * o o|
|         o   o. +|
|        .   .  +*|
|           .o .oB|
|           o...=E|
+----[SHA256]-----+
```

图 2-39　生成 SSH 密钥

（2）复制公钥到远程主机

将生成的 master 主机公钥复制到 master、slaver1、slaver2 中，以便 master 主机能免密码登录本机及其他主机，如代码 2-26 所示。

代码 2-26　复制主机公钥到本机及其他主机中

```
ssh-copy-id -i /root/.ssh/id_rsa.pub master
ssh-copy-id -i /root/.ssh/id_rsa.pub slaver1
ssh-copy-id -i /root/.ssh/id_rsa.pub slaver2
```

（3）验证免密码登录

在 master 主机中，依次执行代码 2-27 所示的命令。在无输入密码提示情况下，若能登录其他远程主机则表明免密码登录设置成功。

代码 2-27　登录各主机

```
ssh master
ssh slaver1
ssh slaver2
```

5. 配置时间同步服务

在分布式系统中，每个节点都是独立的计算机，计算机的时间如果不一致会导致运行在节点上的服务获取其他节点的数据和状态时出现错误，因此需要对集群中所有的节点进行时间同步，即配置时间同步服务（Network Time Protocol，NTP）。以 master 主机为同步服务器，将其他两个主机的时间与 master 主机的时间进行同步，操作步骤如下。

（1）安装时间同步服务

在 master 主机中，使用 yum 工具安装时间同步软件 ntp，如代码 2-28 所示。

代码 2-28　安装时间同步软件

```
yum -y install ntp
```

（2）配置服务

在 master 主机中配置 NTP 服务，编辑/etc/ntp.conf 文件，在 server 部分添加代码 2-29 所示的内容，并注释掉“server 0～n”行内容。master 主机配置服务地址为 127.127.1.0，表示与本机时间同步。

代码 2-29　在 master 主机中配置 NTP 服务

```
server 127.127.1.0
fudge 127.127.1.0 stratum 10
```

在 slaver1 和 slaver2 主机中配置 NTP 服务，编辑/etc/ntp.conf 文件，添加代码 2-30 所示内容。slaver1 和 slaver2 主机配置服务地址为 master 主机 IP 地址，即与 master 主机时间同步。

代码 2-30　在 slaver 主机中配置 NTP 服务

```
server 192.168.10.2
fudge 192.168.10.2 stratum 10
```

（3）同步时间

使用 systemctl 命令启动 NTP 服务，并设置为开启启动，在 master、slaver1 和 slaver2 主机中分别执行代码 2-31 所示的命令。

代码 2-31　启动 NTP 服务

```
systemctl start ntpd
systemctl enable ntpd
```

（4）验证时间同步

在 master、slaver1 和 slaver2 主机中，使用 ntpstat 命令查看时间同步状态。刚启动时间同步服务时，执行 ntpstat 命令的输出信息如代码 2-32 所示。

代码 2-32　查看时间同步状态输出信息

```
ntpstat
unsynchronized
```

```
time server re-starting
 polling server every 64 s
```

从代码 2-32 所示结果可以看到，主机未与 NTP 服务器完成时间同步。因为 NTP 服务一般需要 5～10 分钟来完成连接和同步操作，所以一般在 NTP 服务启动 5～10 分钟后，再查看各个节点时间同步的状态。连接并同步后，执行 ntpstat 命令后输出信息如代码 2-33 所示。

代码 2-33　再次查看时间同步状态输出信息

```
ntpstat
synchronised to NTP server (192.168.10.2) at stratum 4
   time correct to within 1192 ms
   polling server every 64 s
```

2.2.3　搭建 Hadoop 分布式集群

完成 Linux 系统的安装和配置后，将在 Linux 系统中搭建 Hadoop 分布式集群，Hadoop 分布式集群将为 Spark 提供 HDFS 服务。首先在 Hadoop 的官方网站中下载 Hadoop 安装包，安装包版本为 3.2.2，名称为 hadoop-3.2.2.tar.gz。

在 master 主机中，安装并配置 Hadoop 组件。解压缩 Hadoop 压缩包文件至/opt 目录下，如代码 2-34 所示。

代码 2-34　解压缩 Hadoop 压缩包文件

```
tar -zxvf  hadoop-3.2.2.tar.gz -C /opt
```

解压完成后即可进入 Hadoop 安装目录配置 Hadoop。

1. 修改配置文件

运行 Hadoop 前，需要修改 Hadoop 的配置文件，以便 Hadoop 可以正常运行，Hadoop 主要的配置文件如表 2-7 所示。

表 2-7　Hadoop 主要的配置文件

文件名	文件描述
hadoop-env.sh	记录 Hadoop 要使用的环境变量
hdfs-site.xml	HDFS 守护进程配置文件，包括 NameNode、DataNode 配置文件
core-site.xml	Hadoop Core 配置文件，包括 HDFS 和 MapReduce 常用的 I/O 设置
mapreduce-site.xml	MapReduce 守护进程配置文件
yarn-site.xml	YARN 资源管理器配置文件
workers	运行 DataNode 的计算机

Hadoop 主要的配置文件修改过程如下。

（1）修改 core-site.xml 文件

core-site.xml 文件在/opt/hadoop-3.2.2/etc/hadoop 目录中，进入 core-site.xml 文件所在目录，使用 vi 命令修改 core-site.xml 文件，如代码 2-35 所示。

代码 2-35　修改 core-site.xml 文件

```
cd /opt/hadoop-3.2.2/etc/hadoop
vi core-site.xml
```

配置 core-site.xml 文件，如代码 2-36 所示。fs.defaultFS 表示 HDFS 的地址，其中，master 是 Linux 主机名。hadoop.tmp.dir 表示临时文件存储目录。

代码 2-36　配置 core-site.xml 文件

```
<configuration>
    <property>
    <name>fs.defaultFS</name>
      <value>hdfs://master:8020</value>
      </property>
    <property>
      <name>hadoop.tmp.dir</name>
      <value>/var/log/hadoop/tmp</value>
    </property>
</configuration>
```

（2）修改 hdfs-site.xml 文件

修改 hdfs-site.xml 文件，如代码 2-37 所示。dfs.namenode.name.dir 表示 HDFS 的地址，其中，master 是 Linux 主机名。dfs.datanode.data.dir 表示存放 HDFS 数据文件的目录。

代码 2-37　修改 hdfs-site.xml 文件

```
<configuration>
<property>
    <name>dfs.namenode.name.dir</name>
    <value>file:///data/hadoop/hdfs/name</value>
</property>
<property>
    <name>dfs.datanode.data.dir</name>
    <value>file:///data/hadoop/hdfs/data</value>
</property>
<property>
     <name>dfs.namenode.secondary.http-address</name>
     <value>master:50090</value>
</property>
```

```
<property>
    <name>dfs.replication</name>
    <value>3</value>
</property>
</configuration>
```

（3）修改 mapreduce-site.xml 文件

修改 mapreduce-site.xml 文件，其中 mapreduce.jobhistory.address 配置 Jobhistory 历史服务器，用于查询每个作业运行完以后的历史日志信息；mapreduce.jobhistory.webapp.address 配置 MapReduce 作业记录的 Web 地址，用于查看历史服务器已经运行完的 MapReduce 作业记录，如代码 2-38 所示。

代码 2-38　修改 mapreduce-site.xml 文件

```
<configuration>
<property>
   <name>mapreduce.framework.name</name>
   <value>yarn</value>
</property>
<!-- jobhistory properties -->
<property>
   <name>mapreduce.jobhistory.address</name>
   <value>master:10020</value>
</property>
<property>
    <name>mapreduce.jobhistory.webapp.address</name>
    <value>master:19888</value>
</property>
</configuration>
```

（4）修改 yarn-site.xml 文件

修改 yarn-site.xml 文件，如代码 2-39 所示。

代码 2-39　修改 yarn-site.xml 文件

```
<configuration>
 <property>
   <name>yarn.nodemanager.aux-services</name>
   <value>mapreduce_shuffle</value>
  </property>
  <property>
   <name>yarn.nodemanager.aux-services.mapreduce.shuffle.class</name>
   <value>org.apache.hadoop.mapred.ShuffleHandler</value>
```

```
  </property>
</configuration>
```

（5）修改 hadoop-env.sh 文件

在 hadoop-env.sh 文件末尾添加 Java 环境变量，如代码 2-40 所示。

代码 2-40 修改 hadoop-env.sh 文件

```
export JAVA_HOME=/usr/java/jdk1.8.0_281-amd64
```

（6）修改 workers 文件

Hadoop 集群由 master、slaver1、slaver2 共 3 台主机组成，其中 master 是 Master 节点，slaver1、slaver2 是 Slave 节点，需要在 workers 文件中配置 Slave 节点主机名，如代码 2-41 所示。

代码 2-41 修改 workers 文件

```
#localhost
slaver1
slaver2
```

（7）修改/etc/profile 文件

配置 Linux 系统环境变量，设置 Hadoop 安装包的目录，如代码 2-42 所示。修改后保存退出，执行“source /etc/profile”命令使配置文件生效。

代码 2-42 修改/etc/profile 文件

```
export HADOOP_HOME=/opt/hadoop-3.2.2
export PATH=$HADOOP_HOME/bin:$PATH
export HDFS_NAMENODE_USER=root
export HDFS_DATANODE_USER=root
export HDFS_SECONDARYNAMENODE_USER=root
export YARN_RESOURCEMANAGER_USER=root
export YARN_NODEMANAGER_USER=root
```

（8）格式化 NameNode

在使用 Hadoop 前，需要先格式化 NameNode，如代码 2-43 所示。

代码 2-43 格式化 NameNode

```
cd /opt/hadoop-3.2.2/bin
./hdfs namenode -format
```

2. 分发 Hadoop 安装包到其他节点

在 Master 节点配置 Hadoop 集群后，需要将 Hadoop 安装包分发到其他节点上，保证所有节点上 Hadoop 的配置相同。在 master 主机中，使用 scp 命令将 Hadoop 安装包分发到其他主机，如代码 2-44 所示。其他主机上 Hadoop 安装包的路径需要与 master 主机中 Hadoop 安装包的路径相同，为/opt 目录。

代码 2-44　将 Hadoop 安装包分发到其他主机

```
scp -r /opt/hadoop-3.2.2/ slaver1:/opt/
scp -r /opt/hadoop-3.2.2/ slaver2:/opt/
```

3. 启动集群

所有节点的 Hadoop 安装包配置完成后，即可启动 Hadoop 集群。

（1）启动 Hadoop 集群

在 Master 节点启动 Hadoop 后，会启动其他节点的 Hadoop 服务，最终完成集群的启动。在 Master 节点的 Hadoop 安装目录的 sbin 目录中，执行“start-dfs.sh”和“start-yarn.sh”命令启动 Hadoop 集群，如代码 2-45 所示。

代码 2-45　启动 Hadoop 集群

```
cd /opt/hadoop-3.2.2/sbin
./start-dfs.sh
./start-yarn.sh
```

（2）验证 Hadoop 集群运行情况

在浏览器中输入“http://192.168.1.11:8088”地址（虚拟机采用 NAT 网络访问虚拟机中的服务，需要使用端口转发方式。192.168.1.11 是 Windows 宿主机的 IP 地址，读者可通过 Windows 命令行执行“ipconfig”查看 Windows 主机的 IP 地址。在 VirutalBox 全局配置的网络选项中配置端口转发规则，将“名称”设置为“hadoop-9870”，“主机端口”设置为“8088”，“子系统 IP”设置为“192.168.10.2”，“子系统端口”设置为“8088”），即可进入 Hadoop 任务管理页面，因该页面的内容较多，不便展示，读者可自行查看。

输入“http://192.168.1.11:9870”地址进入 HDFS 管理页面，如图 2-40 所示。

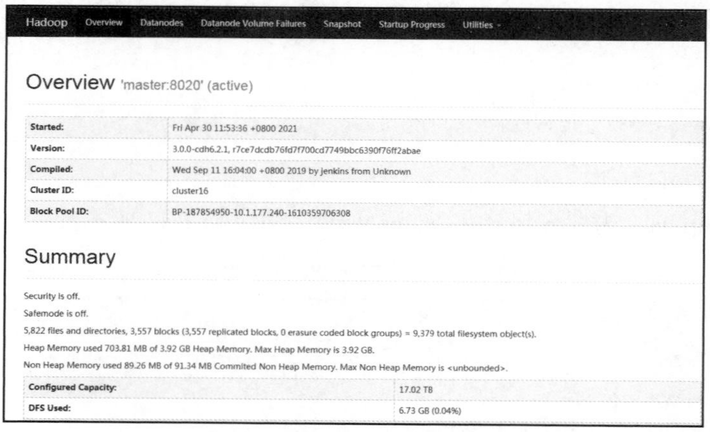

图 2-40　HDFS 管理页面

2.2.4　安装 MySQL 数据库

在 master 主机中，可以使用 yum 命令安装 MySQL 数据库，如代码 2-46 所示。CentOS

7 提供 MySQL 分支版本 MariaDB,其中 CentOS 7 镜像安装源提供版本为 5.5.68 的 MariaDB 软件。

代码 2-46 安装 MySQL 数据库

```
yun install mariadb-server -y
```

在 master 主机中，启动 MySQL 服务器，然后连接 MySQL 数据库，如代码 2-47 所示。

代码 2-47 启动 MySQL 服务器并连接 MySQL 数据库

```
systemctl start mariadb
mysql
```

启动 MySQL 后，进入 MySQL 控制台，为 root 用户分配权限并设置允许从远程主机访问，如代码 2-48 所示。

代码 2-48 为用户分配访问权限

```
grant all privileges on *.* to 'root'@'%' identified by '123456';
flush privileges;
```

2.2.5 安装 Hive 数据仓库工具

在 Hive 官方网站中可以下载 Hive 安装包，本书使用的 Hive 版本为 3.1.1，并将 Hive 服务安装在 Master 节点上。

（1）解压缩安装包

将 Hive 安装包解压缩至/opt 目录中，如代码 2-49 所示。

代码 2-49 解压缩 Hive 安装包

```
tar -fzxv  apache-hive-3.1.1-bin.tar.gz -C /opt
```

（2）配置数据库

Hive 需要借助数据库存储其元数据信息，因此，在 MySQL 数据库中，为 Hive 服务新建元数据库并分配访问权限，如代码 2-50 所示。

代码 2-50 为 Hive 新建元数据库并分配访问权限

```
mysql -uroot -p
# 以下代码在 MySQL 控制台中执行
create database hive;
grant all on hive.* to 'hive'@'%' identified by 'hive';
flush privileges;
```

复制 MySQL 驱动 JAR 包到 Hive 安装目录的 lib 目录中，如代码 2-51 所示，该 JAR 包为 Hive 访问 MySQL 提供支持。这里 MySQL 驱动 JAR 包为 mysql-connector-java-8.0.21.jar。

代码 2-51　为 Hive 添加 MySQL 驱动 JAR 包

```
cp mysql-connector-java-8.0.21.jar /opt/apache-hive-3.1.1-bin/lib/
```

（3）配置 Hive

在 Hive 安装目录的 conf 目录（/opt/apache-hive-3.1.1-bin/conf）下存放了 Hive 的配置文件。首先，进入 Hive 安装目录的 conf 目录下，再使用“cp hive-env.sh.template hive-env.sh”命令复制 hive-env.sh.template 配置文件并重命名为 hive-env.sh。修改 hive-env.sh 文件，添加 HADOOP_HOME 环境变量，指定 Hadoop 的安装目录，如代码 2-52 所示。

代码 2-52　修改 hive-env.sh 文件

```
export HADOOP_HOME=/opt/hadoop-3.2.2
```

复制 hive-default.xml.template 文件并重命名为 hive-site.xml，如代码 2-53 所示。

代码 2-53　创建 hive-site.xml 文件

```
cp hive-default.xml.template hive-site.xml
```

hive-site.xml 文件主要配置存储元数据的数据库信息和数据存储位置。修改 hive-site.xml 文件，如代码 2-54 所示，并删除 hive-site.xml 配置文件中第 3210、3211 行的两行注释。

代码 2-54　修改 hive-site.xml 文件

```
<?xml version="1.0"?>
<?xml-stylesheet type="text/xsl" href="configuration.xsl"?>
<configuration>
  <property>
    <name>javax.jdo.option.ConnectionURL</name>
<value>jdbc:mysql://master:3306/hive?createDatabaseIfNotExist=true</value>
    <description >
      JDBC connect string for a JDBC metastore.
      To use SSL to encrypt/authenticate the connection, provide database-specific SSL
flag in the connection URL.
      For example, jdbc:postgresql://myhost/db?ssl=true for postgres database.
    </description>
  </property>
  <property>
    <name>javax.jdo.option.ConnectionDriverName</name>
    <value>com.mysql.cj.jdbc.Driver</value>
  </property>
  <property>
    <name>javax.jdo.option.ConnectionUserName</name>
```

```
    <value>hive</value>
  </property>
  <property>
    <name>javax.jdo.option.ConnectionPassword</name>
    <value>hive</value>
  </property>
  <property>
    <name>hive.metastore.warehouse.dir</name>
    <value>/user/hive/warehouse</value>
  </property>
  <property>
    <name>hive.server2.thrift.port</name>
    <value>10000</value>
  </property>
  <property>
    <name>hive.server2.thrift.bind.host</name>
    <value>master</value>
  </property>
  <property>
    <name>hive.metastore.uris</name>
    <value>thrift://master:9083</value>
    </property>
</configuration>
```

（4）更新系统环境变量

修改/etc/profile 文件，添加 Hive 安装目录和可执行文件路径的环境变量，在文件末尾添加代码 2-55 所示内容。

代码 2-55 修改/etc/profile 文件

```
export HIVE_HOME=/opt/apache-hive-3.1.1-bin
export PATH=$HIVE_HOME/bin:$PATH
```

使/etc/profile 文件的配置信息生效，如代码 2-56 所示。

代码 2-56 更新系统信息

```
source /etc/profile
```

（5）更新 guava 包版本

将 Hadoop 的 guava 包复制至 Hive 的 lib 目录下，如代码 2-57 所示，再将 Hive 的 lib 目录下版本较低的 guava 包删除。注意如果 Hive 中的 guava 包不一致，启动 Hive 时会报错，因此要将版本较低的 guava 包删除。

代码 2-57　复制 Hadoop 的 guava 包

```
rm -rf /opt/apache-hive-3.1.1-bin/lib/guava-19.0.jar
cp /opt/hadoop-3.2.2/share/hadoop/common/lib/guava-27.0-jre.jar /opt/apache-hive-3.1.1-bin/lib/
```

（6）初始化元数据库及启动 Hive

运行 Hive 前需要执行元数据库初始化操作，在元数据库中创建存储 Hive 元数据的表。在 Hive 安装目录的 bin 目录中，执行“schematool”命令初始化数据库中存储元数据的表，如代码 2-58 所示。

代码 2-58　初始化 Hive 元数据库

```
./schematool -dbType mysql -initSchema
```

Hive 元数据库初始化成功后即可启动 Hive，如代码 2-59 所示。

代码 2-59　启动 Hive

```
hive --service metastore &
hive --service hiveserver2 &
```

2.2.6　搭建 Spark 完全分布式集群

本小节介绍搭建 Spark 完全分布式集群，本书使用的 Spark 版本为 3.1.1。将 master 主机作为 Spark 集群的 Master 节点，slaver1 和 slaver2 主机作为 Spark 集群的 Slave 节点。首先在 master 主机中配置 Spark，再将 Spark 安装包分发到 slaver1 和 slaver2 主机中。

1. 解压缩安装包及配置环境变量

在 Spark 官方网站中下载 Spark 安装包，并将 Spark 安装包解压缩至/opt 目录，如代码 2-60 所示。

代码 2-60　解压缩 Spark 安装包

```
tar -zxvf spark-3.1.1-bin-hadoop3.2.tgz -C /opt
```

Spark 安装包解压完成后，在/etc/profile 文件末尾添加代码 2-61 所示的内容，配置系统环境变量 SPARK_HOME 和可执行文件路径环境变量 PATH。配置后执行“source /etc/profile”命令使配置生效。

代码 2-61　配置/etc/profile 文件

```
export SPARK_HOME=/opt/spark-3.1.1-bin-hadoop3.2
export PATH=$PATH:$SPARK_HOME/bin
```

2. 修改 Spark 配置文件

Spark 配置文件位于 Spark 安装目录（本书的 Spark 安装目录为/opt/spark-3.1.1-bin-hadoop3.2）的 conf 目录中，需要先创建并修改 slaves、spark-defaults.conf、spark-env.conf 这 3 个配置文件。

（1）创建并打开 slaves 文件

slaves 文件记录了 Spark 集群中的 Slave 节点（Worker 节点），slaves 文件中记录了 Spark 集群中作为 Slave 节点的主机名。进入 Spark 安装目录的 conf 目录下，使用“vi slaves”命令创建 slaves 文件并打开文件，每行记录一个主机名，如代码 2-62 所示。

代码 2-62　创建 slaves 文件并打开文件

```
# vi slaves
slaver1
slaver2
```

（2）创建并修改 spark-defaults.conf 文件

spark-defaults.conf 文件主要配置 Spark 集群的地址、日志记录等信息。可以复制 conf 目录的 spark-defaults.conf.template 文件并重命名为 spark-defaults.conf 来创建文件，如代码 2-63 所示。

代码 2-63　创建 spark-defaults.conf 文件

```
cp spark-defaults.conf.template spark-defaults.conf
vi spark-defaults.conf
```

修改 spark-defaults.conf 文件，如代码 2-64 所示。

代码 2-64　修改 spark-defaults.conf 文件

```
spark.master                 spark://master:7077
spark.eventLog.enabled        true
spark.eventLog.dir             hdfs://master:8020/spark-logs
spark.history.fs.logDirectory   hdfs://master:8020/spark-logs
```

（3）创建并修改 spark-env.sh 文件

spark-env.sh 文件主要配置 Spark 运行时的参数，如 Java 家目录、Hadoop 家目录、Slave 节点中 CPU 及内存数量等。该文件可以通过 conf 目录中的 spark-env.sh.template 文件创建，如代码 2-65 所示。

代码 2-65　创建 spark-env.sh 文件

```
cp spark-env.sh.template spark-env.sh
vi spark-env.sh
```

然后在文件末尾添加代码 2-66 所示的内容。

代码 2-66　修改 spark-env.sh 文件

```
JAVA_HOME=/usr/java/jdk1.8.0_281-amd64
HADOOP_CONF_DIR=/opt/hadoop-3.2.2/etc/hadoop
```

```
SPARK_MASTER_IP=master
SPARK_MASTER_PORT=7077
SPARK_WORKER_MEMORY=512m
SPARK_WORKER_CORES=1
SPARK_EXECUTOR_MEMORY=512m
SPARK_EXECUTOR_CORES=1
SPARK_WORKER_INSTANCES=1
```

（4）新建/spark-logs 目录

为了能够查看历史记录，需要在 HDFS 中新建/spark-logs 目录，Spark 会将所有执行任务的日志写入该目录中。该目录地址在 spark-defaults.conf 文件中配置，新建日志文件路径需要与 spark-defaults.conf 文件日志路径相同。在命令行执行代码 2-67 所示命令，在 HDFS 中创建/spark-logs 目录（执行前，请确保 Hadoop 集群已经启动）。

代码 2-67　创建/spark-logs 目录

```
hdfs dfs -mkdir /spark-logs
```

（5）配置 Spark SQL

如果 Spark 集群需要访问 Hive，还需要配置 Spark SQL，分别复制 Hive 配置文件（hive-site.xml）和 MySQL 驱动 JAR 包到 Spark 的 conf 和 jars 目录中，为 Spark 访问 Hive 和 MySQL 提供支持，如代码 2-68 所示。

代码 2-68　配置 Spark SQL

```
cp mysql-connector-java-8.0.21.jar /opt/spark-3.1.1-bin-hadoop3.2/jars/
cp /opt/apache-hive-3.1.1-bin/conf/hive-site.xml /opt/spark-3.1.1-bin-hadoop3.2/conf/
```

3. 分发 Spark 安装包到其他节点

完成 Master 节点的配置后，还需要在 Slaver 节点中完成相同配置，可以将 Master 节点中的 Spark 安装包分发到其他节点上，确保各个节点上 Spark 的配置相同。使用 scp 命令将 Spark 安装包分发到其他节点，其他节点上 Spark 安装包的路径需要与 Master 节点中 Spark 安装包的路径相同，如代码 2-69 所示。

代码 2-69　将 Spark 安装包分发到其他节点

```
scp -r /opt/spark-3.1.1-bin-hadoop3.2/ slaver1:/opt/
scp -r /opt/spark-3.1.1-bin-hadoop3.2/ slaver2:/opt/
```

4. 启动 Spark 集群

在 Master 节点上执行 start-all.sh 脚本启动 Spark 集群，如代码 2-70 所示。

代码 2-70　启动 Spark 集群

```
cd /opt/spark-3.1.1-bin-hadoop3.2/sbin
./start-all.sh
```

在 Windows 主机上，打开浏览器输入 Windows 主机 IP 地址（192.168.1.11）"http://192.168.1.11:8080"（虚拟机采用 NAT 网络访问虚拟机中的服务，需要使用端口转发方式。可以在 VirutalBox 全局配置的网络选项中配置端口转发规则，将"名称"设置为"spark-8080"，"主机端口"设置为"8080"，"子系统 IP"设置为"192.168.10.2"，"子系统端口"设置为"8080"），可以打开 Spark 管理界面，如图 2-41 所示。

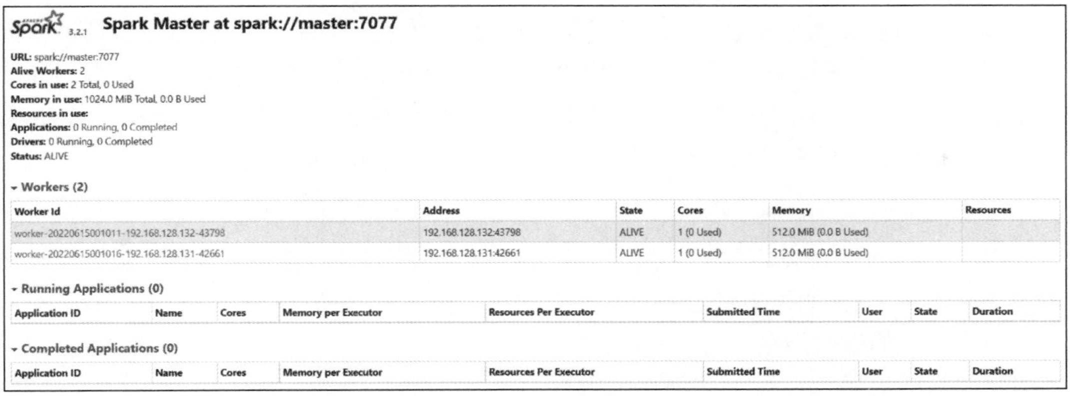

图 2-41　Spark 管理界面

2.2.7　安装 PyCharm

PyCharm 是一种 Python IDE，带有一整套可以帮助用户在使用 Python 语言开发时提高其效率的工具，如调试、语法高亮、单元测试、版本控制等。PyCharm 有专业版和社区版两种。与社区版相比，PyCharm 专业版增加了 Web 开发、Python Web 框架、Python 分析器、远程开发、支持数据库与 SQL 等更多高级功能，需要付费使用。PyCharm 社区版提供的功能完全能够满足 PySpark 的开发，推荐使用 PyCharm 社区版。在 JetBrains 网站下载 PyCharm 安装文件，运行 PyCharm 安装文件，按照安装向导提示完成 PyCharm 的安装。

2.2.8　安装 Python 解释器及 PySpark 模块

Python 源代码需要由 Python 解释器转换为字节码，再由 Python 解释器执行字节码。因此安装完 PyCharm 后，还需要安装 Python 解释器。首先安装 Anaconda，再通过 Anaconda 安装 Python 解释器，该部分内容可参考 2.1.2 小节。安装完成 Python 解释器后，还需要安装 PySpark 模块以支持 PySpark 程序的开发，该部分内容可参考 2.1.6 小节。

2.3　Python 函数式编程

作为一种多范式编程语言，Python 结合了命令式编程和面向过程的编程范式，也对面向对象和函数式编程范式提供了完整支持。其中 Python 函数式编程对于通过 Python 接口使用 Spark 是不可或缺的，因此进行 PySpark 编程前，需要先掌握 Python 常用数据结构（如元组、列表和字典）以及函数式编程基础。

2.3.1 Python 常用数据结构

在程序设计中，不仅需要使用单个变量保存数据，而且需要使用多种数据结构来保存大量数据，Python 提供了元组（Tuple）、列表（List）和字典（Dict）3 种常用的数据结构来保存多个数据项。Python 中的 3 种常用数据结构是 Python 程序设计的基础，是利用计算机思维解决问题的途径，理解并掌握这些数据结构，能够使我们设计出更加高效的 Python 代码，提高程序运行效率。Python 常用数据结构的基础使用方法具体介绍如下。

1. 元组

元组是 Python 中的基本序列类型，元组中包含的元素是不可变的（即程序不能修改元组所包含的元素）。元组可以包含不同类型的对象，如混合字符串、整型和浮点型对象，也可以包含其他的序列类型，如另一个元组。

（1）元组的创建

Python 中元组的创建使用圆括号“()”，在圆括号中添加元素，元素之间使用逗号隔开，如果元组中只有一个元素，那么需要在元素后面加上“,”，如代码 2-71 所示。元组也可使用 tuple()方法创建。

代码 2-71 元组的创建

```
In[1]:   tup1 = (1, 2, 3, 4)
         print(tup1)
Out[1]:  (1, 2, 3, 4)
In[2]:   tup2 = ('a', 'b', 'c', 'd')
         print(tup2)
Out[2]:  ('a', 'b', 'c', 'd')
In[3]:   tup3 = 'a', 'b', 'c', 'd'
         print(tup3)
Out[3]:  ('a', 'b', 'c', 'd')
In[4]:   tup4 = (1,)
         tup5 = ()
         print(tup4)
         print(tup5)
Out[4]:  (1,)
         ()
```

```
In[5]:    tup6 = ('Python', 'PySpark', 2020, 2021)
          print(tup6)

Out[5]:   ('Python', 'PySpark', 2020, 2021)
```

（2）元组元素访问

元组中的每个元素都分配一个数字对应它的位置或索引，第一个元素是 0，第二个元素是 1，依此类推。Python 支持逆序查找元素，使用“-”表示从元组末尾开始查找元素，如-1 表示最后一个元素，如代码 2-72 所示。

代码 2-72　元组元素访问

```
In[6]:    tup = (0, 1, 2, 3, 4, 5, 6, 7, 8, 9, 10)
          print(tup[0])

Out[6]:   0

In[7]:    print(tup[10])

Out[7]:   10

In[8]:    print(tup[-1])

Out[8]:   10
```

在 Python 中，除了使用索引访问元组中的单个元素，还支持访问元组中某一范围内的元素，该操作称为分片操作，是通过由“:”相隔的两个索引实现的，如代码 2-73 所示。

代码 2-73　元组的分片操作

```
In[9]:    tup = (0, 1, 2, 3, 4, 5, 6, 7, 8, 9, 10)


          # [indexStart: indexEnd]
          print(tup[0: 10])

Out[9]:   (0, 1, 2, 3, 4, 5, 6, 7, 8, 9)

In[10]:   # [indexStart: indexEnd: stride]
          print(tup[0: 10: 2])

Out[10]:  (0, 2, 4, 6, 8)
```

2. 列表

Python 中列表与元组类似，都是序列类型。但列表中的元素是可变的（即程序可以修改列表所包含的元素）。

（1）列表的创建

Python 中列表的创建使用方括号“[]”，在方括号中添加元素，各元素之间使用“,”隔开，如代码 2-74 所示。列表也可使用 list()方法创建。

代码 2-74　列表的创建

```
In[11]:   list1 = [1, 2, 3, 4]
          print(list1)
Out[11]:  [1, 2, 3, 4]
In[12]:   list2 = ['a', 'b', 'c', 'd']
          print(list2)
Out[12]:  ['a', 'b', 'c', 'd']
In[13]:   list3 = []
          print(list3)
Out[13]:  []
In[14]:   list4 = ['Python', 'PySpark', 2020, 2021]
          print(list4)
Out[14]:  ['Python', 'PySpark', 2020, 2021]
```

（2）列表元素访问

列表元素访问与元组相同，支持通过索引访问单个元素，也支持通过分片访问某个范围内的元素，如代码 2-75 所示。

代码 2-75　列表元素访问

```
In[15]:   # 使用索引方式访问单个元素
          list1 = [0, 1, 2, 3, 4, 5, 6, 7, 8, 9, 10]
          print(list1[0])
Out[15]:  [0]
In[16]:   # 使用分片方式访问列表中的数据，如：[indexStart: indexEnd]
          print(list1[0: 10])
Out[16]:  [0, 1, 2, 3, 4, 5, 6, 7, 8, 9]
In[17]:   # 使用分片和步长方式访问列表中的数据，如：[indexStart: indexEnd: stride]
          print(list1[0: 10: 2])
Out[17]:  [0, 2, 4, 6, 8]
```

（3）列表元素修改及删除

列表与元组不同之处在于列表支持修改元素，可以通过索引确定待修改的元素。一般使用赋值方式修改该索引对应的元素，列表中元素的删除使用“del”关键字，如代码 2-76 所示。

代码 2-76　列表元素修改及删除

```
In[18]:    list1 = [0, 1, 2, 3, 4, 5, 6, 7, 8, 9, 10]
           print(list1)
Out[18]:   [0, 1, 2, 3, 4, 5, 6, 7, 8, 9, 10]
In[19]:    list1[2] = 21
           print(list1)
Out[19]:   [0, 1, 21, 3, 4, 5, 6, 7, 8, 9, 10]
In[20]:    list1[3:6] = [31, 41, 51]
           print(list1)
Out[20]:   [0, 1, 21, 31, 41, 51, 6, 7, 8, 9, 10]
In[21]:    del list1[1]
           print(list1)
Out[21]:   [0, 21, 31, 41, 51, 6, 7, 8, 9, 10]
```

3. 字典

字典是 Python 提供的另一种常用的数据结构，用于存放具有映射关系的数据，采用键值对表示。

（1）字典的创建

Python 使用花括号“{}”来创建字典，也可以使用 dict()函数创建字典。创建字典时，键和对应值之间用冒号“:”分隔，不同的键值对之间用逗号“,”分隔，如代码 2-77 所示。

代码 2-77　字典的创建

```
In[22]:    dict1 = {'key1': 'value1',
                    'key2': 'value2',
                    'key3': 'value3'
                   }
           print(dict1)
Out[22]:   {'key1': 'value1', 'key2': 'value2', 'key3': 'value3'}
```

```
In[23]:  dict2 = dict([('one', 1),
                    ('two', 2),
                    ('three', 3)
                   ])
         print(dict2)

Out[23]: {'one': 1, 'two': 2, 'three': 3}
```

（2）字典元素访问及遍历

列表和元组内的元素可以通过元素对应的索引进行访问，而字典中的元素则通过键进行访问。如果要访问字典中的所有元素，那么可以使用 for 循环完成，如代码 2-78 所示。

代码 2-78 字典元素访问及遍历

```
In[24]:  dict1 = {'key1': 'value1',
                'key2': 'value2',
                'key3': 'value3'
               }

In[25]:  # 使用 items()方法获取字典中的所有数据项
         for (key,value) in dict1.items():
             print(key + ':' + value)

Out[25]: key1:value1
         key2:value2
         key3:value3

In[26]:  # 使用 keys()方法获取字典中的 key 数据项
         for key in dict1.keys():
             print(key + ':' + dict1[key])

Out[26]: key1:value1
         key2:value2
         key3:value3

In[27]:  # 访问字典中的单个元素
         dict1['key1']

Out[27]: 'value1'
```

（3）字典元素修改及删除

字典元素修改与列表元素修改类似，都使用关键字查找待修改的元素，一般使用赋值方式修改元素的值。字典元素删除使用“del”关键字，如代码 2-79 所示。

代码 2-79 字典元素修改及删除

```
In[28]:    dict1 = {'key1': 'value1',
                   'key2': 'value2',
                   'key3': 'value3'
                  }
           dict1['key1'] = '10'
           print(dict1['key1'])
Out[28]:   10
In[29]:    del dict1['key1']
           print(dict1)
Out[29]:   {'key2': 'value2', 'key3': 'value3'}
```

2.3.2 Python 函数式编程基础

函数式编程起源于 Lisp，相比面向对象编程，函数式编程的一大优势是数据不可变（Immutable Data），就是不依赖于外部数据，也不改变外部数据的值，函数式编程可以像使用变量一样使用函数，这一理念现在也被 Python/Java/Ruby 等多种语言借鉴。Python 的函数式编程包括匿名函数、高阶函数等。

1. 匿名函数

匿名函数（Anonymous Function）顾名思义就是没有函数名称，是 Lisp、Scala、Go 等函数式编程语言都有的特性。Python 也支持匿名函数。

为了定义匿名函数，Python 使用 lambda 表达式定义，而不是使用具名函数的 def 关键字。匿名函数与普通函数一样接收任意数目的输入参数，但是只返回一个值。这个返回值可以是一个标量值，也可以是列表等数据结构，如代码 2-80 所示。

代码 2-80 匿名函数

```
In[30]:    f = lambda x: x + 1
           print(f(1))
Out[30]:   2
In[31]:    y = lambda x: [x, x + 1, x + 2]
           y(1)
Out[31]:   [1, 2, 3]
```

匿名函数除了在定义时采用的关键字与普通函数不一样外，在函数体内部，匿名函数只能包含单条或复合的表达式，并且不支持 return 语句。虽然匿名函数相对于普通函数有诸多限制，但是在配合高阶函数将单用途的函数串在一起形成处理流水线时，匿名函数就有真正的用武之地了。

2. 高阶函数

高阶函数接收函数作为参数，并且可以返回函数作为结果。map()、reduce()和 filter()都是高阶函数，接收函数作为参数，如代码 2-81 所示。

代码 2-81 高阶函数

```
In[32]:   print(list(map(lambda x: x ** 2, [1, 2, 3, 4])))

Out[32]:  [1, 4, 9, 16]

In[33]:   print(list(filter(lambda x: x % 2 == 0, [1, 2, 3, 4])))

Out[33]:  [2, 4]

In[34]:   from functools import reduce
          print(reduce(lambda x, y: x + y, [1, 2, 3, 4, 5]))

Out[34]:  15
```

小结

本章介绍了不同模式 PySpark 开发环境的搭建过程和 Python 函数式编程。本章首先介绍了在 Windows 系统中搭建单机模式的 PySpark 开发环境，然后介绍了在 Linux 系统中搭建分布式模式的 PySpark 开发环境，最后介绍了 Python 的 3 种常用数据结构及函数式编程基础。通过本章的学习，读者可以掌握 PySpark 开发环境的搭建方法。

课后习题

1. 选择题

（1）在 Hadoop 中，配置 HDFS 的配置文件是（　　）。

A. hadoop-env.cmd　　B. hadoop-site.xml

C. hdfs-site.xml　　D. core-site.xml

（2）格式化 HDFS 中的 NameNode 的命令是（　　）。

A. hdfs namenode -format　　B. hadoop namenode -format

C. format namenode　　D. namenode

（3）Hive 元数据存储在（　　）。

A. Hive 表中　B. 数据库中　C. 文件中　D. MySQL 表中

（4）在基于 Standalone 的 Spark 中，提交任务默认端口号是（　　）。

A. 8080　B. 7077　C. 8088　D. 50070

（5）下列元组定义正确的是（　　）。

A. (1)　B. [1, 2]　C. (2,)　D. {1, 2}

（6）下列列表定义正确的是（　　）。

A. (1, 2)　B. list((3,))　C. list[1]　D. list(1)

（7）下列字典定义正确的是（　　）。

A. (1: 2)　B. {1:2}　C. dict(1: 2)　D. [1: 1]

（8）运行代码 p = lambda x, y : x + y　print(p(4, 6))的结果是（　　）。

A. 9　B. 10　C. 24　D. 46

（9）运行代码 print(list(map(lambda x: x.upper(), "abc")))的结果是（　　）。

A. ABC　B. ['A', 'B', 'C']　C. ['ABC']　D. 'A', 'B', 'C'

（10）运行代码 print(list(filter(lambda x: x < 5, [4, 5, 3, 6, 1, 8])))的结果是（　　）。

A. [4, 3, 1]　B. [1, 3, 4]　C. [1]　D. [1, 3, 4, 5]

2. 操作题

用户随机输入 M 个字母，使用字典统计用户输入每个字母的次数。

第3章 基于 PySpark 的 DataFrame 操作

Spark SQL 是 Spark 生态圈中用于处理结构化数据的框架，集成了关系数据库和数据仓库的查询分析功能。Spark SQL 的基本数据抽象是 DataFrame。Spark SQL 支持 Scala、Java、Python 等编程语言。通过使用 pyspark.sql 模块，数据科学家和数据分析师可以在不了解 Scala 语言的情形下，利用 SQL 语句和借助 Spark 强大的计算、分析能力来处理大量结构化数据。

本章首先对 Spark SQL 进行概述，包括 Spark SQL 起源与发展历程、主要功能及其数据抽象 DataFrame。接着，介绍 PySpark 中的 pyspark.sql 模块，包括 pyspark.sql 模块简介及其核心类。最后，通过航空公司客户价值数据探索与分析实例，介绍 DataFrame 基础操作，即如何利用 PySpark SQL 进行数据预处理。

学习目标

（1）了解 Spark SQL 的发展历程和主要功能。
（2）了解 DataFrame 概念。
（3）了解 pyspark.sql 模块及其核心类。
（4）掌握基于 PySpark SQL 的 DataFrame 的创建方法。
（5）掌握基于 PySpark SQL 的 DataFrame 的基础操作。

素质目标

（1）通过学习 Spark SQL 的发展历程，培养精益求精的工匠精神，在学习中努力发扬工匠精神。
（2）通过学习模块化设计，培养统筹规划意识、团队协作能力。
（3）通过学习使用 DataFrame 数据对象，在实践过程中培养科学素养、勤学苦练精神。

3.1 Spark SQL 概述

Spark SQL 是 Spark 用于处理结构化数据的一个组件，其编程抽象为 DataFrame。作为分布式 SQL 查询引擎，Spark SQL 允许用户通过 SQL、DataFrame API 和 DataSet API 这 3 种方式处理结构化数据。Spark SQL 将关系处理与 Spark 函数编程相结合，并支持读取多种数据源的数据，如 CSV、JSON、JDBC、Hive 等。

3.1.1 Spark SQL 起源与发展历程

Spark SQL 的起源与发展历程需要从 Hive 说起。Hive 是 Hadoop 生态系统的组件，对熟悉关系数据库的 SQL 语句但不理解 MapReduce 的用户来说，是很好的工具。然而，Hive 在 MapReduce 计算过程中的大量中间磁盘落地消耗了大量的 I/O，降低了运行效率。为了提高 SQL-on-Hadoop 的效率，出现了许多 SQL-on-Hadoop 组件，其中 Shark 是较为突出的一个。

Shark 是 Spark 生态环境的组件之一，Shark 修改了 Hive 架构中的内存管理、物理计划、执行 3 个模块，并使之能运行在 Spark 引擎上，从而使得 SQL 查询的速度得到 10～100 倍的提升。但随着 Spark 的发展，由于 Shark 对于 Hive 的过度依赖（如采用 Hive 的语法解析器、查询优化器等），因此不仅制约了 Spark 在一套软件栈内完成各种大数据分析任务的既定方针，而且制约了 Spark 各个组件的相互集成，因此 Spark 团队提出了 Spark SQL 项目。

Spark 团队抛弃原有 Shark 的代码，对 Spark SQL 进行全新设计和开发，汲取了 Shark 的一些优点，摆脱了对 Hive 的依赖，使得 Spark SQL 在数据兼容、性能优化、组件扩展等方面都更具优势。2014 年 6 月 1 日，Shark 项目和 Spark SQL 项目的主持人宣布停止对 Shark 的开发，团队将所有资源投放至 Spark SQL 项目。至此，Shark 的发展画上了句号，但也因此引出两个发展方向：Spark SQL 和 Hive on Spark。其中，Spark SQL 作为 Spark 生态的一员继续发展，兼容 Hive 而不再受限于 Hive；而 Hive on Spark 是 Hive 的发展计划，该计划将 Spark 作为 Hive 的底层引擎之一，换而言之，Hive 将不再受限于一个引擎，可以采用 MapReduce、Tez、Spark 等引擎。

Spark SQL 的发展历程很好地体现了工匠精神，以及精益求精，不断地推陈出新，直至达到既定目标的精神。

3.1.2 Spark SQL 主要功能

在 Spark 程序中，通过引入 Spark SQL 模块，开发人员可以在 Spark 大数据分析平台上对海量结构化数据进行快速分析。由于 Spark 平台屏蔽了底层分布式存储、计算、通信的细节以及作业解析、调度的细节，因此开发人员可以像在关系数据库中通过 SQL 分析关系数据库表一样简单、快捷地操作。开发人员仅需关注如何利用 SQL 语句进行数据分析。

Spark SQL 主要提供以下 4 个功能。

（1）Spark SQL 可以从各种数据源（如结构化文件、数据库等）中读取数据，进行数据分析。

（2）Spark SQL 包含行业标准的 JDBC 和开放式数据库互连（Open Data Database Connectivity，ODBC）连接方式，因此不局限于在 Spark 程序内使用 SQL 语句进行查询。

（3）Spark SQL 可以无缝地将 SQL 查询与 Spark 程序进行结合，它能够将结构化数据转化为 Spark 中的 RDD 进行查询，在 Python、Scala 和 Java 中均集成了相关 API，这种紧密的集成方式能够轻松地运行 SQL 查询以及复杂的分析算法。

（4）Spark SQL 可以与 Spark 的其他模块，如 Streaming、MLlib、GraphX 紧密结合，在具有多种需求的大数据应用中扮演处理中间结构化数据的角色。

总之，Spark SQL 兼容 Hive，支持对多种数据源的查询，不但可以使用 JDBC/ODBC 的连接方式执行 SQL 语句，而且可以在 Streaming、MLlib、GraphX 中处理结构化数据。Spark SQL 为 Spark 框架在结构化数据分析方面提供重要的技术支持，是 Spark 在大数据开发中结构化处理领域必不可少的工具。

3.1.3 Spark SQL 数据核心抽象 DataFrame

DataFrame 是 Spark SQL 的数据核心抽象，其前身是 Schema RDD，由 Spark 1.3 首次推出。相比于 Spark 的数据抽象 RDD，DataFrame 转化更容易、性能更高，且支持 SQL 查询。

1. DataFrame 概念

DataFrame 是带有模式的 RDD（Schema RDD），是一种以 RDD 为基础的分布式数据集，可以完成 RDD 的绝大多数功能。DataFrame 的结构类似于传统数据库的二维表格，包含列名称和行信息，可以从结构化文件、外部数据库、Hive 表等多种数据源中创建。DataFrame 的 API 支持 Scala、Java、Python 和 R 语言。自 Spark 1.6 开始推出的 DataSet API 作为 DataFrame API 的一个类型扩展。

2. DataFrame 和 RDD 的比较

DataFrame 与 RDD 都是 Spark 平台的分布式弹性数据集，它们的共同特征是不变性、内存中执行、弹性和分布式计算能力等。DataFrame 与 RDD 都采用延迟计算，在发生行动操作时才触发计算。DataFrame 与 RDD 的 API 也有一定的相似性。DataFrame 与 RDD 还可以相互转化。

DataFrame 与 RDD 也有不同的地方，主要区别如下。

（1）DataFrame 与 RDD 的适用范围不同。RDD 是整个 Spark 框架的存储、计算及任务调度的逻辑基础，更具有通用性，适用于各种数据源，而 DataFrame 是只针对结构化数据的数据抽象，只能处理结构化数据集。

（2）数据模式信息不同。存储在 RDD 中的数据是没有数据模式的，而存储在 DataFrame 中的数据包含数据模式（Schema）信息（又叫元信息）。DataFrame 和 RDD 的区别如图 3-1 所示。

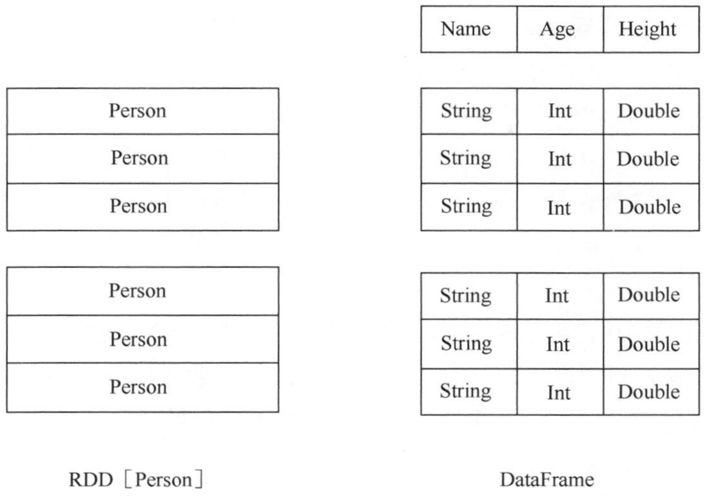

图 3-1　DataFrame 和 RDD 的区别

图 3-1 左侧的 RDD[Person]以 Person 为类型参数，但是 Person 类的内部结构对 Spark 平台而言是不可知的；而右侧的 DataFrame 提供了详细的结构信息，使得 Spark SQL 可以清楚地知道该数据集中包含的列名称及类型。

（3）RDD 是分布式的 Java 对象集合，DataFrame 则是分布式的 Row 对象集合（每个 Row 对象代表一行记录）。DataFrame 除了能提供比 RDD 更丰富的算子，其更重要的特点是可以提升执行效率、优化执行计划。

（4）查询优化。DataFrame 可以在实际执行前进行优化操作。由于 RDD 并不能像 DataFrame 一样提供详尽的结构信息，因此 RDD 提供的 API 在功能上不如 DataFrame API 提供的强大、丰富且自带性能优化。RDD API 属于低层 API（Lower-level API）。相比之下，DataFrame 属于高层（High-level）的抽象，提供的 API 是类似于使用 SQL 这种领域特定语言（Domain-Specific Language，DSL）操作数据集。

3. DataFrame 与 DataSet 的比较

DataSet API 是 DataFrame API 的扩展，由 Spark 1.6 开始推出，继而成为 Spark 2.0 之后的主要数据抽象。

DataFrame 是 DataSet 的特例，DataFrame 等于 DataSet[Row]。Row 同用户自定义类（如 Car 类、Person 类）一样，是一个数据类型，表示表结构信息。DataSet 是强数据类型的，可以有 DataSet[Car]、DataSet[Person]；而 DataFrame 每一行数据只能是 Row 类型，DataFrame 即 DataSet[Row]。另外，DataFrame 只知道列字段，不知道每一列的数据类型，在编译时不做类型检查；而 DataSet 不仅知道列字段，而且知道列字段的数据类型，有更严格的错误检查机制。

DataSet 吸收了 RDD、DataFrame 的优点，可以明确知道每个元素（即表中每一行）的数据类型（预先定义的类），进而知道每一列数据的名称和类型。需要说明的是，目前 PySpark 暂不支持 DataSet，本书后续内容只讨论 DataFrame。

4. DataFrame 的优点

DataFrame 为开发人员提供了更高级别的数据抽象，使得处理大型数据集变得更加容易。DataFrame 优点主要体现在以下两个方面。

（1）由于 DataFrame 引入了 Schema，即数据结构的描述信息，因此后期 Spark 程序中的大量对象在进行网络传输时，只需针对数据的内容进行序列化，而无需传输数据结构信息。这样可以减少数据传输量，降低序列化和反序列的性能开销，弥补了 RDD 在这方面的不足。

（2）DataFrame 利用了堆外内存（Off-heap），直接在操作系统层上构建对象，而不是使用堆中的内存。这样可以节省堆内存空间，减少垃圾回收（Garbage Collection，GC）的频率，提高程序运行效率，弥补了 RDD 在堆内存占用和垃圾回收方面的不足。

5. DataFrame 的缺点

虽然 DataFrame 引入了 Schema 和 Off-heap 等技术，解决了 RDD 数据的序列化和反序列性能开销大、频繁的垃圾回收问题，但也存在一些缺点需要开发者注意。

（1）DataFrame 在编译时不会进行类型检查，因而无法在编译时发现错误，只有在运行时才会发现错误。这可能导致在开发过程中难以及时发现和修复错误。

（2）DataFrame 的 API 不是面向对象编程风格，不能直接通过对象调用方法操作数据，这限制了开发人员使用 DataFrame 的灵活性和可扩展性。

3.2 pyspark.sql 模块

pyspark.sql 模块是 PySpark 用于处理结构化数据的模块，是 Spark SQL 面向 Python 的 API。在 Python 环境中可以通过调用 pyspark.sql 模块中多个功能不同的类对 Spark 进行操作，完成大数据框架下的数据分析与处理。

Spark 的模块化设计思想能够使问题求解逻辑更清晰、使程序易于维护和修改。我们在日常生活、工作中遇到问题时，需发扬斗争精神，可将大问题分解为一个个小任务，逐个攻克，在团队中能更好地分工协作、各行其责。

3.2.1 pyspark.sql 模块简介

pyspark.sql 模块包含一系列类，各种类具有不同功能，与 Spark SQL 和 DataFrame 相关的类功能说明如表 3-1 所示。

表 3-1 与 Spark SQL 和 DataFrame 相关的类功能说明

类名	功能说明
pyspark.sql.SQLContext	DataFrame 和 SQL 功能的主入口，用于 Spark 1.x
pyspark.sql.SparkSession	DataFrame 和 SQL 功能的主入口，用于 Spark 2.x 及以上版本

续表

类名	功能说明
pyspark.sql.DataFrame	可将分布式数据集分组至指定列名的数据框中
pyspark.sql.Column	DataFrame 中的列
pyspark.sql.Row	DataFrame 中的行
pyspark.sql.HiveContext	访问 Hive 数据的主入口
pyspark.sql.GroupedData	由 DataFrame.groupBy()方法创建的聚合方法集
pyspark.sql.DataFrameNaFunctions	处理丢失数据（NULL 值）的功能
pyspark.sql.DataFrameStatFunctions	DataFrame 的统计功能
pyspark.sql.functions	包含 DataFrame 可用的内置函数
pyspark.sql.types	表示可用的数据类型列表
pyspark.sql.Window	用于处理窗口函数

3.2.2　pyspark.sql 模块核心类

pyspark.sql 模块核心类主要有 pyspark.sql.SparkSession 和 pyspark.sql.DataFrame。

1. pyspark.sql.SparkSession

pyspark.sql.SparkSession 是使用 Spark SQL 开发应用程序的主入口，Spark SQL 编程从创建 SparkSession 对象开始。SparkSession 对象不仅提供一系列 API，如创建 DataFrame 对象 API、读取外部数据源并转化 DataFrame 对象 API、执行 SQL 查询和处理 API，还负责 Spark 集群运行的控制、调优参数，是 Spark SQL 的 Context 环境和运行基础。

在开发 Spark SQL 应用程序时，使用 SparkSession.builder()函数创建 SparkSession 对象，如代码 3-1 所示。

代码 3-1　SparkSession.builder()函数创建 SparkSession 对象

```
In[1]:  from pyspark import SparkContext
        from pyspark import SparkConf
        from pyspark.sql.session import SparkSession
        from pyspark.sql import Row
        from pyspark.sql import Column

        conf = SparkConf().setAppName('test').setMaster('local[*]')
        sc = SparkContext.getOrCreate(conf)

        spark = SparkSession(sc)
```

```
In[2]:  import pyspark
        from pyspark.sql import SparkSession

        # Spark SQL 的许多功能封装在 SparkSession 的方法接口中
        spark = SparkSession.builder \
               .appName('test') \
               .master('local') \
               .getOrCreate()
        sc = spark.sparkContext
```

在使用 SparkSession.builder()函数中的方法创建 SparkSession 对象时，需要先了解一些重要的方法，具体说明如下。

（1）appName()方法用于设置 Spark 应用程序的名称，该名称将显示在 Spark Web UI 上，界面地址默认为“localhost:4040”，若 name 缺省则可随机生成。这里将 Spark 应用程序的名称设置为“test”。

（2）master()方法用于连接 Spark 集群，参数设置的是连接到 master 主机的统一资源标识符（Uniform Resource Identifier，URI）。“local”表示在本地运行。如 master('Spark://master:7077')，表示在 Spark 集群上运行，master()若缺省则为在本地运行。

（3）getOrCreate()方法用于决定 SparkSession 的创建方式。若已存在 SparkSession 则返回该 SparkSession，没有则创建一个新的 SparkSession。

此外，创建 SparkSession 对象时，还可以通过 config(key,value,conf)方法设置相关的配置信息。设置的选项将自动传递到 SparkConf 和 SparkSession 的配置信息中。使用 config 参数传递一个已生成的 SparkConf 实例，如代码 3-2 所示。

代码 3-2　使用 config 参数传递一个已生成的 SparkConf 实例

```
from pyspark.conf import SparkConf
SparkSession.builder.config(conf=SparkConf())
```

另外还需要说明以下两点。

（1）在 Windows 系统 Jupyter 环境下编程，首先需导入 findspark 类配置 Spark 环境，指定 SPARK_HOME 为 Spark 安装解压路径，指定 PYTHON_HOME 为 Python 路径。

（2）如果是在单机模式下的 cmd 命令提示符窗口启动 PySpark，进入 PySpark 交互环境，PySpark 则会默认创建一个 SparkContext 对象（名称为 sc）和一个 SparkSession 对象（名称为 spark），无须编写代码创建。

2. pyspark.sql.DataFrame

pyspark.sql.DataFrame 相关 API 可实现对 DataFrame 的多种操作，包括 DataFrame 的创建、查询、汇总、排序和保存等多种操作，这些 DataFrame 相关 API 功能强大、使用灵活且底层自带优化。DataFrame 将 SQL 的 select 语句的各个组成部分封装为同名 API，通过诸如 select()、where()、orderBy()、groupBy()等 DataFrame API 灵活地组合实现 SQL 一样的逻辑表述。DataFrame 编程像 SQL 一样，只需对计算条件、计算需求、最终结果进行声明式描述，不需要像 RDD 编程那样一步一步地对数据集进行原始操作。

Spark SQL 编程归根结底是对 RDD、DataFrame 和 DataSet 的一系列操作，对 DataFrame 的一般操作步骤如下。

（1）创建 DataFrame。利用 SparkSession 对象读取来自不同数据源的结构化数据创建 DataFrame，或由 RDD 转化为 DataFrame。在转化为 DataFrame 的过程中，需自识别或指定 DataFrame 的 Schema。

（2）直接通过 DataFrame 的 API 进行数据分析或将 DataFrame 注册为表再对表数据进行查询，若将 DataFrame 注册为表，则需进行第（3）步。

（3）利用 SparkSession 提供的 SQL 方法在已注册的表上进行 SQL 查询，DataFrame 在转化为临时视图时需根据实际情况选择是否转化为全局临时表。

（4）保存或删除 DataFrame 数据。

3.3 DataFrame 基础操作

PySpark 中的 DataFrame 等价于 Spark SQL 中的关系表。在 PySpark 中，DataFrame 由列（Column）和行（Row）构成，DataFrame 操作主要有创建、查询和输出操作，由一系列 DataFrame API 实现。DataFrame 操作较为烦琐，我们在学习过程中应发扬工匠精神、不断实践、动手操作。现以某航空公司客户价值数据探索与分析为例，对 PySpark 中 DataFrame 操作进行说明。

在当今同行竞争无比激烈的“信息时代”，客户关系管理成为企业的核心问题。客户关系管理的关键问题是客户分类，通过客户分类得到不同价值的客户，采取个性化服务方案，将有限营销资源集中于高价值客户，实现企业利润最大化目标。面对激烈的市场竞争，各个航空公司都推出了更优惠的营销方式来吸引更多的客户，某航空公司面临着旅客流失、竞争力下降和航空资源未充分利用等经营危机。通过建立合理的客户价值评估模型，航空公司对客户进行分群，分析比较不同客户群的客户价值，制定相应营销策略，对不同的客户群提供个性化的客户服务是必须的和有效的。目前该航空公司已积累了大量的会员档案信息和其乘坐航班记录，保存在 3 个数据文件中，分别为 air_data_customer.csv 文件（会员基本信息表）、air_data_flight.csv 文件（乘机信息表）、air_data_points.csv 文件（积分信息表），这 3 个文件均为 CSV 格式的文件。各文件的数据字段说明如表 3-2 所示。

表 3-2　某航空公司会员信息属性

文件	字段名称	属性说明
air_data_customer.csv	MEMBER_NO	会员卡号
	FFP_DATE	入会时间

续表

文件	字段名称	属性说明
air_data_customer.csv	GENDER	性别
	FFP_TIER	会员卡级别
	WORK_PROVINCE	工作地
	WORK_COUNTRY	工作地所属国家
	AGE	年龄
air_data_flight.csv	MEMBER_NO	会员卡号
	FIRST_FLIGHT_DATE	第一次飞行日期
	FLIGHT_COUNT	观测窗口内的飞行次数/次
	LOAD_TIME	观测窗口的结束时间
	SEG_KM_SUM	观测窗口的总飞行里程/千米
	LAST_FLIGHT_DATE	末次飞行日期
	SUM_YR_1	观测窗口中第一年的票价收入
	SUM_YR_2	观测窗口中第二年的票价收入
	LAST_TO_END	最后一次乘机时间至观测窗口结束时长/天
	AVG_DISCOUNT	平均折扣率
	AVG_INTERVAL	平均乘机时间间隔
	MAX_INTERVAL	最大乘机间隔
air_data_points.csv	MEMBER_NO	会员卡号
	EXCHANGE_COUNT	积分兑换次数
	EP_SUM	总精英积分
	BP_SUM	总基本积分
	AVG_BP_SUM	每年平均基本积分
	POINTS_SUM	总累计积分

3.3.1 创建 DataFrame 对象

创建 SparkSession 对象后，可利用 SparkSession 对象提供的 API 创建 DataFrame 对象。创建 DataFrame 对象有多种方法，可以从结构化数据文件、外部数据库、Spark 计算过程中生成的 RDD 进行创建，通过不同的数据源创建 DataFrame 对象的方式也不尽相同。

1. 从结构化数据文件创建 DataFrame

结构化文件包括 JSON、Parquet、CSV 等文件类型，可以使用 spark.read()方法实现从不同类型的结构化文件中读取数据创建 DataFrame。文件可以是本地文件或 HDFS 文件，在读取文件时，要注意给出正确的文件路径。

现以读取存放在 data 目录下的某航空公司客户价值数据（3 个 CSV 数据文件）为例进行说明。分别读取 air_data_customer.csv、air_data_flight.csv 和 air_data_points.csv 文件创建相应的 DataFrame，如代码 3-3 所示。

代码 3-3　读取 CSV 文件创建相应的 DataFrame

```
In[1]:  customerdf = spark.read.option('header', 'true') \
                  .option('inferSchema', 'true') \
                  .option('encoding', 'gbk')\
                  .option('delimiter', ',')\
                  .csv('../data/air_data_customer.csv')
        flightdf = spark.read.option('header', 'true') \
               .option('inferSchema', 'true') \
               .option('encoding', 'gbk')\
               .option('delimiter', ',')\
               .csv('../data/air_data_flight.csv')
        pointsdf = spark.read.option('header', 'true') \
              .option('inferSchema', 'true') \
              .option('encoding', 'gbk')\
              .option('delimiter', ',')\
              .csv('../data/air_data_points.csv')

In[2]:  customerdf.show(3)
        flightdf.show(3)
        pointsdf.show(3)

Out[2]: +---------+---------+------+--------+-------------+------------+---+
        |MEMBER_NO| FFP_DATE|GENDER|FFP_TIER|WORK_PROVINCE|WORK_COUNTRY|AGE|
        +---------+---------+------+--------+-------------+------------+---+
        |    54993|2006/11/2|     男|       6|           北京|          CN| 31|
        |    28065|2007/2/19|     男|       6|           北京|          CN| 42|
        |    55106| 2007/2/1|     男|       6|           北京|          CN| 40|
        +---------+---------+------+--------+-------------+------------+---+
        only showing top 3 rows

        +---------+-----------------+---------+------------+----------+
        ----------------+--------+-------+----------+-----------+------------+
        ------------+
        |MEMBER_NO|FIRST_FLIGHT_DATE|LOAD_TIME|FLIGHT_COUNT|SEG_KM_SUM|
        LAST_FLIGHT_DATE|SUM_YR_1|SUM_YR_2|LAST_TO_END|AVG_DISCOUNT|AVG_INTERVAL|
        MAX_INTERVAL|
```

```
+--------+----------+---------+-----------+---------+-----------+
+-------+--------+----------+-----------+-----------+-----------+
+------------+
|   54993| 2008/12/24|  2014/3/31|        210|       580717|  2014/3/31|
 239560.0|      234188|           1| 0.961639043| 3.483253589|        18|
|  28065|  2007/8/3| 2014/3/31|          140|       293678|  2014/3/25|
171483.0|    167434|          7|  1.25231444|  5.194244604|         17|
|  55106|   2007/8/30|  2014/3/31|        135|       283712|  2014/3/21|
163618.0|      164982|          11| 1.254675516| 5.298507463|         18|
+---------+---------------+--------+-----------+-----------+------
----------+--------+--------+----------+----------+-----------+--
----------+
only showing top 3 rows

+---------+--------------+------+------+----------+-----------+---
-------+
|MEMBER_NO|EXCHANGE_COUNT|EP_SUM|BP_SUM|AVG_BP_SUM|POINTS_SUM|
+---------+--------------+------+------+----------+----------+
|    54993|            34| 74460|505308|   63163.5|    619760|
|    28065|            29| 41288|362480|   45310.0|    415768|
|    55106|            20| 39711|351159| 43894.875|    406361|
+---------+--------------+------+------+----------+----------+
only showing top 3 rows
```

代码 3-3 说明如下。

（1）使用 spark.read.csv()方法，读取 CSV 格式文件创建 DataFrame。其中，分别通过 spark.read.csv('../data/air_data_customer.csv')、spark.read.csv('../data/air_data_flight.csv')、spark.read.csv('../data/air_data_points.csv') 读取 data 文件夹中 air_data_customer.csv、air_data_flight.csv、air_data_points.csv 文件，创建名为 customerdf、flightdf、pointsdf 的 DataFrame。

（2）使用 spark.read.csv()方法读取 CSV 文件时，有一些可选参数设置。

① option('header', 'true')中 header 参数指定是否将第一行作为列名，默认为 false。

② option('inferSchema', 'true')中 inferSchema 参数指定输入时是否自动推断各列的数据类型，默认为 false。

③ option('encoding', 'gbk')中 encoding 参数指定解码类型，默认是 uft-8 编码类型，由于给定文件含有中文字符，因此应指定解码类型为“gbk”格式，否则中文字符显示不出来。

④ option('delimiter', ',')中 delimiter 参数指定分隔符，航空数据以“,”作为分隔符。

（3）创建 DataFrame 对象后，通过 DataFrame 数据查看 API 才能观看结果。关于数据查看的 API 将在 3.3.2 小节介绍。

（4）spark.read.csv('../data/air_data_customer.csv')也可写成其他语句形式，如代码 3-4 所示，通过 format('csv')指定读取的文件格式为 CSV，再通过 load()方法指定文件的路径。

代码 3-4　读取 CSV 文件的其他语句形式

```
In[3]:  spark.read.format('csv').load('../data/air_data_customer.csv')
```

代码 3-3 只实现读取 CSV 文件的功能代码，若该代码在 Jupyter 中运行，则需配置 Spark 环境和导入相关类，即先运行代码 3-1 所示的代码，再运行代码 3-3 所示的代码。

使用 spark.read()方法读取 JSON、Parquet 文件创建 DataFrame 与读取 CSV 文件类似，例如读取 data 文件夹下的 people1.json、people2.parquet 文件创建 DataFrame，有两种语句格式，分别如代码 3-5 和代码 3-6 所示。

代码 3-5　读取 JSON、Parquet 文件创建 DataFrame 语句格式 1

```
In[4]:  jsondf = spark.read.json('../data/people1.json')
        parquetdf = spark.read.parquet('../data/people2.parquet')
```

代码 3-6　读取 JSON、Parquet 文件创建 DataFrame 语句格式 2

```
In[5]:  jsondf = spark.read.format('json').load('../data/people1.json')
        parquetdf = spark.read.format('parquet').load('../data/people2.parquet')
```

2. 从外部数据库创建 DataFrame

Spark SQL 可以从 MySQL、Oracle 等外部数据库中创建 DataFrame，使用这种方式创建 DataFrame 需要通过 JDBC 连接的方式访问数据库，并且对于特定的数据库需要使用特定的 JDBC 驱动 JAR 包。下面以 MySQL 数据库为例进行说明。

在 Windows 中，以管理员身份运行 cmd 命令进入 MySQL 安装目录，启动 MySQL 数据库服务端，如代码 3-7 所示。

代码 3-7　Windows 中启动 MySQL 数据库命令

```
# d:\mysql\mysql-8.0.25-winx64 为 MySQL 8.0.25 安装目录
C:\WINDOWS\system32>cd /d d:\mysql\mysql-8.0.25-winx64\bin
# 启动 MySQL 服务
d:\mysql\mysql-8.0.25-winx64\bin>net start mysql80
# 以超级管理员身份进入 MySQL
d:\mysql\mysql-8.0.25-winx64\bin>mysql -u root -p
# 屏幕会提示输入密码
```

启动 MySQL 后，在 MySQL Shell 环境中，创建数据库 test，再在 test 数据库下创建表 student，并插入数据，如代码 3-8 所示。

代码 3-8　创建数据库与表并插入数据

```
mysql> create database test;
mysql> use test;
mysql> create table student(id int(4), name char(20), gender char(4), age int(4));
mysql> insert into student values(1, 'Zhangsan', 'M', 19);
mysql> insert into student values(2, 'Limei' , 'F', 19);
```

将 MySQL 的驱动 JAR 包 mysql-connector-java-8.0.21.jar，复制到 Anaconda 创建的 PySpark 环境的 jars 子目录中（如："D:\anaconda3\envs\pyspark\Lib\site-packages\pyspark\jars"），同时复制到 Windows 本地安装的 JDK 目录下的 lib 目录中，再重新启动进入 PySpark。

使用 spark.read.format('jdbc')方法可以实现 MySQL 数据库的读取。例如读取 MySQL 的 test 数据库中的 student 数据表里面的数据并转换成 DataFrame，如代码 3-9 所示。

代码 3-9　从外部数据库创建 DataFrame

```
In[6]:  jdbcdf = spark.read.format('jdbc')\
                  .option('driver:', 'com.mysql.cj.jdbc.Driver')\
                  .option('url',
        'jdbc:mysql://localhost:3306/test?useUnicode=true'
                          '&characterEncoding=UTF-8&serverTimezone=UTC'
                          '&useSSL=false&allowPublicKeyRetrieval=true')\
                  .option('dbtable','student')\
                  .option('user', 'root')\
                  .option('password', '123456')\
                  .load()

In[7]:  jdbcdf.show()

Out[7]: +---+--------+------+---+
        | id|    name|gender|age|
        +---+--------+------+---+
        |  1|Zhangsan|     M| 19|
        |  2|   Limei|     F| 19|
        +---+--------+------+---+
```

使用 JDBC 连接 MySQL 数据库时，还需要通过 option()方法设置相关的连接参数，JDBC 各个连接参数及其含义如表 3-3 所示。

表 3-3 JDBC 各个连接参数及其含义

参数名称	参数的值	含义
url	jdbc:mysql://localhost:3306/test	数据库的地址
driver	com.mysql.cj.jdbc.Driver	数据库的 JDBC 驱动程序
dbtable	student	要读取的表
user	root	数据库用户名
password	123456	数据库用户密码

3. 通过 RDD 创建 DataFrame

将 RDD 数据转化为 DataFrame 有两种模式：第一种是反射模式，若组成 RDD[T]的每一个 T 对象内部具有公共且鲜明的字段结构，则可利用反射机制直接推断 RDD 模式；第二种是编程模式，若无法提前获知数据结构，则可使用编程模式定义一个 Schema 作为“表头”，将每条数据作为一个 Row 对象，并封装所有的 Row 对象作为“表中的记录”，将其转化为一个 RDD，然后将“表头”和“表中的记录”拼接在一起，从而得到一个 DataFrame，即带模式的 RDD。需注意的是，RDD 灵活性很高，并不是所有 RDD 都能转换为 DataFrame，只有那些每个元素具有一定相似格式的 RDD 才可以转化为 DataFrame。具体实现上，可使用 toDF()方法和 createDataFrame()方法创建 DataFrame。

（1）使用 toDF()方法创建 DataFrame

使用 toDF()方法，利用反射机制将 RDD 转换成 DataFrame。首先定义一个列表类型数据，为[('ZhangSan', 18, 588), ('LiSi', 18, 590), ('WangWu', 17, 560)]，利用 sc.parallelize()方法生成名为 Listrdd 的 RDD。Listrdd 中数据具有鲜明、统一的结构形式，结合其来源可推断每个元组由姓名、年龄和分数组成，于是可利用反射机制推断其模式，从而可将 Listrdd 转化为名为 Listdf 的 DataFrame，如代码 3-10 所示。

代码 3-10 使用 toDF()方法创建 DataFrame

```
In[8]:
# 将 RDD 转换成 DataFrame
Listrdd = sc.parallelize([('ZhangSan', 18, 588), ('LiSi', 18, 590),
('WangWu', 17, 560)])
Listdf = Listrdd.toDF(['name', 'age', 'score'])
Listdf.show()
Out[8]:
+--------+---+-----+
|    name|age|score|
+--------+---+-----+
|ZhangSan| 18|  588|
|    LiSi| 18|  590|
|  WangWu| 17|  560|
+--------+---+-----+
```

（2）使用 createDataFrame()方法创建 DataFrame

使用 createDataFrame()方法可利用反射机制直接从 Python 的列表、集合等类型数据中创建 DataFrame，如代码 3-11 所示，也可以从 Pandas.DataFrame 数据中创建 DataFrame，如代码 3-12 所示。

代码 3-11　使用 createDataFrame()方法从 Python 列表创建 DataFrame 示例

```
In[9]:   values = [('ZhangSan', 18), ('Lisi', 18), ('WangWu', 17)]
         Listdf2 = spark.createDataFrame(values, ['name', 'age'])
         Listdf2.show()
Out[9]:  +--------+---+
         |    name|age|
         +--------+---+
         |ZhangSan| 18|
         |    Lisi| 18|
         |  WangWu| 17|
         +--------+---+
```

代码 3-12　使用 createDataFrame()方法从 Pandas.DataFrame 中创建 DataFrame 示例

```
In[10]:  import pandas as pd

         pdf = pd.DataFrame([('张三', 18), ('李四', 18), ('王五', 17)], columns=
         ['name', 'age'])
         pandasdf = spark.createDataFrame(pdf)
         pandasdf.show()
Out[10]: +----+---+
         |name|age|
         +----+---+
         |张三  | 18|
         |李四  | 18|
         |王五  | 17|
         +----+---+
```

使用 createDataFrame()方法还可以通过指定 Schema 动态的方式创建 DataFrame。如果无法事先获知数据结构，那么可在程序代码中使用 createDataFrame()方法指定 RDD 和 Schema 动态创建 DataFrame，如代码 3-13 所示，这种方法的操作比较烦琐。

代码 3-13 使用 createDataFrame()方法动态创建 DataFrame 示例

```
In[11]:
from pyspark.sql.types import *
from pyspark.sql import Row
from datetime import datetime

schema = StructType([StructField('name', StringType(), nullable=False), \
                     StructField('score', IntegerType(), nullable=True), \
                     StructField('birthday', DateType(), nullable=True)])
rdd = sc.parallelize([Row('ZhangSan', 588, datetime(2013, 1, 15)),\
                     Row('Lisi', 599, datetime(2013, 5, 12)),\
                     Row('WangWu', 560, datetime(2014, 7, 23))])
df4 = spark.createDataFrame(rdd, schema)
df4.show()
```

```
Out[11]:
+--------+-----+----------+
|    name|score|  birthday|
+--------+-----+----------+
|ZhangSan|  588|2013-01-15|
|    Lisi|  599|2013-05-12|
|  WangWu|  560|2014-07-23|
+--------+-----+----------+
```

代码 3-13 说明如下。

（1）前 3 行用于导入相应的库。

（2）第 5 行创建“表头”，即表的模式，由 StructType(fields)类创建，其中 fields 参数是 StructField 类型，用于创建列字段。一个 StructField 的完整形式为 StructField(name, datatype, nullable=True)，3 个参数分别代表列字段名称、数据类型和是否允许空值等信息。代码表头生成 3 个列字段，列字段名称为 name、score 和 birthday，数据类型分别为字符串、整型和日期型，其中 name 字段不能为空。

（3）第 8 行，将每行记录作为一个 Row 对象，封装所有的 Row 对象，将其转换生成一个名为 rdd 的 RDD。

（4）第 11 行，使用 createDataFrame(rdd, schema)方法将名为 rdd 的 RDD 与表头 schema 拼接一起，生成名为 df4 的 DataFrame。

（5）第 12 行，显示 DataFrame 结果。

3.3.2 DataFrame 操作

创建好 DataFrame 后，可利用 DataFrame 丰富、强大的 API 对 DataFrame 进行一系列

数据处理操作，通过灵活组合使用这些 DataFrame API 实现业务需求。

本小节介绍 DataFrame 的一系列基础操作，示例的 DataFrame 数据为 customerdf、flightdf 和 pointsdf，均来自某航空公司客户价值数据，并已在 3.3.1 节中构建好了。对某航空公司客户价值 DataFrame 的一系列操作，其实质是对某航空公司客户价值数据进行预处理。

DataFrame 提供 DSL 和 SQL 两种编程语法风格。二者在功能上并无区别，用户可根据习惯选择语法风格。

DSL 语法类似于 RDD 中的操作，允许开发者调用相关方法完成对 DataFrame 的操作。DSL 语法风格符合面向对象编程的思想。

SQL 语法需要先将 DataFrame 注册成一个临时表，然后直接使用 spark.sql()方法，该方法以 SQL 语句为参数，返回一个 DataFrame 对象。熟悉 SQL 语法的开发者，可以直接使用 SQL 语句进行操作。

这里以操作 pointsdf 为例，查看某航空公司前 5 个会员的总积分信息，简要说明 SQL 语法风格编程步骤。

（1）创建 DataFrame。这里的 pointsdf 前文已创建好。

（2）在 DataFrame 基础上构建表或视图。Spark SQL 提供多个 API 用于创建具有不同生命周期的视图或表，主要有 createGlobalTempView()、createOrReplaceGlobalTempView()、createTempView()、createOrReplaceTempView()、registerTempTable()等。本例使用语句 pointsdf.createOrReplaceTempView('temp_points')来创建或代替本地临时视图“temp_points”，其生命周期与 SparkSession 对象一样。若使用 createGlobalTempView()方法，则为全局视图，其生命周期跟 Spark 应用程序一样。

（3）使用 SparkSession 中 sql()方法可执行 SQL 语句，sql()方法以 SQL 语句作为参数。本例使用语句 spark.sql('select MEMBER_NO,POINTS_SUM from temp_points').show(5)，从刚创建的临时视图 temp_points 中选取 MEMBER_NO 和 POINTS_SUM 两个列字段，并显示前 5 行数据。

（4）保存或删除表或视图。使用 saveAsTable()方法对表或临时视图进行保存，再使用 spark.catalog.dropTempView()方法或 spark.catalog.dropGlobalTempView()方法删除临时视图或全局视图。本例采用 spark.catalog.dropTempView('temp_points')删除 temp_points 临时视图。

使用 DSL 语法风格对 pointsdf 进行同样操作，查看某航空公司前 5 个会员的总积分信息，只需以下简单两步。

（1）创建 DataFrame。同样，这里的 pointsdf 已创建好。

（2）直接通过 DataFrame 的 API 进行操作。例如，选取 pointsdf 中 MEMBER_NO 和 POINTS_SUM 两个列字段，并显示前 5 行数据，使用语句 pointsdf.select('MEMBER_NO', 'POINTS_SUM').show(5)。

SQL 语法风格与 DSL 语法风格比较示例，如代码 3-14 所示。

代码 3-14　SQL 语法风格与 DSL 语法风格比较示例

```
In[12]:  # SQL 语法风格
         pointsdf.createOrReplaceTempView('temp_points')
         spark.sql('select MEMBER_NO,POINTS_SUM from temp_points').show(5)
Out[12]: +---------+----------+
         |MEMBER_NO|POINTS_SUM|
         +---------+----------+
         |    54993|    619760|
         |    28065|    415768|
         |    55106|    406361|
         |    21189|    372204|
         |    39546|    338813|
         +---------+----------+
         only showing top 5 rows
In[13]:  # 删除临时视图
         spark.catalog.dropTempView('temp_points')
In[14]:  # DSL 语法风格
         pointsdf.select('MEMBER_NO', 'POINTS_SUM').show(5)
Out[14]: +---------+----------+
         |MEMBER_NO|POINTS_SUM|
         +---------+----------+
         |    54993|    619760|
         |    28065|    415768|
         |    55106|    406361|
         |    21189|    372204|
         |    39546|    338813|
         +---------+----------+
         only showing top 5 rows
```

使用 DSL 语法风格对 DataFrame 进行操作更为简洁，后续对 DataFrame 数据的操作示例均采用 DSL 语法风格。

1. 数据查看 API

DataFrame 类派生自 RDD 类，与 RDD 类似，DataFrame 的操作也分为转换操作和行动操作，并且只有在行动操作时才真正执行计算，具有惰性操作的特点。

RDD 使用 take()、collect()等行动操作 API 查看数据，DataFrame 数据查看的 API 除了 take()、collect()方法外，还有 show()、describe()、head()、first()等方法。DataFrame 常用的

数据查看 API 及其功能说明如表 3-4 所示。

表 3-4　DataFrame 常用的数据查看 API 及其功能说明

方法	功能说明
show()	展示数据，以表格的形式在输出中展示 DataFrame 中的具体内容信息
collect()	以行的格式将全部数据输出
describe()	获取指定字段的统计信息，用于统计数值类型字段的信息
take(n)	以列表形式返回前 *n* 行记录
head()	返回第一行记录，head(n)返回 DataFrame 前 *n* 行记录
first()	返回 DataFrame 中的第一行记录
printSchema()	输出 DataFrame 的模式信息，以树状格式输出

下面对一些常用的数据查看 API 进行说明。

（1）show()方法

show()方法用于以表格形式查看 DataFrame 信息，是十分常用的数据查看方式。show(n, truncate)有两个参数，其中 n 表示输出的行数，默认为 20 行；truncate 只能取值 true 或 false，表示一个字段是否最多显示 20 个字符，默认为 true。使用 show()方法查看 customerdf 的前 5 条数据记录，如代码 3-15 所示。

代码 3-15　show()方法使用示例

```
In[15]:   customerdf.show(5)

Out[15]:  +---------+---------+------+--------+-------------+------------+---+
          |MEMBER_NO| FFP_DATE|GENDER|FFP_TIER|WORK_PROVINCE|WORK_COUNTRY|AGE|
          +---------+---------+------+--------+-------------+------------+---+
          |    54993|2006/11/2|    男|       6|         北京|          CN| 31|
          |    28065|2007/2/19|    男|       6|         北京|          CN| 42|
          |    55106| 2007/2/1|    男|       6|         北京|          CN| 40|
          |    21189|2008/8/22|    男|       5|           CA|          US| 64|
          |    39546|2009/4/10|    男|       6|         贵州|          CN| 48|
          +---------+---------+------+--------+-------------+------------+---+
          only showing top 5 rows
```

（2）collect()方法与 take()方法

collect()方法返回一个列表，用于获取 DataFrame 的所有记录，并将 DataFrame 中每一行的数据以 Row 形式完整地展示出来。take()方法返回一个列表，将每一行的数据以 Row 形式完整地展示出来，若数据量巨大又只想查看前 *n* 行数据的完整信息，则可使用 take(n)方法。

分别使用 collect()方法和 take()方法获取 customerdf 的数据，如代码 3-16 所示。

代码 3-16 collect()方法与 take()方法使用示例

```
In[16]:   customerdf.collect()

Out[16]:  [Row(MEMBER_NO=54993, FFP_DATE='2006/11/2', GENDER='男', FFP_TIER=6,
          WORK_PROVINCE='北京', WORK_COUNTRY='CN', AGE=31),
           Row(MEMBER_NO=28065, FFP_DATE='2007/2/19', GENDER='男', FFP_TIER=6,
          WORK_PROVINCE='北京', WORK_COUNTRY='CN', AGE=42),
           Row(MEMBER_NO=55106, FFP_DATE='2007/2/1', GENDER='男', FFP_TIER=6,
          WORK_PROVINCE='北京', WORK_COUNTRY='CN', AGE=40),
           Row(MEMBER_NO=21189, FFP_DATE='2008/8/22', GENDER='男', FFP_TIER=5,
          WORK_PROVINCE='CA', WORK_COUNTRY='US', AGE=64),
           Row(MEMBER_NO=39546, FFP_DATE='2009/4/10', GENDER='男', FFP_TIER=6,
          WORK_PROVINCE='贵州', WORK_COUNTRY='CN', AGE=48),
           Row(MEMBER_NO=56972, FFP_DATE='2008/2/10', GENDER='男', FFP_TIER=6,
          WORK_PROVINCE='广东', WORK_COUNTRY='CN', AGE=64),
           Row(MEMBER_NO=44924, FFP_DATE='2006/3/22', GENDER='男', FFP_TIER=6,
          WORK_PROVINCE='新疆', WORK_COUNTRY='CN', AGE=46),
           Row(MEMBER_NO=22631, FFP_DATE='2010/4/9', GENDER='女', FFP_TIER=6,
          WORK_PROVINCE='浙江', WORK_COUNTRY='CN', AGE=50),
           Row(MEMBER_NO=32197, FFP_DATE='2011/6/7', GENDER='男', FFP_TIER=5,
          WORK_PROVINCE=None, WORK_COUNTRY='FR', AGE=50),
           Row(MEMBER_NO=31645, FFP_DATE='2010/7/5', GENDER='女', FFP_TIER=6,
          WORK_PROVINCE='浙江', WORK_COUNTRY='CN', AGE=43),

In[17]:   #使用 take(3)方法获取 customerdf 前 3 行记录
          customerdf.take(3)

Out[17]:  [Row(MEMBER_NO=54993, FFP_DATE='2006/11/2', GENDER='男', FFP_TIER=6,
          WORK_PROVINCE='北京', WORK_COUNTRY='CN', AGE=31),
           Row(MEMBER_NO=28065, FFP_DATE='2007/2/19', GENDER='男', FFP_TIER=6,
          WORK_PROVINCE='北京', WORK_COUNTRY='CN', AGE=42),
           Row(MEMBER_NO=55106, FFP_DATE='2007/2/1', GENDER='男', FFP_TIER=6,
          WORK_PROVINCE='北京', WORK_COUNTRY='CN', AGE=40)]
```

注：由于“customerdf.collect()”命令运行结果篇幅过长，此处只展示部分结果。

（3）describe()方法

describe()方法用于统计 DataFrame 某数值型字段的信息，包括记录条数、平均值、样本标准差、最小值、最大值等。

使用 describe()方法查看 customerdf 中 AGE（年龄）字段统计信息，如代码 3-17 所示。

代码 3-17　describe()方法使用示例

```
In[18]:   customerdf.describe('AGE').show()

Out[18]:  +-------+-----------------+
          |summary|              AGE|
          +-------+-----------------+
          |  count|            62568|
          |   mean|42.47634573583941|
          | stddev|9.885914823660341|
          |    min|                6|
          |    max|              110|
          +-------+-----------------+
```

（4）printSchema()方法

printSchema()方法用于以树状格式输出 DataFrame 的模式信息，输出结果中有 DataFrame 的列名称、数据类型以及该数据字段的值是否可以为空。

使用 printSchema()方法分别输出 DataFrame 数据 customerdf、flightdf、pointsdf 的模式信息，如代码 3-18 所示。

代码 3-18　printSchema()方法使用示例

```
In[19]:   customerdf.printSchema()
          flightdf.printSchema()
          pointsdf.printSchema()

Out[19]:  root
           |-- MEMBER_NO: integer (nullable = true)
           |-- FFP_DATE: string (nullable = true)
           |-- GENDER: string (nullable = true)
           |-- FFP_TIER: integer (nullable = true)
           |-- WORK_PROVINCE: string (nullable = true)
           |-- WORK_COUNTRY: string (nullable = true)
           |-- AGE: integer (nullable = true)

          root
           |-- MEMBER_NO: integer (nullable = true)
           |-- FIRST_FLIGHT_DATE: string (nullable = true)
           |-- LOAD_TIME: string (nullable = true)
           |-- FLIGHT_COUNT: integer (nullable = true)
```

```
 |-- SEG_KM_SUM: integer (nullable = true)
 |-- LAST_FLIGHT_DATE: string (nullable = true)
 |-- SUM_YR_1: double (nullable = true)
 |-- SUM_YR_2: integer (nullable = true)
 |-- LAST_TO_END: integer (nullable = true)
 |-- AVG_DISCOUNT: double (nullable = true)
 |-- AVG_INTERVAL: double (nullable = true)
 |-- MAX_INTERVAL: integer (nullable = true)

root
 |-- MEMBER_NO: integer (nullable = true)
 |-- EXCHANGE_COUNT: integer (nullable = true)
 |-- EP_SUM: integer (nullable = true)
 |-- BP_SUM: integer (nullable = true)
 |-- AVG_BP_SUM: double (nullable = true)
 |-- POINTS_SUM: integer (nullable = true)
```

2. 数据处理 API

DataFrame 数据处理的实质是对数据进行一系列转换操作，一方面根据需要查询、筛选出符合条件的数据，另一方面消除异常、缺失值或错误的数据。DataFrame 数据处理 API 主要有 select()、where()、filter()、foreach()、distinct()、fillna()、dropna()、dropDuplicates()等方法，DataFrame 常用的数据处理 API 及其功能说明如表 3-5 所示。

表 3-5　DataFrame 常用的数据处理 API 及其功能说明

方法	功能说明
select(*cols)	选取列，可从 DataFrame 中选取部分列，返回新的 DataFrame
selectExpr()	选取列，也可对指定的列字段进行特殊处理
where(conditionExpr)	筛选数据，根据给定条件 conditionExpr 筛选符合要求的行
filter(conditionExpr)	筛选数据，使用给定条件 conditionExpr 筛选符合要求的行
foreach(f)	将 f 函数应用于 DataFrame 所有行
distinct()	去重，并返回去重后的 DataFrame
alias(alias)	重命名，也可以将一个 DataFrame 复制为多个
fillna()	缺失值填充，对空值使用其他值进行填充
dropna()	去除有缺失值的数据行，返回没有缺失值的新 DataFrame
dropDuplicates()	删除重复行，返回删除重复行后的新 DataFrame

下面对一些常用的数据处理 API 进行说明。

（1）select()方法与 selectExpr()方法

select()方法用于选择特定列生成新的 DataFrame。如果一个 DataFrame 列字段太多，只需查看某些列内容，那么可使用 select()操作。

selectExpr()方法既可以用于查看指定列，还可以对选定的列进行特殊处理，如改列名、取绝对值、四舍五入等，最终返回新的 DataFrame。

使用 select()方法，查看会员观测窗口内的飞行次数和第一年、第二年的票价收入；使用 selectExpr()方法，将会员观测窗口内第一年、第二年的票价收入合并为观测窗口内的票价总收入，如代码 3-19 所示。

代码 3-19　select()方法与 selectExpr()方法使用示例

```
In[20]:   flightdf.select('MEMBER_NO', 'FLIGHT_COUNT',
                          'SUM_YR_1', 'SUM_YR_2').show(5)

Out[20]:  +---------+------------+--------+--------+
          |MEMBER_NO|FLIGHT_COUNT|SUM_YR_1|SUM_YR_2|
          +---------+------------+--------+--------+
          |    54993|         210|239560.0|  234188|
          |    28065|         140|171483.0|  167434|
          |    55106|         135|163618.0|  164982|
          |    21189|          23|116350.0|  125500|
          |    39546|         152|124560.0|  130702|
          +---------+------------+--------+--------+
          only showing top 5 rows

In[21]:   flightdf.selectExpr('MEMBER_NO', 'FLIGHT_COUNT',
                              'SUM_YR_1+SUM_YR_2 as SUM').show(5)

Out[21]:  +---------+------------+--------+
          |MEMBER_NO|FLIGHT_COUNT|     SUM|
          +---------+------------+--------+
          |    54993|         210|473748.0|
          |    28065|         140|338917.0|
          |    55106|         135|328600.0|
          |    21189|          23|241850.0|
          |    39546|         152|255262.0|
          +---------+------------+--------+
          only showing top 5 rows
```

（2）where()方法与 filter()方法

根据指定条件筛选数据，这在数据分析中非常普遍，where()方法与 filter()方法均可用于条件查询。where()方法主要用于筛选符合条件的行，条件表达式可以用 and 或 or 逻辑运算符连接。filter()方法的功能与用法与 where()方法几乎相同，只是在 Spark 内部解析语句时不一样。

使用 where()方法查询在观测窗口内飞行次数超过 200 次或总飞行里程大于 300000 千米的数据，如代码 3-20 所示。

代码 3-20 where()方法使用示例

```
In[22]:   flightdf.where('FLIGHT_COUNT>200 or SEG_KM_SUM>300000' ).show()

Out[22]:  +---------+-----------------+---------+------------+----------+-----
          -----------+--------+--------+------------+------------+------------+
          ------------+
          |MEMBER_NO|FIRST_FLIGHT_DATE|LOAD_TIME|FLIGHT_COUNT|SEG_KM_SUM|LAST_
          FLIGHT_DATE|SUM_YR_1|SUM_YR_2|LAST_TO_END|AVG_DISCOUNT|AVG_INTERVAL|
          MAX_INTERVAL|
          +---------+-----------------+---------+------------+----------+-----
          -----------+--------+--------+------------+------------+------------+
          ------------+
          |    54993|       2008/12/24|2014/3/31|         210|    580717|
          2014/3/31|239560.0| 234188|     1| 0.961639043| 3.483253589|     18|
          |    39546|        2009/4/15|2014/3/31|         152|    309928|
          2014/3/27|124560.0| 130702|     5| 0.970657895| 4.78807947|      47|
          |    32197|         2011/7/1|2014/3/31|          56|    321489|
          2014/3/26|72596.0|  87401|     6|  0.828478237| 13.05454545|     94|
          |   31645|       2010/7/5|2014/3/31|       64|   375074|       2014/3/17|
          85258.0|   60267|        15| 0.708010153| 11.33333333|          73|
          |   28012|      2007/11/18|2014/3/31|       29|    321529|     2014/1/25|
          44750.0|       53977|       67| 0.799126984|       23.0|        112|
          |   41616|    2011/10/22|2014/3/31|        38|    332896|        2014/3/8|
          60930.0|   52316|          24| 0.70828541| 18.67567568|          74|
          |    47229|     2005/4/10|2014/3/31|         94|    305250|      2014/3/9|
          59169.0|   74497|        23| 0.741803833| 7.47311828|          42|
          |  45075|  2007/3/23|2014/3/31|  213|     187917|    2014/3/29|136769.0|
          96568|          3| 1.146354614| 3.433962264|         37|
          +---------+-----------------+---------+------------+----------+-----
          -----------+--------+--------+------------+------------+------------+
          ------------+
```

从代码 3-20 的统计结果可知，where()方法语句运行结果是满足条件的整行记录，即查询出了在观测窗口内飞行次数超过 200 次，或者总飞行里程大于 300000 千米的数据，包含所有的列字段。

如果有时并不需要显示所有列字段，只需要查看满足条件的部分列字段的值，那么可以将 where()方法与 select()方法结合使用。使用 where()方法与 select()方法，查看在观测窗口内飞行次数超过 200 次或总飞行里程大于 300000 千米的会员卡号，如代码 3-21 所示。

代码 3-21　where()方法与 select()方法结合使用示例

```
In[23]:  flightdf.where('FLIGHT_COUNT>200 or SEG_KM_SUM>300000')\
             .select('MEMBER_NO', 'FLIGHT_COUNT', 'SEG_KM_SUM').show()

Out[23]: +---------+------------+----------+
         |MEMBER_NO|FLIGHT_COUNT|SEG_KM_SUM|
         +---------+------------+----------+
         |    54993|         210|    580717|
         |    39546|         152|    309928|
         |    32197|          56|    321489|
         |    31645|          64|    375074|
         |    28012|          29|    321529|
         |    41616|          38|    332896|
         |    47229|          94|    305250|
         |    45075|         213|    187917|
         +---------+------------+----------+
```

从代码 3-21 的语句运行结果可知，在满足条件的数据集中再选取相应的列字段，结果更为清晰、明了。

（3）alias()方法

使用 alias()方法可以对 DataFrame 进行重命名操作，也可以将一个 DataFrame 复制成多个，alias()方法一般用于测试过程中。

（4）distinct()方法与 dropDuplicates()方法

去重是数据预处理中的重要环节。数据来自多个渠道，重复数据难以避免，根据具体业务需求对结构化数据某一字段或几个字段进行去重再分析，可以大大减少数据量、减少工作量。

distinct()方法用于删除 DataFrame 的重复行，返回不包含重复记录的 DataFrame。当数据量巨大时，DataFrame 是否有重复记录一般结合 count()操作去进行判断（count()方法将在后文排序统计 API 中讲解）。可分别对使用 distinct()方法前后的数据行数进行统计，若使用 distinct()方法后，DataFrame 数据记录行数变少，则说明原数据集存在重复记录。

dropDuplicates()方法则可以根据指定的字段进行去重操作，去重后只保留所选字段的不同取值。

使用 alias()方法将 customerdf 重命名为 customerdf_test，使用 distinct()方法对 customerdf_test 进行去重，再使用 count()方法分别对去重前后的数据记录数进行统计，从而判断 customerdf_test 是否有重复记录，如代码 3-22 所示。

代码 3-22　alias()方法使用示例

```
In[24]:   # 将 customerdf 复制一份并将副本命名为 customerdf_test
          customerdf_test = customerdf.alias('customerdf_test')
          # 运行 show()方法语句查看 customerdf_test 与 customerdf 是否相同
          customerdf_test.show(3)
Out[24]:  +---------+---------+------+--------+-------------+------------+---+
          |MEMBER_NO| FFP_DATE|GENDER|FFP_TIER|WORK_PROVINCE|WORK_COUNTRY|AGE|
          +---------+---------+------+--------+-------------+------------+---+
          |    54993|2006/11/2|     男|       6|          北京|          CN| 31|
          |    28065|2007/2/19|     男|       6|          北京|          CN| 42|
          |    55106| 2007/2/1|     男|       6|          北京|          CN| 40|
          +---------+---------+------+--------+-------------+------------+---+
          only showing top 3 rows
In[25]:   # 查看 customerdf_test 数据行数
          customerdf_test.count()
Out[25]:  62988
In[26]:   # 对 customerdf_test 执行去重操作后查看数据行数，验证原数据集是否存在重复记录
          customerdf_test.distinct().count()
Out[26]:  62988
```

使用 dropDuplicates()方法对 customerdf_test 根据 WORK_COUNTRY 字段去重，保留 WORK_COUNTRY 每个取值的唯一值，从而推断该航空公司的会员来自哪些国家，如代码 3-23 所示。

代码 3-23　distinct()方法与 dropDuplicates()方法使用示例

```
In[27]:   # 对 customerdf_test 根据 WORK_COUNTRY 去重，并查看数据
          customerdf_test.dropDuplicates(['WORK_COUNTRY']).show(5)
Out[27]:  +---------+---------+------+--------+-------------+------------+---+
          |MEMBER_NO| FFP_DATE|GENDER|FFP_TIER|WORK_PROVINCE|WORK_COUNTRY|AGE|
          +---------+---------+------+--------+-------------+------------+---+
          |    28861|2012/11/9|     男|       4|         null|          AZ| 39|
          |    36800|2006/8/10|     男|       4|         null|          FI| 47|
          |    42814|2012/9/20|     男|       4|           CA|          UA| 43|
          |    14704|2011/10/4|     女|       4|    BUCURESTI|          RO| 46|
```

```
|    61534|2011/3/28|     男|         4|        punjab|          |  LA| 48|
+---------+---------+------+--------+-------------+-----------+---+
only showing top 5 rows
```

```
In[28]:   # 对 customerdf_test 根据 WORK_COUNTRY 去重后查看数据行数
          customerdf_test.dropDuplicates(['WORK_COUNTRY']).count()
Out[28]:  120
```

根据代码 3-22、代码 3-23 运行结果分析，数据去重前后数据集行数均为 62988 条，说明原数据集中没有重复记录。对 customerdf_test 根据 WORK_COUNTRY 字段去重后的结果为 120，若每一个国家对应 WORK_COUNTRY 唯一值，则可由此推断该航空公司会员共来自 120 个不同的国家。

（5）dropna()方法与 fillna()方法

缺失值指的是现有数据集中某个或某些属性的值是不完全的，存在空缺。处理缺失值也是数据预处理时必不可少的环节。处理缺失值的方法一般分为删除、忽略、填充，缺失值填充需根据不同的属性灵活处理，是数据预处理中较为烦琐的环节。

dropna()方法可以直接除去含有缺失值的记录，fillna()方法则用于对 DataFrame 的空值使用其他值进行填充。

另外，列相关操作 API（将在后文中介绍）中的 isNull()方法、isNotNULL()方法可用于判断某一列字段是否是空值。

使用 dropna()方法查看会员乘机数据 flightdf 中缺失值的个数，使用 isNull()方法确定 flightdf 中 SUM_YR_1 字段为空值的记录，如代码 3-24 所示。

代码 3-24　dropna()方法与 isNull()方法使用示例

```
In[29]:   flightdf.count()
Out[29]:  62988
In[30]:   flightdf.dropna().count()
Out[30]:  62299
In[31]:   flightdf.where(flightdf. SUM_YR_1.isNull()).show(3)
          flightdf.where(flightdf. SUM_YR_1.isNull()).count()
Out[31]:  +---------+----------------+---------+-----------+----------+-----
          -----------+--------+--------+----------+-----------+------------+
          ------------+
          |MEMBER_NO|FIRST_FLIGHT_DATE|LOAD_TIME|FLIGHT_COUNT|SEG_KM_SUM|LAST_
          FLIGHT_DATE|SUM_YR_1|SUM_YR_2|LAST_TO_END|AVG_DISCOUNT|AVG_INTERVAL|
```

```
MAX_INTERVAL|
+---------+----------------+---------+-----------+---------+-----
----------+--------+--------+----------+-----------+------------+
------------+
|    53807|    2008/6/20|2014/3/31|     23|    38933|    2013/2/26|
null|     0|    400|     0.821863201| 14.22727273|    37|
|    43887|    2010/8/15|2014/3/31|     38|    39632|    2013/3/16|
null|     0|    382|     0.728827715| 9.378378378|    36|
|    24497|    2012/4/3|2014/3/31|    15|    26850|    2012/12/28|
null|     0|    460|     0.806666667| 19.21428571|    40|
+---------+----------------+---------+-----------+---------+-----
----------+--------+--------+----------+-----------+------------+
------------+
only showing top 3 rows
551
```

根据代码 3-24 运行结果可知，flightdf 数据行除去缺失值前后记录分别为 62988、62299，缺失值所占比例小于 2%，考虑到缺失值在数据集中占比较小，因此将会员乘机数据的缺失值记录直接删除。通过 isNull()方法判断 flightdf 中 SUM_YR_1 字段为 NULL 值的记录有 551 条。

3. 排序统计 API

DataFrame 排序统计 API 包括常用的统计学统计量和汇总类操作函数，主要有 limit(n)、agg()、count()、groupBy()、orderBy()、sort()、summary()等方法，具体功能说明如表 3-6 所示。

表 3-6　DataFrame 常用排序统计 API 及其功能说明

方法	功能说明
limit(n)	获取 DataFrame 前 *n* 行数据，返回新的 DataFrame
agg()	在整个 DataFrame 中实施聚合处理
count()	统计 DataFrame 的总行数
groupBy()	根据指定的列对 DataFrame 进行分组
orderBy()	根据指定列排序后，返回新的 DataFrame
sort()	根据指定列排序后，返回新的 DataFrame
summary()	计算数值列和字符列的统计信息，如计数、均值、标准差、最小值、最大值等

下面对一些常用排序统计 API 进行说明。

（1）limit(n)方法

limit(n)方法用于获取指定 DataFrame 的前 *n* 行记录，得到新的 DataFrame 对象。与 take()方法不同的是，limit(n)方法不是行动操作而是转换操作，转换成新的 DataFrame。

（2）count()方法

count()方法用于计数，常用来统计 DataFrame 的总行数，返回整数值。

（3）orderBy()方法与 sort()方法

orderBy()方法与 sort()方法均可用于排序，二者等效，用法基本一致。

orderBy()方法可根据某列或多列进行排序，返回新的 DataFrame，排序方式既可以是升序，也可以是降序。如果用 orderBy()方法对多列进行排序，那么在前一列指标相同的情况下，将按第二列给定的排序方式进行排序。

使用 orderBy()方法对 flightdf 数据进行排序，按 FLIGHT_COUNT 进行降序排序，只查询出 MEMBER_NO（会员卡号）、FLIGHT_COUNT（观测窗口内的飞行次数）、SEG_KM_SUM（观测窗口的总飞行里程）这 3 个字段的内容，并查看前 3 行数据。此外，orderBy() 方法先根据 flightdf 中的 FLIGHT_COUNT 字段进行降序排列，当 FLIGHT_COUNT 字段的值一样时，再根据 MEMBER_NO 进行升序排列，只查看 MEMBER_NO、FLIGHT_COUNT、SEG_KM_SUM 这 3 个字段的内容，并查看前 10 行数据，如代码 3-25 所示。

代码 3-25　orderBy()方法使用示例

```
In[32]:   sortdf1 = flightdf.orderBy(flightdf.FLIGHT_COUNT.desc())
          sortdf1.select('MEMBER_NO', 'FLIGHT_COUNT', 'SEG_KM_SUM').show(3)

Out[32]:  +---------+------------+----------+
          |MEMBER_NO|FLIGHT_COUNT|SEG_KM_SUM|
          +---------+------------+----------+
          |    45075|         213|    187917|
          |    54993|         210|    580717|
          |    49737|         197|    275800|
          +---------+------------+----------+
          only showing top 3 rows

In[33]:   sortdf2 = flightdf.orderBy(flightdf.FLIGHT_COUNT.desc(),
          flightdf.MEMBER_NO.asc())
          sortdf2.select('MEMBER_NO', 'FLIGHT_COUNT', 'SEG_KM_SUM').show(10)

Out[33]:  MEMBER_NO|FLIGHT_COUNT|SEG_KM_SUM|
          +---------+------------+----------+
          |    45075|         213|    187917|
          |    54993|         210|    580717|
          |    49737|         197|    275800|
          |    20121|         193|    209912|
          |    12326|         189|    235687|
          |    36780|         180|    182540|
```

```
|      3698|           174|     68891|
|      5039|           168|    130985|
|     62751|           166|    229303|
|     47107|           158|    205159|
```

根据代码 3-25 运行结果可知，对两个字段进行排序时，首先按照第一个字段 FLIGHT_COUNT 设置的排序方式进行排列，在第一个字段取值相同的情况下，再按照第二个字段 MEMBER_NO 设置的排序方式进行排列。

（4）groupBy()方法

用 groupBy()方法可以根据指定的字段进行分组，groupBy()方法有两种使用方式，可以传入 String 类型的列字段名，也可以传入 Column 类型的对象。

在 PySpark 中，一个 DataFrame 经过 groupBy()操作后就不再是 DataFrame，而是 GroupedData 类型的对象。在 GroupedData 的 API 中提供了使用 groupBy()方法之后的常用操作，主要有使用 count()方法获取分组中的元素个数，使用 mean()、max()、min()、sum()方法分别获取分组指定字段的平均值、最大值、最小值、总和（仅作用于数字型字段）。

例如，使用 groupBy()方法对 customerdf 根据 FFP_TIER（会员卡级别）字段进行分组，分别使用 String 类型的列字段名形式或 Column 类型的对象形式，统计各个等级的会员数量与平均年龄，如代码 3-26 所示。

代码 3-26 groupBy()方法使用示例

```
In[34]:   customerdf.groupBy('FFP_TIER')

Out[34]:  <pyspark.sql.group.GroupedData at 0x1aec7b7ab80>

In[35]:   customerdf.groupBy(customerdf.FFP_TIER).count().show()

Out[35]:  +--------+-----+
          |FFP_TIER|count|
          +--------+-----+
          |       6| 1513|
          |       5| 3409|
          |       4|58066|
          +--------+-----+

In[36]:   customerdf.dropna().groupBy(customerdf.FFP_TIER).mean('AGE').show()

Out[36]:  +--------+-----------------+
          |FFP_TIER|         avg(AGE)|
          +--------+-----------------+
          |       6|47.07718348002708|
```

```
|        5|43.67557715674362|
|        4|41.99824317399897|
+--------+-----------------+
```

根据代码 3-26 运行结果可知，对除去缺失值后的 customerdf 根据 FFP_TIER 字段进行分组，分组结果显示级别越高，平均年龄越大，但年龄的差距并不会很大。

（5）agg()方法

agg()方法用于聚合操作，常用于部分列的统计，也可以与 groupBy()方法组合使用，从而实现分组统计的功能。

用 agg()方法进行聚合时常常使用 mean()、max()、min()、sum()等统计方法作为参数，这些方法来自 pyspark.sql.functions 类，因此在使用之前需先进行导入。

使用 groupBy()方法、agg()方法对删除缺失值后的 flightdf 进行操作，统计在观测窗口内会员平均飞行次数、平均飞行里程、第一年和第二年的平均票价消费以及第一年和第二年最高的票价消费。接着使用 groupBy()方法、agg()方法对删除缺失值后的 customerdf 进行操作，根据 FFP_TIER 字段先进行分组，再统计每个组别的平均年龄、最大年龄和最小年龄，如代码 3-27 所示。

代码 3-27　groupBy()方法、agg()方法结合使用示例

```
In[37]:  from pyspark.sql import functions as F

         flightdf.dropna().agg(F.mean('FLIGHT_COUNT'), F.mean('SEG_KM_SUM'),\
                               F.mean('SUM_YR_1'), F.mean('SUM_YR_2'),\
                               F.max('SUM_YR_1'), F.max('SUM_YR_2')).show()
Out[37]: +-----------------+-----------------+----------------+-----------
         -------+------------+-------------+
         | avg(FLIGHT_COUNT)|   avg(SEG_KM_SUM)|     avg(SUM_YR_1)|
         avg(SUM_YR_2)|max(SUM_YR_1)|max(SUM_YR_2)|
         +-----------------+-----------------+----------------+-----------
         -------+------------+-------------+
         |11.941106598821811|17275.697314563637|5367.238884893819|5653.590507
         0707395|    239560.0|      234188|
         +-----------------+-----------------+----------------+-----------
         -------+------------+-------------+


In[38]:  customerdf.dropna().groupBy(customerdf.FFP_TIER)\
                     .agg(F.mean('AGE'), F.max('AGE'), F.min('AGE')).show()
Out[38]: +--------+-----------------+--------+--------+
```

```
|FFP_TIER|          avg(AGE)|max(AGE)|min(AGE)|
+--------+-----------------+--------+--------+
|       6|47.07718348002708|      81|      24|
|       5|43.67557715674362|      78|      14|
|       4|41.99824317399897|     110|       6|
+--------+-----------------+--------+--------+
```

4. 连接合并操作 API

DataFrame 的连接合并是指将两个 DataFrame 进行连接，类似 SQL 中的关联。连接合并操作 API 主要有 join()、union()等方法，DataFrame 常用连接合并操作 API 及其功能说明如表 3-7 所示。

表 3-7　DataFrame 常用连接合并操作 API 及其功能说明

方法	功能说明
join()	连接操作，两个 DataFrame 通过特定的列连接，类似 SQL 中的关联操作
union()	进行 DataFrame 数据的纵向合并，返回新的 DataFrame
crossJoin()	交叉连接，返回两个 DataFrame 的笛卡儿积
exceptAll()	差集，返回一个新的 DataFrame，其中包含在此 DataFrame 中的行，但不在另一个 DataFrame 中的行，同时保留重复项
intersect()	交集，返回两个 DataFrame 都有的数据
intersectAll()	交集，返回两个 DataFrame 都有的数据，但保留重复的行

join()方法是较为常用的连接操作，下面对 join()方法进行更详细的说明。join()方法用于连接两个 DataFrame，生成一个新的 DataFrame，连接方式包括 inner、outer、left_out、right_out、left_semi 等。

（1）inner：等值连接，只返回两个 DataFrame 中连接字段相等的行。

（2）outer：包含左、右两个 DataFrame 中的全部行，不管其中一个 DataFrame 是否存在与另一个 DataFrame 匹配字段值的行。

（3）left_out：若右边 DataFrame 有多行与左边 DataFrame 行对应，则每一行都映射输出；若右边 DataFrame 没有行与左边 DataFrame 行对应，则只输出左边行，右边表字段值为空，即输出结果是以左边 DataFrame 的数据为基准的。

（4）right_out：若左边 DataFrame 有多行与右边 DataFrame 行对应，则每一行都映射输出；若左边 DataFrame 没有行与右边 DataFrame 行对应，则只输出右边行，左边表字段值为空，即输出结果是以右边 DataFrame 的数据为基准的。

（5）left_semi：若右边 DataFrame 有多行与左边 DataFrame 行对应，则重复的多条记录不输出，只输出一条记录；若右边 DataFrame 没有行与左边 DataFrame 行对应，则不输出记录。

使用 join()方法将 customerdf 与 flightdf 这两个 DataFrame 进行连接并查看前 5 行数据记录，两个 DataFrame 连接后，还可进行其他相关操作，如查询、聚合、排序等。将 customerdf 与 flightdf 连接后查看会员所属国家、年龄，以及观测窗口内第一年、第二年的乘机消费记录，如代码 3-28 所示。

customerdf 与 flightdf 连接后，按会员等级进行分组，统计各个等级的会员在观测窗口内平均飞行次数、平均飞行里程和第一年、第二年乘机的平均消费，如代码 3-28 所示。

代码 3-28　join()方法使用示例

```
In[39]:   customerdf.join(flightdf,
                customerdf.MEMBER_NO == flightdf.MEMBER_NO, 'left').show(5)

Out[39]:  +---------+---------+------+--------+------------+-----------+---+
          ---------+----------------+---------+------------+----------+------
          ----------+--------+--------+-----------+------------+------------+-
          -----------+
          |MEMBER_NO|
          FFP_DATE|GENDER|FFP_TIER|WORK_PROVINCE|WORK_COUNTRY|AGE|MEMBER_NO|FI
          RST_FLIGHT_DATE|LOAD_TIME|FLIGHT_COUNT|SEG_KM_SUM|LAST_FLIGHT_DATE|S
          UM_YR_1|SUM_YR_2|LAST_TO_END|AVG_DISCOUNT|AVG_INTERVAL|MAX_INTERVAL|
          +---------+---------+------+--------+------------+-----------+---+
          ---------+----------------+---------+------------+----------+------
          ----------+--------+--------+-----------+------------+------------+-
          -----------+
          |    54993|2006/11/2|    男|      6|     北京|      CN|    31|     54993|
          2008/12/24|2014/3/31|     210|      580717|      2014/3/31|239560.0|
          234188|      1|     0.961639043| 3.483253589|      18|
          |    28065|2007/2/19|    男|      6|     北京|      CN|      42|     28065|
          2007/8/3|2014/3/31|      140|      293678|      2014/3/25|171483.0|
          167434|      7|     1.25231444| 5.194244604|       17|
          |    55106| 2007/2/1|    男|      6|     北京|      CN| 40|     55106|
          2007/8/30|2014/3/31|      135|      283712|      2014/3/21|163618.0|
          164982|      11|      1.254675516| 5.298507463|       18|
          |    21189|2008/8/22|    男|      5|     CA|      US|     64|     21189|
          2008/8/23|2014/3/31|      23|      281336|      2013/12/26|116350.0|
          125500|      97|     1.090869565| 27.86363636|      73|
          |    39546|2009/4/10|    男|      6|     贵州|      CN|     48|     39546|
          2009/4/15|2014/3/31|      152|      309928|      2014/3/27|124560.0|
          130702|      5|     0.970657895| 4.78807947|      47|
          +---------+---------+------+--------+------------+-----------+---+
```

```
---------+----------------+---------+------------+---------+------
----------+--------+--------+-----------+------------+------------+-
-----------+
only showing top 5 rows
```

In[40]:
```
customerdf.join(flightdf, customerdf.MEMBER_NO == flightdf.MEMBER_NO,
'left')\
                .select(customerdf.MEMBER_NO,\
                customerdf.WORK_COUNTRY, customerdf.AGE,\
                flightdf.SUM_YR_1,
                flightdf.SUM_YR_2).show(5)
```

Out[40]:
```
+---------+------------+---+--------+--------+
|MEMBER_NO|WORK_COUNTRY|AGE|SUM_YR_1|SUM_YR_2|
+---------+------------+---+--------+--------+
|    54993|          CN| 31|239560.0|  234188|
|    28065|          CN| 42|171483.0|  167434|
|    55106|          CN| 40|163618.0|  164982|
|    21189|          US| 64|116350.0|  125500|
|    39546|          CN| 48|124560.0|  130702|
+---------+------------+---+--------+--------+
only showing top 5 rows
```

In[41]:
```
from pyspark.sql import functions as F

customerdf.join(flightdf, customerdf.MEMBER_NO == flightdf.MEMBER_NO,
'left') \
          .groupBy(customerdf.FFP_TIER)\
          .agg(F.mean(flightdf.FLIGHT_COUNT), F.mean(flightdf.SEG_
KM_SUM),\
          F.mean(flightdf.SUM_YR_1), F.mean(flightdf.SUM_YR_2)).show()
```

Out[41]:
```
+--------+------------------+-----------------+------------------+-
-----------------+
|FFP_TIER| avg(FLIGHT_COUNT)|    avg(SEG_KM_SUM)|       avg(SUM_YR_1)|
avg(SUM_YR_2)|
+--------+------------------+-----------------+------------------+-
-----------------+
|       6| 45.75875743555849| 64215.28750826173|  23117.3082010582|
30080.60648148148|
|       5|38.256380170137874| 50954.02024053975|15414.606336168965|
```

```
20597.10530947492|
|        4|  9.40467743602108|13910.703096476424| 4292.229158668892|
4082.8535966441677|
+--------+-----------------+-----------------+------------------+-
-----------------+
```

5. 列相关操作 API

DataFrame 对列的操作包括选取指定列、增加列、删除列、重命名列等，DataFrame 常用的列相关操作 API 及其功能说明如表 3-8 所示。

表 3-8　DataFrame 常用的列相关操作 API 及其功能说明

方法	功能说明
col()/apply()	获取指定列
drop()	删除列
withColumn()	新增列
update()	改变列的顺序
withColumnRenamed()	重命名列
alias(*alias,**kwargs)	给列取别名，*alias 参数为该列取一个或多个别名；**kwargs 可以指定表达式，对列进行多种数据操作的转换
name(*alias,**kwargs)	与 alias()方法的功能和用法相同
getField(name)	获取 name 值对应的列
isNotNull()	空值判断，判断值是否非空
isNull()	空值判断，判断值是否为空
isin(*cols)	数据判断，判断特定的值是否在列里
asc()/desc()	升序排列/降序排列
asc_nulls_last()	进行升序排列，并将空值排在最后
asc_nulls_first()	进行升序排列，并将空值排在最前

列相关操作 API 的使用相对简单，因此后文仅对 withColumn()方法进行更详细的说明。使用 withColumn()方法可以在当前 DataFrame 中新增一列，该列需来自本身 DataFrame 对象，不可来自其他 DataFrame 对象。

使用 withColumn()方法在 flightdf 中新增一列“TOTAL”，用以计算观测窗口内的票价总收入，因此 TOTAL 的值应为 SUM_YR_1 与 SUM_YR_2 之和，最终查询出 flightdf 相关字段的前 5 行数据记录，如代码 3-29 所示。

代码 3-29　withColumn()方法使用示例

```
In[42]:  flightdf.withColumn('TOTAL', flightdf.SUM_YR_1 + flightdf.SUM_YR_2)\
             .select('MEMBER_NO', 'SUM_YR_1', 'SUM_YR_2', 'TOTAL').show(5)
```

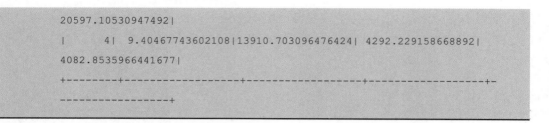

```
Out[42]:  +---------+--------+--------+--------+
          |MEMBER_NO|SUM_YR_1|SUM_YR_2|   TOTAL|
          +---------+--------+--------+--------+
          |    54993|239560.0|  234188|473748.0|
          |    28065|171483.0|  167434|338917.0|
          |    55106|163618.0|  164982|328600.0|
          |    21189|116350.0|  125500|241850.0|
          |    39546|124560.0|  130702|255262.0|
          +---------+--------+--------+--------+
          only showing top 5 rows
```

3.3.3 DataFrame 输出操作

使用 spark.write()方法既可将 DataFrame 保存成 TXT、JSON、CSV 和 Parquet 等不同格式的文件，也可以将 DataFrame 写入 MySQL 等外部数据库中。DataFrame 输出操作相关的 API 及其功能说明如表 3-9 所示。

表 3-9 DataFrame 输出操作相关的 API 及其功能说明

方法	功能说明
csv()/json()/jdbc()/text()/parquet()	指定输出文件格式
save()	将 DataFrame 的内容保存到文件中，其数据源由格式和一组选项指定
format()	指定输出数据源的格式
option(key, value)	为输出数据源添加输出选项
saveAsTable()	将 DataFrame 的内容保存为指定的表
partitionBy()	在文件系统中按指定列对输出进行分区，若指定，输出则布局在文件系统中，类似于 Hive 的分区方案
mode()	添加数据的模式
insertInfo()	将 DataFrame 的内容插入指定的表
bucketBy()	按指定的列存储输出，若指定，输出则布局在文件系统中，类似于 Hive 的“存储桶”

spark.write()方法有两种形式，如将代码 3-10 构建的名为 Listdf 的 DataFrame 保存成名为 student 的文本文件，如代码 3-30 所示。

代码 3-30 将 DataFrame 保存成名为 student 的文本文件

```
In[43]:  Listdf.write.text('../tmp/student.txt')
         # 或
         Listdf.write.format('text').save('../tmp/people.txt')
```

将名为 Listdf 的 DataFrame 保存成不同形式的文件，如代码 3-31 所示。在实际操作中，一定要注意文件路径的正确性。

代码 3-31 将 DataFrame 保存成不同形式的文件

```
In[44]: # 保存成 CSV 文件
        Listdf.write.format('csv').option('header',
        'true').save('../tmp/student2.csv')
        # 先将 DataFrame 转换成 RDD 再保存成 TXT 文件
        Listdf.rdd.saveAsTextFile('../tmp/student3.txt')
        # 保存成 JSON 文件
        Listdf.write.json('../tmp/student4.json')  # 保存成 Parquet 文件
        Listdf.write.partitionBy('age').format('parquet').save('../tmp/
        student5.parquet')
        Listdf.write.parquet('../tmp/student6_write.parquet')
```

小结

本章主要针对 Spark SQL 的相关知识进行讲解，包括 Spark SQL 起源与发展历程，Spark SQL 主要功能，Spark SQL 数据核心抽象 DataFrame，pyspark.sql 模块简介与核心类，DataFrame 基础操作，如创建、查询、统计和输出操作。通过本章的学习，读者能够了解 Spark SQL 的主要功能，掌握 PySpark 中 DataFrame 的创建方法、基本操作，为后续利用 PySpark SQL 进行数据分析打下良好基础。

实训

实训 1 网站搜索热词统计分析

1. 训练要点

（1）掌握通过 RDD 创建 DataFrame 的方法。

（2）掌握 DataFrame 的查询、排序、聚合、统计操作。

2. 需求说明

当有用户访问某 IT 技能培训网站时，网站系统会记录用户访问的日志文件，部分数据如表 3-10 所示。基于网站用户访问日志文件数据，分析用户近期关注的课程。同一天中同一用户多次搜索同一个词视为 1 次。

基于网站用户访问日志文件数据，探索网站的男女比例、年龄分布、不同城市的人关注的编程技术等，为后续课程广告定向投放做好前期的分析。

表 3-10　用户访问日志文件部分数据

时间	地区	用户	性别	年龄	搜索词
2021-9-1	北京	lijun	male	21	Java
2021-9-1	北京	liuhong	female	20	Python
2021-9-1	长沙	libai	male	27	C++
2021-9-1	武汉	hujun	male	24	Java
2021-9-1	上海	libo	male	29	Python
2021-9-1	长沙	zouwei	male	23	Spark
2021-9-1	武汉	xiaolin	female	29	Java
2021-9-1	北京	liuhong	female	20	Python
2021-9-2	北京	liuqian	female	21	Python
2021-9-2	北京	daiming	male	24	Spark

3. 实现思路及步骤

（1）创建 SparkSession 对象。

（2）从结构化数据文件中创建 DataFrame。

（3）使用 show()、count()、orderBy()、groupBy()等方法分别统计网站的用户性别比例、用户平均年龄、用户关注的技术、关注 Python 的用户及地区、不同地区的访问用户人数。

实训 2　大数据岗位招聘信息统计分析

1. 训练要点

（1）掌握从结构化文件中创建 DataFrame 的方法。

（2）掌握 DataFrame 的转换、查询、统计操作。

2. 需求说明

通过“爬取”招聘网站的岗位招聘信息得到一份大数据岗位招聘信息数据文件，数据文件包括岗位名称、工作地点、公司类型、公司规模、行业、薪资水平共 6 个数据字段。基于大数据岗位招聘信息数据文件，分析大数据人才需求热门城市、热门岗位及热门行业等，对大数据相关岗位就业进行分析。

3. 实现思路及步骤

（1）创建 SparkSession 对象。

（2）从 CSV 结构化文件中创建 DataFrame。

（3）使用 select()、show()、limit()、count()、orderBy()、groupBy()等方法进行编程操作，分别统计出大数据招聘岗位、大数据岗位需求热门城市 Top5、大数据岗位需求热门行业 Top5、岗位薪资情况（如最高薪资、最低薪资、平均薪资）、不同地区的岗位薪资情况对比。

课后习题

1. 选择题

（1）Spark SQL 可以处理的数据源有（　　）。

A. Hive 表

B. 数据文件、Hive 表

C. 数据文件、Hive 表、RDD

D. 数据文件、Hive 表、RDD、外部数据库

（2）Spark SQL 不能通过以下（　　）方式对结构化数据进行查询处理。

A. DataFrame API　　B. SQL

C. RDD　　D. DataSet API

（3）以下说法正确的是（　　）。

A. DataFrame 其实就是 RDD

B. DataSet 其实就是 DataFrame

C. PySpark 目前暂时不支持 DataSet

D. 通过 RDD 创建 DataFrame 只有反射模式一种

（4）pyspark.sql 模块中的（　　）类是 Spark 3.0 使用 Spark SQL 开发应用程序的主入口。

A. pyspark.sql.SQLContext

B. pyspark.sql.SparkSession

C. pyspark.sql.DataFrame

D. pyspark.sql.SparkContext

（5）关于 DataFrame 的说法错误的是（　　）。

A. DataFrame 由 Schema RDD 发展而来

B. DataFrame 编译时会进行类型安全检查

C. 同 RDD 一样可以对 DataFrame 进行一系列转换操作

D. DataFrame 是一个分布式的 Row 对象数据集合

（6）查看 DataFrame 对象 df 前 10 条记录的命令是（　　）。

A. df.show()　　B. df.show(false)　　C. df.collect()　　D. df.show(10)

（7）DataFrame 数据处理中 distinct()方法的功能是（　　）。

A. 删除重复的行　　B. 对列进行重命名

C. 填充缺失值　　D. 以上都不对

（8）DataFrame 的 groupBy()方法返回的结果是（　　）类型。

A. DataFrame　　B. Column　　C. RDD　　D. GroupedData

2. 操作题

某健身会所提供部分会员一周运动次数统计情况表，数据文件为 member.json，其部分数据如表 3-11 所示。

表 3-11 member.json 部分数据

```
{'id' :1, 'sex':'M', 'age' :28, 'times':5}
{'id' :2, 'sex':'F', 'age' :31, 'times':6}
{'id' :3, 'sex':'M', 'age' :34, 'times':5}
{'id' :4, 'sex':'F', 'age' :25, 'times':3}
{'id' :5, 'sex':'M', 'age' :38, 'times':7}
{'id' :6, 'sex':'M', 'age' :34, 'times':1}
{'id' :7, 'sex':'M', 'age' :32, 'times':5}
{'id' :8, 'sex':'M', 'age' :29, 'times':4}
{'id' :9, 'sex':'F', 'age' :35, 'times':2}
{'id' :10, 'sex':'M', 'age' :34, 'times':5}
{'id' :14, 'sex':'F', 'age' :25, 'times':3}
{'id' :15, 'sex':'F', 'age' :19, 'times':3}
{'id' :16, 'sex':'M', 'age' :23, 'times':1}
{'id' :17, 'sex':'M', 'age' :32, 'times':7}
```

利用 member.json 文件创建 DataFrame，并使用 Spark SQL 对会员的运动数据进行探索分析，分析目标如下。

（1）统计男、女会员及会员总数。

（2）统计会员分布年龄段。

（3）统计会员每周运动最多、最少及平均次数。

（4）查询、统计男会员每周运动次数是否比女会员多。

第4章 基于PySpark的流式数据处理

Spark Streaming 是 Spark 生态圈中用于处理流计算的框架，自 Spark 2.0 后，Spark 又推出了 Structured Streaming，极大地增强了 Spark 处理大规模流式数据的能力。互联网、物联网的飞速发展，使得人与人、人与物、物与物之间的互联和互动愈加紧密。更快、更完整地获取数据，更快、更充分地挖掘出数据价值，已成为大数据时代各行各业的共识。实时流计算在流式数据处理中发挥着越来越重要的作用。

本章从 Spark Streaming 概述开始介绍基于 PySpark 的流式数据处理，包括流计算简介，Spark Streaming 基本概念、工作原理、运行机制；然后介绍 PySpark 中的 pyspark.streaming 模块，包括 pyspark.streaming 模块简介、pyspark.streaming 模块核心类及 DStream 基础操作，其中重点介绍使用基本输入源创建和输入 DStream、DStream 的转换操作和输出操作；最后介绍 Structured Streaming 结构化流式处理，包括 Structured Streaming 概述、编程模型、基础操作及编程步骤。

学习目标

（1）了解 Spark Streaming 的基本概念、工作原理和运行机制。
（2）了解 pyspark.streaming 模块主要类及核心类。
（3）掌握基于 PySpark 的 DStream 创建、转换、窗口和输出操作。
（4）了解 Structured Streaming 基本概念及编程模型。
（5）掌握 Structured Streaming 基础操作。
（6）熟悉 Structured Streaming 编程步骤。

素质目标

（1）通过学习流数据特点，培养勇往直前、时刻学习、积极向上的生活心态，像流数据一样永不停歇地前行。

（2）通过学习流计算思想，培养敏捷思考、不断进取的素养，像流计算一样更快、更强地处理事务。

（3）通过了解 Structured Streaming 数据源，培养有容乃大的宽大胸怀，做到有包容、有担当。

4.1 Spark Streaming 概述

Spark Streaming 是 Spark 用于处理流式数据的一个组件，以 DStream 为数据核心抽象，可以对不同类型的数据源进行实时处理，其中包括文件流、套接字（Socket）流、RDD 队列流等基本输入源和 Kafka、Flume、Kinesis 等高级数据源。

4.1.1 流计算简介

在大数据时代下，数据量巨大，数据样式复杂，数据来源众多，这些都对实时计算提出了新的挑战，同时也促进了流计算的飞速发展。

1. 流数据

数据从时间特性上可分为静态数据和动态数据（即流数据）。

静态数据通常是稳定的、不经常变动的，例如存储在数据库中的历史记录。这类数据通常采用批处理方式，可以在较长的时间内处理，不需要实时响应。Hadoop MapReduce 是一个典型的批处理模型，使用 HDFS 和 HBase 存储大量静态数据，并通过 MapReduce 批量计算。

相比之下，流数据是连续、快速到达的数据序列，它是动态变化的，可以看作随时间不断增长的数据集。随着物联网和 Web 应用的发展，流数据的应用场景越来越广泛。例如，电商平台需要实时分析用户的点击流来推荐商品，这要求数据处理必须实时进行，以避免信息过时。

一般而言，流数据具有如下特征。

（1）数据持续、快速地到达处理系统。

（2）数据来源多样、格式复杂。

（3）数据到达的顺序是不可预测的。

（4）更关注整体数据的价值，而非单个数据点。

（5）数据量大，但对存储的需求相对较低，因此一旦处理完毕，再次访问的成本很高。

当今，海量的数据流将人们的时间、空间越占越满，现代人生存的压力越来越大，面对生活，希望大家像数据流一样，一直前行。

2. 流计算

流计算秉承“数据的价值随着时间流逝而降低”这个基本理念，因此对于流数据，如用户点击流，一旦事件发生就需立即进行处理，而不是先缓存再进行批处理。流计算能够实时得到计算结果，通常要求响应时间为秒级甚至毫秒级，而批处理无法满足这种实时性要求。流计算与批处理在数据类型、数据范围、数据大小等方面都有所不同，流计算与批处理的比较如表 4-1 所示。

表 4-1 流计算与批处理的比较

对比项	数据类型	数据范围	数据大小	时间要求	结果分析
流计算	在线实时数据	对滚动时间窗口内的数据或仅对最近的数据记录进行查询或处理	单条记录或包含几条记录的微批量数据	非常快，秒级或毫秒级延迟	简单的响应函数、聚合和滚动指标
批处理	离线静态数据	对数据集中的所有或大部分数据进行查询或处理	大批量数据	分钟至小时级延迟	复杂的分析

及时处理流数据需要低延迟、可扩展、高可靠的处理引擎。一个流计算系统应达到以下要求。

（1）高性能。能够处理大量数据，如每秒处理几十万条数据。

（2）海量式。支持 TB 级甚至 PB 级的数据规模。

（3）实时性。保证较低的延迟时间，达到秒级甚至毫秒级。

（4）分布式。支持大数据的基本架构，必须能够平滑扩展。

（5）易用性。能够快速地进行开发和部署。

（6）可靠性。能可靠地处理流数据。

流计算思想正如人们追求的目标一样：更快、更高、更强，在加快建设制造强国、质量强国、航天强国、交通强国、网络强国、数字中国的道路上永不停息。

3. 主流的流式计算框架对比

目前市面上主流的流式计算框架有 Storm、Flink 和 Spark，它们都是开源的分布式系统，具有低延迟、可扩展和容错性高等诸多优点。这些框架在运行数据流相关代码时，将任务分配到一系列具有容错能力的计算机上并行运行，并提供简单的 API 来简化底层实现的复杂程度。

Storm 是一个免费、开源的分布式实时计算系统，能够方便、高效、可靠地处理大量的流数据。Storm 相对 Flink 和 Spark 而言延迟最低，一般为几毫秒到几十毫秒，但数据吞吐量较低、建设成本高。

Flink 是由 Apache 软件基金会开发的开源流处理框架，Flink 将所有的任务当作“流”进行处理，将批数据视为流数据的一种特例。将计算任务作为流处理看待时，输入数据流是无界的；将计算任务作为批处理看待时，输入数据流被定义为有界的。Flink 延迟较低，一般为几十到几百毫秒，数据吞吐量非常高，且能够保证消息传输不丢失、不重复，建设成本低。目前 Flink 在流计算方面拥有一定的优势，国内互联网厂商主要使用 Flink 作为流计算工具。

Spark 通过 Spark Streaming 或 Structured Streaming 支持流计算。Spark 流计算的本质仍然是批处理，属于微批处理，即将流数据按照时间分割成一个个小批次进行处理。Spark

Streaming 延迟一般在 1 秒左右，但 Structured Streaming 开始支持持续处理流计算模式，在数据到达时立即进行计算，将延迟降低到毫秒级，不过目前尚处于测试阶段。Spark 吞吐量与 Flink 相当，Spark 的主要优势是有强大的批处理功能和图计算功能，便于企业统一部署大数据生态环境。同时 Spark 拥有比 Flink 更为活跃的社区，Spark 流计算功能一直在不断地完善和发展。

4.1.2　Spark Streaming 基本概念

Spark Streaming 是 Spark Core API 的扩展，可以实现高吞吐量、具备容错机制的实时流式数据的处理。

Spark Streaming 从文件流、Socket 流、RDD 队列流等基本输入源或从 Kafka、Flume、Kinesis、HDFS/S3 等高级数据源获取数据，然后使用如 map()、reduce()、join()和 windows()等高级操作算子对数据进行处理，并将处理结果推送到 HDFS、数据库或仪表盘中。Spark Streaming 实时数据流的处理如图 4-1 所示。

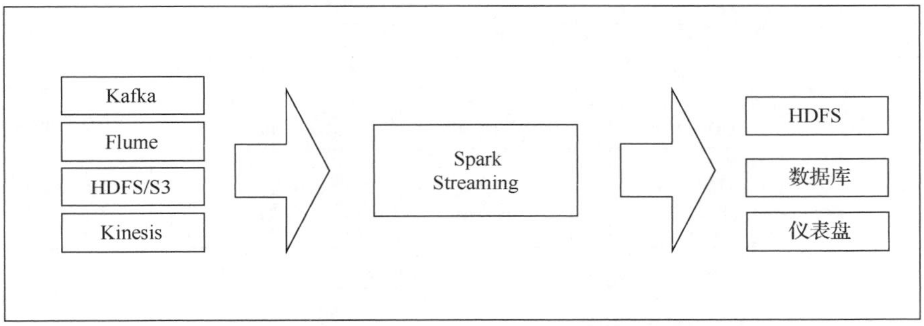

图 4-1　Spark Streaming 实时数据流的处理

Spark Streaming 易构建可伸缩的、容错的流应用程序，其主要优点如下。

（1）使用简单。Spark Streaming 支持 Java、Scala 和 Python 语言，并提供丰富的高级操作算子，使得编写流式作业程序就像编写批处理作业程序一样简单。

（2）能与 Spark Core、Spark SQL 完美融合。Spark Streaming 建立在 Spark Core 之上，可以在 Spark Streaming 中使用与 RDD 相同的代码进行批处理，构建强大的交互应用程序，而不仅仅适用于数据分析。

4.1.3　Spark Streaming 工作原理

Spark Streaming 接收实时输入的数据流，并将数据流以时间片（秒级）为单位拆分成多个批次数据，例如，每接收 1 秒的数据并将其封装为一个批次数据，然后将每个批次数据交给 Spark 引擎（Spark Engine）以类似批处理的方式进行处理，最终产生一个结果数据流，该结果数据流也是由一个一个批次数据组成。Spark Streaming 工作原理如图 4-2 所示。

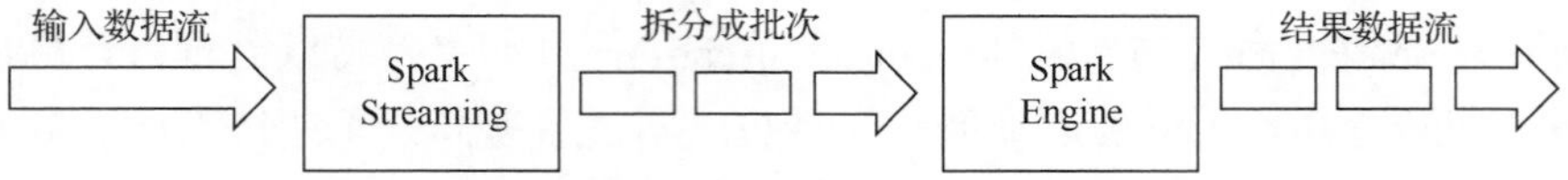

图 4-2 Spark Streaming 工作原理

Spark Streaming 为连续不断的数据流提供了一种高级抽象，称为离散化数据流（Discretized Stream，DStream）。DStream 示意图如图 4-3 所示。在内部，DStream 按照时间片拆分成的每一个批次实际上是一个 RDD，一个 DStream 由多个 RDD 组成，相当于一个 RDD 序列，结果数据流也是一个个 RDD，如图 4-3 上半部分所示。DStream 中的每个 RDD 都包含来自特定时间片的数据，如图 4-3 下半部分所示。

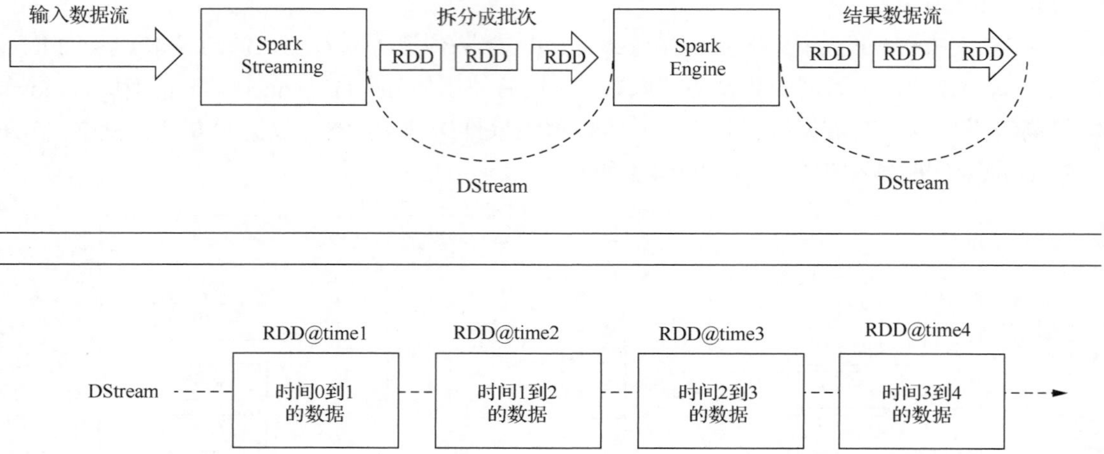

图 4-3 DStream 示意图

4.1.4 Spark Streaming 运行机制

Spark Streaming 运行架构部署在 Spark Core 之上，包括 Cluster Manger（集群管理器）、运行作业任务的 Worker Node（工作节点）、每个 Worker Node 上负责具体执行任务的 Executor（执行进程）和每个应用任务的 Driver（控制节点）。不同的是在 Spark Streaming 中，处理的任务是流计算，任务从获取输入数据流开始。

Receiver（接收器）作为一个长时间运行的 Task（任务），被部署在 Spark 集群的某个 Worker Node 的 Executor 上。这些 Executor 还包含 Cache（缓存），用于存储数据处理过程中产生的中间结果。每个 Receiver 独立管理一个输入 DStream 的数据接收工作。一旦 Receiver 收集到数据，这些数据就会被送入 Spark Streaming 应用程序进行处理。处理后的结果可以用于可视化展示，或存储到 HDFS、HBase 等系统中。Spark Streaming 的工作流程如图 4-4 所示，其中关于 Driver 和 Cluster Manager 的详细介绍请参考第 1 章。

Input DStream（输入数据流）是从数据源接收到的连续数据流。本书使用输入 DStream 代表输入数据流。除了文件数据流之外，每个输入 DStream 通常与一个（Receiver）对象相关联，该 Receiver 对象负责接收输入 DStream 的数据并将其保存在 Spark 的内存中以供后续处理。若在实时计算应用中需并行接收多条数据流，可以创建多个输入 DStream，同时创建多个 Receiver 对象与之匹配。

Receiver 对象作为一个长期运行的 Task 部署在 Spark 集群的 Worker Node 中的一个 Executor 上运行，该 Executor 同时包含 Cache 用于缓存数据运算的中间结果。每个 Receiver 对象负责一个输入 DStream。Receiver 对象接收到输入 DStream 的数据后，会提交给 Spark Streaming 程序进行处理。处理后的结果，可以进行可视化展示，或写入 HDFS、HBase 中，Spark Streaming 运行机制如图 4-4 所示，其中 Driver 和 Cluster Manager 部分介绍详见第 1 章。

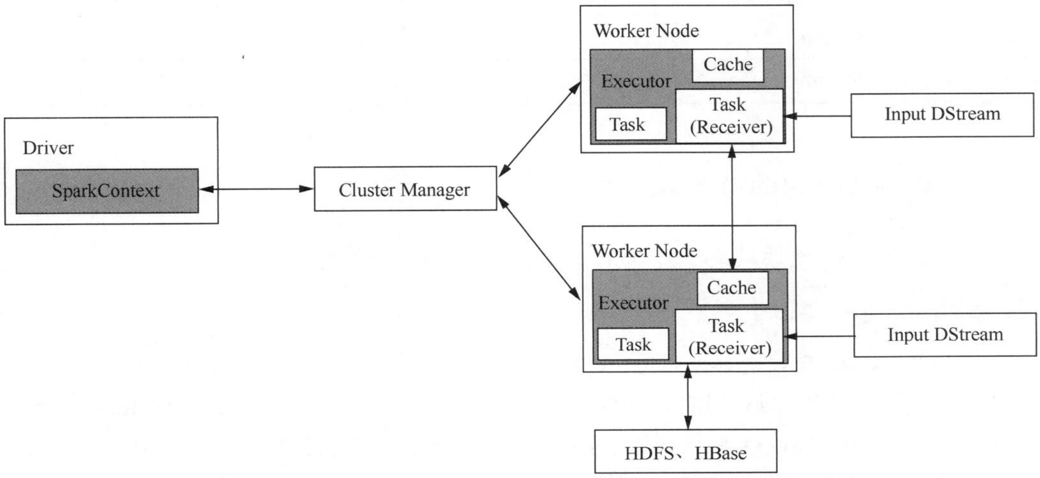

图 4-4　Spark Streaming 运行机制

需注意的是，一个 Spark Streaming 应用程序的 Executor 是一个长时间运行的任务，它会占用一个 CPU 内核，因此需要预留足够的 CPU 内核来处理接收到的数据并运行 Receiver。

若使用本地模式运行 Spark Streaming 应用程序，由于本地模式通过线程进行模拟，因此需要保证线程数大于 Receiver 数。例如使用本地模式 local[n]，其中的参数 n 不能为 1，要求≥2，即至少要有两条线程，一条线程用来分配给 Receiver 接收数据，另一条线程用来处理接收到的数据。若使用集群模式，要保证应用程序被分配到的 CPU 内核数大于 Receiver 数，避免出现只能接收数据而无法处理数据的情况。

4.2　pyspark.streaming 模块

pyspark.streaming 是 PySpark 中专门用于进行流计算的模块，它为 Python 开发者提供了与 Spark Streaming 交互的 API 接口。在 Python 环境中可以通过调用 pyspark.streaming 模块中功能不同的 API 对 Spark 进行操作，完成流式数据的计算、分析与处理。

4.2.1　pyspark.streaming 模块简介

pyspark.streaming 模块包含三个类，分别是 StreamingContext 类、DStream 类、

StreamingListener 类。为了对接 Kafka、Kinesis 和 Flume 这些目前主流且与 Apache Hadoop 平台联系较为紧密的流数据模块，pyspark.streaming 还提供了 pyspark.streaming.kafka 模块、pyspark.streaming.kinesis 模块和 pyspark.streaming.flume 模块。pyspark.streaming 模块的三个类简要说明如表 4-2 所示。

表 4-2　pyspark.streaming 模块的三个类简要说明

类名	功能说明
pyspark.streaming.StreamingContext	Spark Streaming 程序的主要入口
pyspark.streaming.DStream	DStream 类内包含处理 DStream 的操作方法
pyspark.streaming.StreamingListener	对流处理时间进行监听，设置对应的时间处理函数

4.2.2　pyspark.streaming 模块核心类

pyspark.streaming 模块核心类主要有 StreamingContext 和 DStream。

1. StreamingContext

StreamingContext 类是 pyspark.streaming 模块中的一个类。StreamingContext 类表示一个 Spark Streaming 应用程序的入口点，并提供了与数据流相关的功能。Spark Streaming 编程从实例化一个 StreamingContext 对象开始。StreamingContext 类不仅提供一系列 API，如创建文件输入流、创建网络套接字输入流、创建 RDD 队列输入流、启动流开始、等待流停止、控制流结束、事件监听、容错机制等，还负责与 Spark 集群进行连接，在现有 SparkContext 的基础上构建数据流环境。StreamingContext 类的常见 API 及功能说明如表 4-3 所示。

表 4-3　StreamingContext 类的常见 API 及功能说明

方法	功能说明
StreamingContext(sparkContext,batchDuration=None, jssc=None)	一个 Spark Streaming 应用程序的入口点，表示与 Spark 集群的连接，可用于创建 DStream 各种输入源。
addStreamingListener(streamingListener)	添加一个流处理事件监听器
awaitTermination(timeout=None)	等待停止执行，参数 timeout 为超时设置
checkpoint(directory)	Spark Streaming 程序需要 24 小时不间断运作，因而要求系统有容错机制，丢失任何数据都应该快速恢复。使用 checkpoint 可完成此操作，参数 directory 是与 HDFS 兼容的目录，检查点数据将存储在其中
queueStream(rdds,oneAtATime=True,default=None)	从 RDD 或列表队列创建输入流，参数 rdds 为 RDD 队列，oneAtATime 为每次选择一个 RDD 或选择所有 RDD；default 如果没有更多的 RDDs，则为默认 RDD
socketTextStream(hostname,port, storageLevel=(True,True,False,False,2))	从 TCP 源 hostname:port 创建输入流。使用 TCP socket 接收数据，并将接收字节解释为 UTF-8 编码的以/n 分隔的行

续表

方法	功能说明
start()	开始执行数据流
stop(stopSparkContext=True,stopGraceFully=False)	停止执行流，并选择确保已处理所有接收到的数据。其中 stopSparkContext 表示是否停止关联的 sparkContext，stopGraceFully 表示优雅地停止，即等待所有接收数据都处理完成再停止
textFileStream(directory)	创建一个输入流，用于监视与 Hadoop 兼容的文件系统中的新文件，并将其作为文本文件读取。必须将文件从同一文件系统中的其他位置“移动”到受监视的目录中

在开发 Spark Streaming 应用程序时，首先需导入相应类包，创建一个 StreamingContext 对象构建数据流环境，如代码 4-1 所示。

代码 4-1　创建 StreamingContext 对象

```
In[1]:   from pyspark import SparkContext, SparkConf
         from pyspark.streaming import StreamingContext

         conf = SparkConf()
         conf.setAppName('TestDstream')
         conf.setMaster('local[2]')
         sc = SparkContext(conf=conf)
         ssc = StreamingContext(sc, 1)
```

代码 4-1 说明如下。

（1）在 Spark Core 编程中需要创建一个 SparkContext 对象，在 Spark SQL 编程中需要创建一个 SparkSession 对象。同理，若要运行一个 Spark Streaming 程序，首先要创建一个 StreamingContext 对象。

（2）创建一个 StreamingContext 对象之前需要先创建一个 SparkContext 对象，SparkContext 对象可以理解为申请 Spark 集群的计算资源，StreamingContext 对象可以理解为申请 Spark Streaming 的计算资源。

（3）使用 SparkConf 的 setMaster()方法可以配置 Spark 的运行模式，若选定本地单机运行模式 local[]，根据 Spark Streaming 运行机制，local[]中参数至少为 2，即至少有 2 个线程，本次为 local[2]。

（4）语句“ssc = StreamingContext(sc, 1)”中，参数 sc 表示 SparkContext 对象，参数 1 表示对数据流按 1 秒间隔进行切分，每 1 秒数据切分成一个 RDD。如使用 10，表示每 10 秒数据切分成一个 RDD。由于 Spark Streaming 无法实现毫秒级的分段，因此 1 秒是最小切分。

2. DStream

DStream 类是 pyspark.streaming 模块中的一个核心类，在 DStream 类中提供一系列方法,用于对 DStream 进行各种操作。一个 DStream 可以由实时数据创建,或通过上游 DStream 转换得到。现有的 DStream 可以通过诸如 map()、window()、reduceByKeyAndWindow()等操作，转换为一个新的 DStream。根据 Spark Streaming 工作原理，每个 DStream 实际上是一组 RDD。对 DStream 的操作可以转化为对相应 RDD 的操作。在 pyspark.streaming.DStream 类中提供一系列操作，如 filter()、join()、reduce()等，这些方法与 Spark Core 中针对 RDD 操作的各种算子有很大的相似性，将在 4.2.3 小节 DStream 基础操作中讲述。

4.2.3 DStream 基础操作

Spark Streaming 编程的核心是对 DStream 进行一系列操作，一般步骤如下。

（1）创建 StreamingContext 对象，构建 Spark StreamingContext 环境。

（2）使用输入源创建输入 DStream。

（3）根据业务逻辑对 DStream 应用转换操作和输出操作进行流计算，以实现用户处理目标。

（4）启动 Spark Streaming。调用 StreamingContext 对象的 start()方法启动 Spark Streaming，开始接收数据和处理数据。

（5）结束 Spark Streaming。调用 StreamingContext 对象的 awaitTermination()方法等待流计算进程结束，或调用 StreamingContext 对象的 stop()方法手动结束流计算进程。

其中步骤（2）与（3）属于 DStream 基础操作，也是 Spark Streaming 编程主要任务。现以国内某技术博客网站更新热门博文为例进行介绍。

技术博客网站是技术人员在网上学习专业技术的重要场所之一，技术人员通过注册成为技术博客网站会员，将自己所学的知识记录在博客上分享给其他人学习或在网站上查看他人分享的知识。随着推荐技术的发展，现在的技术博客网站开始设置个性化的推荐板块，以此吸引用户浏览。例如，技术博客网站 A 有推荐博客、最热下载、行业热点等推荐板块。技术博客网站 B 设置了热门博文板块，系统每小时对博文网页进行快速统计，统计出热度最高的 10 个热门博文网页。

1. 输入源

在 PySpark 中，使用 pyspark.StreamingContext 类自身提供的方法直接创建输入 DStream，这样的输入源即基本输入源。基本输入源包括文件流、网络 Socket 流及 RDD 队列流等。高级数据源不能利用 pyspark.StreamingContext 类中方法直接创建输入 DStream，需引入 Python 第三方库，如 Kafka、Flume、Kinesis 等。Spark Streaming 几乎支持所有常见的数据源，具有很好的包容性。这也给大家带来了启示，为人需要多包容、多担当。

（1）基本输入源之文件流

在文件流的应用场景中，通过编写 Spark Streaming 应用程序，可以对文件系统中的某个目录一直进行监控。一旦发现有新的文件生成，Spark Streaming 将自动读取和处理新的文件。

在 PySpark 中，将使用 textFileStream()方法创建文件流输入源。例如，在网页热度计算中，创建一个 StreamingContext 对象赋值给变量 ssc 后，使用 textFileStream()方法创建一个文件流输入源对象，传递给 pagesDStream，监控本地目录“D:\streaming”，一旦“D:\streaming”有新的文本文件产生，Spark Streaming 立即读取并处理新产生的文本文件内容，创建文件流输入源如代码 4-2 所示。

代码 4-2 创建文件流输入源

```
In[2]:    pages = ssc.textFileStream('file:///D:/streaming')
```

需要注意的是，不同文件系统的书写格式是不同的，HDFS 是“HDFS://path”，本地文件系统则是“file:///path”。文件必须具有相同的格式，创建的文件必须在参数指定的目录下。另外，文件流不需要运行 Receiver，不需要为接收文件数据分配 CPU 内核。

（2）基本输入源之网络 Socket 流

在 PySpark 中，将使用 socketTextStream(hostname, port)方法创建 Socket 流输入源，其中参数 hostname 代表主机 IP 地址，参数 port 代表主机端口号。

例如，创建一个 StreamingContext 对象赋值变量 ssc 后，使用 socketTextStream()方法创建一个 Socket 流输入源，传递给 linesDStream，作为 TCP 客户端，源源不断接收来自本机、端口号为 9999 的服务器数据并交给用户自定义的 Spark Streaming 应用程序，创建 Socket 流输入源如代码 4-3 所示。

代码 4-3 创建 Socket 流输入源

```
In[3]:    lines = ssc.socketTextStream('localhost', 9999)
```

需注意的是，若使用 Socket 流输入源，还需要启动一个 TCP 服务器端。可以使用 NetCat 程序启动一个 Socket 服务器端，让服务器端接收客户端的请求，并向客户端不断地发送数据流。Windows 操作系统可从网上下载、安装 NetCat 并在 cmd 命令提示符窗口使用 Netcat。也可以使用 Python 编写模拟 Socket 流输入源程序。

以单词统计为例，说明 Socket 流输入源的使用方法。编写一个 Python 程序模拟 Socket 流从键盘源源不断输入英文语句。在 Python IDLE 编辑器中编写一个名为 sockettest.py 的模拟 Socket 流的程序，如代码 4-4 所示。

代码 4-4 名为 sockettest.py 的模拟 Socket 流的程序

```
import pyspark
import socket
import sys
```

```
server = socket.socket()
server.bind(('localhost', 9999))
server.listen(1)
while 1:
    print('waiting the connect...')
    conn, addr = server.accept()
    print('Connect success!Connection is from %s' % addr[0])
    print('Sending data...')
    englishline = input()
    conn.send(englishline.encode())
    conn.close()
    print('Connection is broken.')
    print('Connection is broken.')
```

代码 4-4 的功能是创建一个 Socket 服务器端，作为 Spark Streaming 程序 Socket 流输入源。导入 socket 和 sys 库，使用“server=socket.socket()”和“server.bind(('localhost', 9999))”语句在服务器端创建一个监听本机 9999 号端口的 ServerSocket 对象，负责接收客户端的连接请求。“conn, addr = server.accept()”语句被执行后，Listener（监听器）会进入阻塞状态，等待客户端的连接请求。一旦 Listener 监听到 9999 号端口有来自客户端的请求，则执行后续代码，建立与客户端的连接，并发送数据给客户端，最后关闭连接。

（3）基本输入源之 RDD 队列流

在测试 Spark Streaming 应用程序时，通常直接使用 RDD 队列作为输入源，因此 RDD 队列流的主要应用场景是调试 Spark Streaming 应用程序。

在 PySpark 中，使用 StreamingContext.queueStream(rdds)方法，从 RDD 或 Python 的列表中创建输入源，其中参数 rdds 是一个 RDD 队列。整个 RDD 队列将被视为数据流，每一个推送到这个队列中的 RDD，都将作为一个 DStream 被加工处理。

（4）高级数据源

在生产环境中，Spark Streaming 通常从高级数据源（如 Kafka）接收来自上游的数据，然后处理并输出结果。

Kafka 是一种高吞吐量的分布式发布订阅消息系统，通过使用 Kafka 自带的“消费者”程序 kafka-console-producer.sh 生产数据，Spark Streaming 作为消费者接收并处理数据，从而实现流计算过程。

需要注意的是，Spark Streaming 本身没有提供创建高级数据源的 API，因此在使用时需要引入第三方依赖库。为了让 Spark Streaming 与 Kafka 顺利连接，需要根据所使用的 Spark 版本号确定与之对应的 Kafka 版本号。同时，Kafka 的版本号也需要与已安装好的 Scala 版本号一致。此外，还需要搭配对应版本的 spark-streaming-kafka-assembly 的 JAR 包。

2. DStream 转换操作

在流计算应用场景中，Spark Streaming 24 小时不停地运行，数据源源不断地到达输入源。Spark Streaming 从输入 DStream 开始，将连续的数据流切分成一个个批次，然后对每个批次内的 DStream 数据进行处理，实质是对 DStream 执行各种转换操作。根据是否需要记录 DStream 历史状态信息，DStream 转换操作分为 DStream 无状态转换操作和 DStream 有状态转换操作两种。

（1）DStream 无状态转换操作

DStream 进行转换操作时，若数据对象仅为一个批次内的数据，则称为 DStream 无状态转换。DStream 无状态转换每次只计算当前时间批次的内容，处理结果不依赖之前批次的历史数据。常用的 DStream 无状态转换操作算子包括 map()、flatMap()、filter()、repartition()、transform()、reduceByKey()等，如表 4-4 所示。

表 4-4 常用的 DStream 无状态转换操作算子

操作算子	功能说明
map(func)	map 含义同 map(RDD)，对当前 DStream 的每个元素，采用 func 函数进行转换，得到一个新的 DStream
flatMap(func)	flatMap 含义同 flatMap(RDD)，对当前 DStream 的每个元素，采用 func 函数进行转换，得到一个新的 DStream。每个输入项可用并被映射为 0 个或多个输出项
filter(func)	过滤操作，返回满足 func 函数的新 DStream
repartition(numPartitions)	重建分区个数，改变 DStream 的并行程度
union(otherStream)	合并当前 DStream 和其他 DStream 的元素，返回一个新的 DStream
count()	统计当前 DStream 中每个 RDD 的元素数量
reduce(func)	利用 func 函数聚集当前 DStream 中每个 RDD 的元素，返回一个包含单元素 RDD 的新 DStream
countByValue()	应用于元素类型为键值对的 DStream 上，返回一个键值对类型的新 DStream，每个键的值是当前 DStream 的每个 RDD 中的出现次数
reduceByKey(func, [numTasks])	当在一个由键值对组成的 DStream 上执行该操作时，返回一个新的由键值对组成的 DStream，每一个键的值均由给定的 reduce 函数（func）聚集起来
join(otherStream, [numTasks])	应用于两个 DStream：一个包含键值对(K,V)，一个包含键值对(K,W)，返回一个包含键值对(K,(V,W))的新 DStream
cogroup(otherStream, [numTasks])	应用于两个 DStream：一个包含键值对(K,V)，一个包含键值对(K,W)，返回一个包含(K,Seq[V],Seq[W])的元组
transform(func)	将当前的 DStream 的每个 RDD 转换为新的 RDD，返回一个新的 DStream。该函数比较灵活，可用于实现 DStream API 中没有提供的操作

DStream 各种无状态转换操作算子表面看起来作用在流上，但由于每个 DStream 内部由多个 RDD 组成，实际上，DStream 无状态转换操作分别应用在 DStream 内部的各个 RDD 中。例如，reduceByKey()操作算子会归约 DStream 每个批次中的数据，但不会归约 DStream 不同批次的数据。

在 Jupyter Notebook （Anaconda3）环境中编写 Spark Streaming 程序作为 Socket 客户端，对接收到的英文语句进行处理，单词统计程序如代码 4-5 所示。

代码 4-5 单词统计程序

```
In[4]:
from pyspark.streaming import StreamingContext
from pyspark import SparkContext
from pyspark import SparkConf

conf = SparkConf().setAppName('wordCount').setMaster('local[*]')
sc = SparkContext.getOrCreate(conf)
ssc = StreamingContext(sc, 10)
```

```
In[5]:
# 创建一个 Socket 流输入源，使用本机的 9999 号端口与服务器端建立通信
Sclines = ssc.socketTextStream('localhost', 9999)
# 实现对源源不断到达的英文语句进行词频统计
Sccounts = Sclines.flatMap(lambda line: line.split(' ')) \
    .map(lambda word: (word, 1)) \
    .reduceByKey(lambda a, b: a + b)
# 输出计算结果
Sccounts.pprint()
```

```
In[6]:
ssc.start()
```

```
Out[6]:
-------------------------------------------
Time: 2021-11-27 19:09:20
-------------------------------------------

-------------------------------------------
Time: 2021-11-27 19:09:30
-------------------------------------------
('is', 2)
('matter', 2)
('of', 2)
('cheeks', 1)
('it', 2)
('not', 1)
('a', 2)
('rosy', 1)
('the', 1)
('will', 1)
```

```
-------------------------------------------
Time: 2021-11-27 19:09:40
-------------------------------------------
```

程序运行可以分为如下 4 步。

第 1 步，在 Python IDLE 中运行 sockettest.py 程序，启动 Socket 服务器端，监听本机 9999 号端口，开始等待状态。

第 2 步，在 Jupyter Notebook （Anaconda3）环境中启动流计算。一旦在 Jupyter 中开始输出当前日期与时间，则表示流计算已正常启动，将当前工作窗口切换到 Python IDLE。

第 3 步，sockettest.py 程序已经监听到 9999 号端口有来自客户端的请求，启动服务器端程序等待用户输入，如图 4-5 所示。

```
waiting the connnect...
Connect success!Connection is from 127.0.0.1
Sending data...
```

图 4-5　启动服务器端程序等待用户输入

此时可用键盘输入英文语句，或从一篇英语文章中复制一段，按下“Enter”键结束一次输入。可以不停地输入，作为 Socket 流输入源，直至按下键盘“Ctrl+C”组合键终止。输入实例如图 4-6 所示。

```
waiting the connnect...
Connect success!Connection is from 127.0.0.1
Sending data...
Youth is not a time of life; it is a state of mind
Connection is broken.
waiting the connnect...
Connect success!Connection is from 127.0.0.1
Sending data...
it is not a matter of rosy cheeks it is a matter of the will
Connection is broken.
waiting the connnect...
Connect success!Connection is from 127.0.0.1
Sending data...
```

图 4-6　输入实例

第 4 步，切换到 Jupyter Notebook，观察程序的运行情况。Spark Streaming 程序每 10 秒处理一次。可以来回在 Python IDLE 和 Jupyter Notebook 中进行切换，一边输入一边观察程序的运行情况。

现以计算网页热度为例对 DStream 无状态转换操作算子的使用进行说明。有一技术博客网站采用式（4-1）计算网页热度。其中，u 代表用户等级，x 代表用户从进入网站到离开网站这段时间内对该网页的访问次数，y 代表停留时间，z 表示是否点赞。

$$f(u,x,y,z)=0.1u+0.9x+0.4y+z \qquad (4\text{-}1)$$

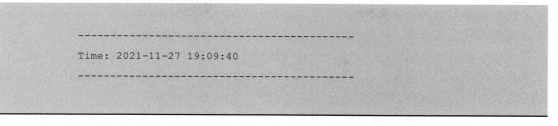

使用实例模拟实际情况，为了在演示过程中更接近真实环境，首先定义输入源模拟器。本例模拟文件流输入源，利用 Python 编写名为 simulator.py 的程序，动态生成一堆文本文件用于模拟网站产生的日志。simulator.py 程序的功能是从本机 D 盘 test.log 文件（预先已采集好的用户对某个网页的行为数据文件）中，每隔 5 秒随机挑选 100 行数据生成一个新的日志文件，并存放在 D 盘的 streaming 目录下。

模拟网站日志生成，如代码 4-6 所示。

代码 4-6　模拟网站日志生成

```
import random
import time
from time import strftime, localtime


def get_now_time():
    return strftime('%Y-%m-%d %H:%M:%S', localtime())


# 输出日志函数
def log(date, message):
    print(date + '----' + message)


# main()函数，用于测试代码
if _ _name_ _ == '_ _main_ _':
    # 使用 while 循环一直产生文件作为输入源，每产生一次就停顿 5 秒并输出日志
    file = open('D:\\test.log')
    lines = list(file)
    file.close()
    is_runing = True
    i = 1
    while is_runing:
        fid = str(i) if i > 9 else '0' + str(i)
        fo = open('D:\\streaming\\streamingdata ' + fid + '.txt', 'w')
        for line in range(99):
            fo.write(lines[random.randint(1, len(lines))])
        fo.close()
        log(get_now_time(), 'streamingdata' + fid + '.txt generated')
        i = i + 1
        time.sleep(5)
```

simulator.py 程序在 Python IDLE 中运行，作为 Spark Streaming 文件流输入源，会源源不断产生文本文件，模拟器程序部分运行情况如图 4-7 所示。

```
2021-11-13 22:59:51----streamingdata03.txt generated
2021-11-13 22:59:56----streamingdata04.txt generated
2021-11-13 23:00:02----streamingdata05.txt generated
2021-11-13 23:00:07----streamingdata06.txt generated
2021-11-13 23:00:12----streamingdata07.txt generated
2021-11-13 23:00:17----streamingdata08.txt generated
2021-11-13 23:00:22----streamingdata09.txt generated
2021-11-13 23:00:27----streamingdata10.txt generated
2021-11-13 23:00:32----streamingdata11.txt generated
2021-11-13 23:00:37----streamingdata12.txt generated
2021-11-13 23:00:42----streamingdata13.txt generated
2021-11-13 23:00:47----streamingdata14.txt generated
2021-11-13 23:00:52----streamingdata15.txt generated
2021-11-13 23:00:57----streamingdata16.txt generated
```

图 4-7　模拟器程序部分运行情况

模拟器程序部分运行结果，如图 4-8 所示。

streamingdata 02.txt	2021/11/13 22:59	文本文档	2 KB
streamingdata 03.txt	2021/11/13 22:59	文本文档	2 KB
streamingdata 04.txt	2021/11/13 22:59	文本文档	2 KB
streamingdata 05.txt	2021/11/13 23:00	文本文档	2 KB
streamingdata 06.txt	2021/11/13 23:00	文本文档	2 KB
streamingdata 07.txt	2021/11/13 23:00	文本文档	2 KB
streamingdata 08.txt	2021/11/13 23:00	文本文档	2 KB
streamingdata 09.txt	2021/11/13 23:00	文本文档	2 KB
streamingdata 10.txt	2021/11/13 23:00	文本文档	2 KB
streamingdata 11.txt	2021/11/13 23:00	文本文档	2 KB
streamingdata 12.txt	2021/11/13 23:00	文本文档	2 KB

图 4-8　模拟器程序部分运行结果

PySpark 中编写 DStream 的一个批次的网页热度计算程序，遵循 Spark Streaming 编程一般步骤，具体编写过程如下。

① 创建 StreamingContext 对象，构建 Spark Streaming Context 环境，如代码 4-7 所示。需注意的是为了提高 Spark Streaming 程序性能，每个批次的间隔选取需依据具体业务逻辑，本例使用“ssc = StreamingContext(sc, 10)”语句创建变量 ssc，设定 DStream 批次间隔为 10 秒。

代码 4-7　构建 Spark Streaming Context 环境

```
In[7]:  from pyspark import SparkContext,SparkConf
        from pyspark.streaming import StreamingContext

        conf=SparkConf()
        conf.setAppName('pagehot')
        conf.setMaster('local[2]')
        sc=SparkContext(conf=conf)
        ssc=StreamingContext(sc,10)
```

② 创建输入 DStream。本例利用 textFileStream('file:///D:/streaming')创建文件流输入源并传递给 pagesDStream（如代码 4-8 所示），监控目录 D:\streaming 下的数据，一旦在 D:\streaming 中产生新文件，网页热度计算程序就会立马捕捉新文件并将其作为 DStream 读取。

代码 4-8　创建文件流输入源传递给 pagesDStream 中

```
In[8]:  pages = ssc.textFileStream('file:///D:/streaming')
```

③ 根据业务逻辑对 DStream 应用转换操作和输出操作进行流计算。本例首先使用 map()操作算子调用自定义函数 calculate_hot()对 pages DStream 进行转换。pages DStream 内容为形如“041.html,7,5,0.9,-1”的记录数据，代表某个网页用户的浏览行为。calculate_hot()函数对 pages DStream 每一行数据用“,”分隔符进行分割，生成一个列表。列表的第 0 个元素为网页号，第 1 到第 4 个元素依次为“用户等级”“访问次数”“停留时间”“是否点赞”等具体值，代入式（4-1）计算，得到某个网页的热度值，保留两位小数。pages DStream 经过 map()无状态转换操作后生成 pagehot DStream，pagehot 数据类型为键值对，其中键为网页号，值为网页热度值。接着对 pagehot DStream 进行 reduceByKey()操作得到 pagehot_count DStream，统计在一个批次（本例为 10 秒，由 StreamingContext(sc, 10)设置）内某个网页的热度，最后使用 pagehot_count.pprint()方法对 pagehot_count DStream 进行输出操作，结果输出到控制台。具体计算过程如代码 4-9 所示。

代码 4-9　具体计算过程

```
In[9]:  def calculate_hot(line):
            words = line.split(',')
            hot = 0.1 * int(words[1]) + 0.9 * int(words[2]) + 0.4 * float(words[3])
        + int(words[4])
            return words[0], float(str(hot).split('.')[0] + '.' + str(hot).
        split('.')[1][:2])


        pagehot = pages.map(lambda line: calculate_hot(line))
        pagehot_count = pagehot.reduceByKey(lambda v1, v2: round(v1 + v2, 2))
        pagehot_count.pprint()
```

④ 使用 StreamingContext 对象的 start()方法启动流计算。

⑤ 使用 StreamingContext 对象的 awaitTermination()方法等待流计算进程结束，或调用 StreamingContext 对象的 stop()方法手动结束流计算进程。

综合代码 4-7～代码 4-9，一个批次的网页热度计算完整程序如代码 4-10 所示。

代码 4-10　一个批次的网页热度计算完整程序

```
In[10]:  from pyspark import SparkContext, SparkConf
         from pyspark.streaming import StreamingContext

         conf = SparkConf()
         conf.setAppName('pagehot')
         conf.setMaster('local[2]')
         sc = SparkContext(conf=conf)
         ssc = StreamingContext(sc, 10)
```

```
In[11]:  pages = ssc.textFileStream('file:///D:/streaming')
```

```
In[12]:  def calculate_hot(line):
             words = line.split(',')
             hot = 0.1 * int(words[1]) + 0.9 * int(words[2]) + 0.4 * float(words[3])
         + int(words[4])
             return words[0], float(str(hot).split('.')[0] + '.' + str(hot).
         split('.')[1][:2])


         pagehot = pages.map(lambda line: calculate_hot(line))
         pagehot_count = pagehot.reduceByKey(lambda v1, v2: round(v1 + v2, 2))
         pagehot_count.pprint()

         ssc.start()
         ssc.awaitTermination()
```

```
Out[12]: Time: 2021-11-13 22:59:40
         -------------------------------------------

         -------------------------------------------
         Time: 2021-11-13 22:59:50
         -------------------------------------------
         ('017.html', 12.24)
         ('074.html', 25.03)
         ('045.html', 12.58)
         ('076.html', 3.24)
         ('069.html', 19.14)
         ('081.html', 10.4)
```

```
('086.html', 16.14)
('066.html', 20.74)
('039.html', 3.46)
('055.html', 18.64)
...

-------------------------------------------
Time: 2021-11-13 23:00:00
-------------------------------------------
('011.html', 13.56)
('069.html', 4.22)
('086.html', 14.0)
('081.html', 17.3)
('088.html', 11.36)
('067.html', 7.1)
('044.html', 18.92)
('029.html', 18.06)
('017.html', 6.78)
('061.html', 23.54)
...
```

在 Jupyter Notebook（Anaconda3）环境中启动流计算，运行网页热度计算程序，一旦在 Jupyter Notebook 中开始输出当前日期与时间，意味着流计算已正常启动，切换到 Python IDLE。

在 Python IDLE 中运行 simulator.py 模拟器程序，模拟器每隔 5 秒生成一个文本文件作为 Spark Streaming 文件流输入源，Spark Streaming 进行实时运算处理。

（2）DStream 有状态转换操作

DStream 有状态转换操作包括滑动窗口转换操作和 updateStateByKey()操作，属于跨批次操作，需要记录 DStream 每个批次的历史数据状态信息。

① 滑动窗口转换操作

通常情况下，Spark Streaming 对 DStream 的处理是以批次为单位进行的，只对一个批次 RDD 进行计算。在创建 StreamingContext 对象时设置了批次的时间间隔，如代码 4-10 通过语句 StreamingContext(sc, 10)设置批次的时间间隔为 10 秒。

为了一次能处理多个批次的 RDD，Spark Streaming 提供了 DStream 的滑动窗口转换操作，可以一并处理 DStream 同一窗口中的所有 RDD。使用 window()方法创建窗口，window(windowLength, slideInterval)中，参数 windowLength 用于设置窗口长度，参数 slideInterval 用于设置窗口滑动间隔。窗口长度指一次加载处理多长时间的数据，窗口滑动间隔指多长时间窗口向前滑动一次（即执行一次处理），两者的值必须设置为 DStream 一个批次时间间隔的整数倍。

例如，假设源 DStream 批次时间间隔为 10 秒，即每 10 秒数据流切分为一个 RDD，现需要每隔 20 秒（2 个批次时间间隔）对前 30 秒（3 个批次时间间隔）的数据进行整合计算[time1+time2+time3]。此时可使用滑动窗口计算，滑动窗口计算过程如图 4-9 所示。

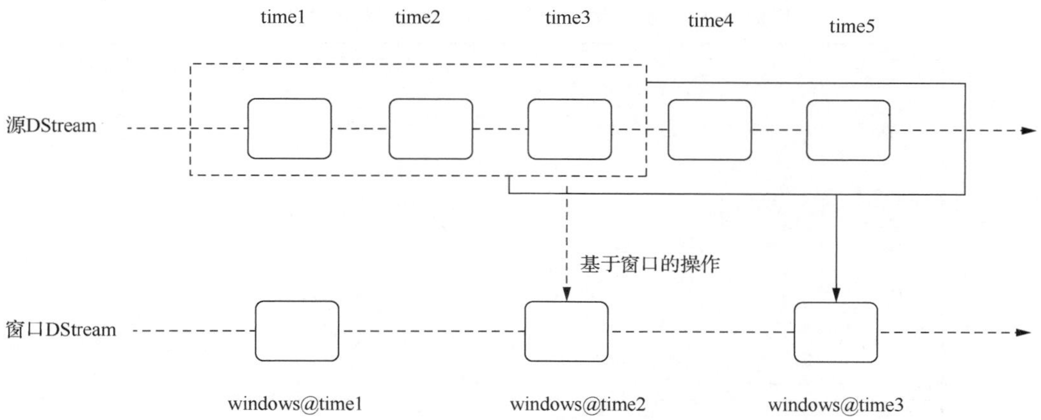

图 4-9 滑动窗口计算过程

如图 4-9 所示，滑动窗口长度为 3 个批次，窗口首先覆盖 time1、time2、time3 这 3 个批次的数据，将窗口内 time1、time2、time3 的 3 个 RDD 聚合起来进行计算处理。然后经过 2 个批次的时间间隔滑动窗口，此时窗口覆盖 time3、time4、time5 这 3 个批次的数据，并对其进行同样的操作处理。

与 DStream 滑动窗口转换操作相关的 API 除了 window()外，还有 reduceByWindow()、reduceByKeyAndWindow()、countByWindow()，分别用于对整个窗口数据进行归约、对窗口数据根据键值进行归约、对窗口元素个数进行计数等，如表 4-5 所示。

表 4-5 常见的 DStream 滑动窗口转换操作 API

方法	功能说明
window(windowLength, slideInterval)	取某个滑动窗口所覆盖的 DStream 数据，返回一个新的 DStream
reduceByWindow(func, windowLength, slideInterval)	在整个窗口上执行归约操作
reduceByKeyAndWindow(func, windowLength, slideInterval, [numTasks])	根据键值进行归约操作
reduceByKeyAndWindow(func, invFunc, windowLength, slideInterval, [numTasks])	这是上一行的函数更为高效的版本，需提供一个逆函数 invFunc，如“+”的逆函数是“-”
countByWindow(windowLength, slideInterval)	返回每个窗口中元素个数的 DStream
countByValueAndWindow(windowLength, slideInterval, [numTasks])	返回每个窗口中值的个数的 DStream

滑动窗口转换操作每次可计算最近一段时间内的数据，其典型应用场景有微博热点，微博热点一般指最近 30 分钟内热门的头条。可利用滑动窗口转换操作，计算最近的某个时间的网页热度，比如每隔 10 秒计算最近 1 分钟的网页热度。基于窗口转换操作的网页热度计算如代码 4-11 所示。

代码 4-11　基于窗口转换操作的网页热度计算

```
In[13]:  from pyspark import SparkContext, SparkConf
         from pyspark.streaming import StreamingContext

         conf = SparkConf()
         conf.setAppName('pagehot')
         conf.setMaster('local[4]')
         sc = SparkContext(conf=conf)
         ssc = StreamingContext(sc, 5)

In[14]:  pages = ssc.textFileStream('file:///D:/streaming')
         ssc.checkpoint('D://checkpoint1')

In[15]:  def calculate_hot(line):
             words = line.split(',')
             hot = 0.1 * int(words[1]) + 0.9 * int(words[2]) + 0.4 * float(words[3])
         + int(words[4])
             return words[0], float(str(hot).split('.')[0] + '.' + str(hot).
         split('.')[1][:2])


         pagehot = pages.map(lambda line: calculate_hot(line))
         pagehot_count = pagehot.reduceByKeyAndWindow(lambda v1, v2: round(v1 +
         v2, 2), 60, 10)
         pagehot_count.pprint()

         ssc.start()

Out[15]: -------------------------------------------
         Time: 2021-11-20 14:34:50
         -------------------------------------------

         -------------------------------------------
         Time: 2021-11-20 14:35:00
         -------------------------------------------
```

```
('005.html', 17.46)
('023.html', 5.52)
('035.html', 6.06)
('009.html', 7.92)
('040.html', 14.78)
('006.html', 18.07)
('007.html', 16.14)
('008.html', 14.05)

-------------------------------------------
Time: 2021-11-20 14:35:10
-------------------------------------------
('005.html', 11.74)
('034.html', 3.52)
('023.html', 5.48)
('040.html', 3.82)
('009.html', 11.88)
('006.html', 28.43)
('007.html', 2.58)
('008.html', 7.16)
('016.html', 22.84)
('038.html', 4.96)
...

-------------------------------------------
Time: 2021-11-20 14:35:20
-------------------------------------------
('005.html', 8.26)
('034.html', 4.48)
('039.html', 0.54)
('006.html', 33.33)
('009.html', 16.88)
('040.html', 4.88)
('008.html', 18.48)
('025.html', 9.32)
('032.html', 2.14)
('038.html', 6.04)
```

```
-------------------------------------------
Time: 2021-11-20 14:35:30
-------------------------------------------
('005.html', 5.1)
('029.html', 3.48)
('019.html', 9.26)
('013.html', 9.49)
('009.html', 12.86)
('040.html', 14.49)
('006.html', 9.22)
('021.html', 5.76)
('007.html', 25.9)
('008.html', 7.44)

-------------------------------------------
```

代码 4-11 中，使用 reduceByKeyAndWindow(lambda v1, v2: round(v1 + v2, 2), 60, 10)语句进行窗口聚合计算，结果保留 2 位小数，设置窗口长度为 60 秒，滑动窗口间隔为 10 秒，均为当前批次 5 秒的整数倍。程序每运行 10 秒显示一次最近 60 秒的计算结果。

另外，DStream 有状态转换操作还需要启用数据检查点（checkpoint）容错机制，将实时计算过程中产生的 RDD 数据周期性地保存到可靠的存储系统中，一旦运算失败可利用存储在 checkpoint 目录中的数据进行快速恢复。代码 4-11 使用“ssc.checkpoint('D://checkpoint1')”语句启用 checkpoint，其中参数“D://checkpoint1”指明 checkpoint 数据会写入本地 D 盘 checkpoint1 文件目录，目录中。

② updateStateByKey()操作

滑动窗口转换操作局限于窗口内的数据批次聚合，无法对较长时间、窗口外、跨批次的数据进行聚合计算。有状态转换操作算子 updateStateByKey()可实现较长时间、多个批次的数据聚合处理。

updateStateByKey()操作算子处理键值对类型数据过程分为两步，第一步定义状态，为每一个键定义一个状态，状态可以是任意数据类型，可以是一个自定义的对象；第二步定义状态更新函数，通过更新函数不断更新键的状态。

updateStateByKey()操作算子对全局键的状态进行统计，并在每一个批次间隔，返回之前的全部历史数据，包括新增的键、改变的键和没有变化的键的状态信息。

由于不断地更新每个键的状态，当前生成的 RDD 依赖于之前批次的 RDD，这将导致 RDD 依赖链随着时间的推移而增长。为了避免 RDD 依赖链因不受限制的增长给恢复时带来的麻烦，在使用 updateStateByKey()时一定要启用 checkpoint 容错机制，在可靠的存储介质中创建 checkpoint 目录，定期保存状态转换操作的中间 RDD，以切断 RDD 依赖链的影响。

updateStateByKey()的典型应用场景是对实时计算中的历史数据进行统计，例如统计不同时间段用户平均消费金额、消费次数、消费总额、网站不同时间段的访问量等。在网页热度计算应用实例中，若统计从某个时刻起的网页热度，需要使用之前每个批次的计算结果。利用 updateStateByKey()计算某个时间段的网页热度如代码 4-12 所示。

代码 4-12 利用 updateStateByKey()计算某个时间段的网页热度

```
In[16]:  from pyspark import SparkContext, SparkConf
         from pyspark.streaming import StreamingContext

         conf = SparkConf()
         conf.setAppName('Socket_pagehot')
         conf.setMaster('local[4]')
         sc = SparkContext(conf=conf)
         ssc = StreamingContext(sc, 1)

In[17]:  pages3=ssc.socketTextStream('localhost', 9999)
         ssc.checkpoint('D://checkpoint2')

In[18]:  def calculate_hot(line):
             words = line.split(',')
             hot = 0.1 * int(words[1]) + 0.9 * int(words[2]) + 0.4 * float(words[3])
         + int(words[4])
             return words[0], float(str(hot).split('.')[0] + '.' + str(hot).
         split('.')[1][:2])


         def update_func(new_values, last_num):
             return round(sum(new_values) + (last_num or 0), 2)


         pagehot = pages3.map(lambda line: calculate_hot(line))
         pagehotsum_count = pagehot.updateStateByKey(update_func)
         pagehotsum_count.pprint(5)
         ssc.start()
         ssc.awaitTermination()

Out[18]: -------------------------------------------
         Time: 2021-11-20 22:39:16
```

```
-------------------------------------------
-------------------------------------------
Time: 2021-11-20 22:39:21
-------------------------------------------
('003.html', 8.36)
('020.html', 3.67)
('005.html', 4.04)
('012.html', 5.04)
('002.html', 8.36)
...

-------------------------------------------
Time: 2021-11-20 22:39:22
-------------------------------------------
('003.html', 16.72)
('020.html', 7.34)
('005.html', 8.08)
('012.html', 10.08)
('002.html', 16.72)
...

-------------------------------------------
```

代码 4-12 的编写遵循 Spark Streaming 编程的一般步骤，说明如下。

- 创建 StreamingContext 对象，构建 Spark Streaming Context 环境。其中“ssc = StreamingContext(sc, 1)”语句设置批次时间间隔为 1 秒。
- 创建输入 DStream。

本例使用“pages3 = ssc.socketTextStream(localhost', 9999)”语句创建 pages3 DStream，作为客户端将接收来自本机（localhost）的端口号为 9999 的数据。

另外，使用“ssc.checkpoint('D://checkpoint2')”语句启用 checkpoint 容错机制，checkpoint 数据将保存在本地“D:\checkpoint2”目录中。

- 根据业务逻辑对 DStream 应用转换操作和输出操作进行流计算。pages DStream 转换生成 pagehot DStream 已在代码 4-9 中进行了较为详细的说明。updateStateByKey()使用自定义函数 update_func()对 pagehot DStream 进行转换操作，生成 pagehotsum_count DStream。以 pagehot DStream 的网页号为键，网页热度值为值，每个批次时间间隔中对所有网页热度值进行更新，从而统计某个时间段内各个网页的热度值，结果保留 2 位小数。使用“pagehotsum_count.pprint(5)”语句将运行结果输出到控制台上，每次输出 5 个。

● 执行“ssc.start()”语句启动流计算，正式启动客户端与服务器端的连接。只有在 ssc.start()被执行后，才能接收来自 Socket 服务器端口的数据。

● 执行“ssc.awaitTermination()”语句等待流结束。

利用 updateStateByKey()计算某个时间段内的网页热度，程序运行过程可以分为 4 步，说明如下。

● 在 Windows 命令提示符窗口运行 NetCat 启动一个 Socket 服务器端，让该服务器端接收客户端的请求，并向客户端不断地发送数据流。具体过程为运行 cmd 指令，弹出命令提示符窗口，在命令提示符窗口内运行“nc”命令，如代码 4-13 所示，启动一个 Socket 服务器端。

代码 4-13　启动一个 Socket 服务器端

```
C:\Users\hongyou>nc -l -p 9999 -v
```

在代码 4-13 中，参数“-l -p 9999”表示启动监听模式，作为 Socket 服务器端，nc 会监听本机（localhost）9999 号端口，参数-v 会在屏幕上显示详细的监听状态。

● 在 Jupyter Notebook （Anaconda3）环境中启动流计算。一旦在 Jupyter Notebook 中开始输出当前日期与时间，说明流计算已正常启动，可将当前工作窗口切换到 cmd 命令提示符窗口环境。

● 从 test.log 文件中，不断复制一段又一段代码，模拟技术博客网站的日志文件数据，输入的内容将作为输入源被接收。NetCat 数据输入如图 4-10 所示。

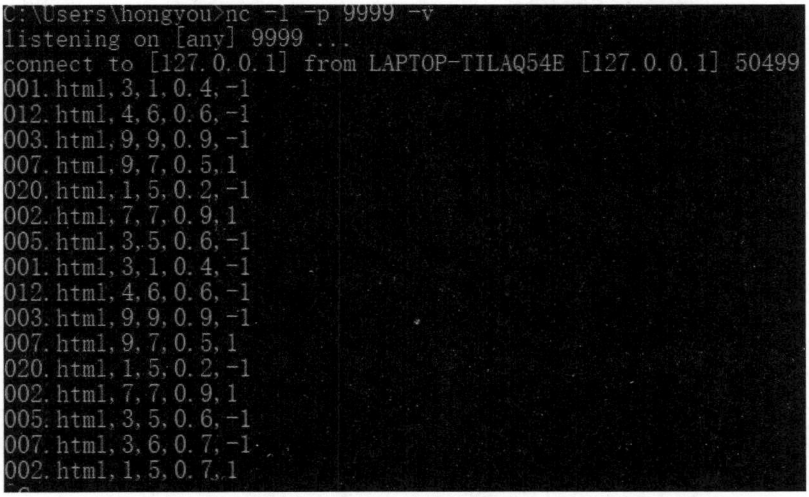

图 4-10　NetCat 数据输入

● 在 Jupyter Notebook（Anaconda3）环境中同时运行代码 4-12，Jupyter Notebook 作为客户端接收来自 Socket 服务器端的数据。本例从本机的 9999 号端口接收数据，对某个时间段网页热度进行统计。通过观察发现，程序运行时间延迟越来越长，原因如下。

使用 updateStateByKey()获得的是整个状态的数据，每次状态更新会对所有数据都调用自定义的函数做一次计算，而不管数据在这个批次中是否有变化，在批次间隔输出全部数据。随着时间推移，数据量不断增长，需要维护的状态越来越大，非常影响性能。如果不能在当前批次将数据处理完成，很容易造成数据堆积，影响程序稳定运行甚至宕掉。

3. DStream 输出操作

在 Spark Streaming 中，DStream 的输出操作是真正触发 DStream 上所有转换操作的操作。与 RDD 中的 Action 操作类似，只有 DStream 做出输出操作，DStream 中的数据才能与外部进行交互，如将数据写入分布式文件系统、数据库或其他应用中。

在 PySpark 中，与 DStream 输出操作相关的 API 有输出 pprint()、以文本形式存储 saveAsTextFiles()、对每个 RDD 执行某操作 foreachRDD()等，DStream 输出操作相关 API 如表 4-6 所示。

表 4-6　DStream 输出操作相关 API

输出操作	说明
pprint()	在运行流程序的驱动节点上输出 DStream 中每一批次数据最开始的 10 个元素。常用于开发和调试
saveAsTextFiles(prefix, [suffix])	以 TEXT 文件形式存储当前 DStream 的内容。每一批次的存储文件名基于参数 prefix 和 suffix。格式为 prefix-time_in_ms[.suffix]
foreachRDD(func)	将函数 func 用于产生自 DStream 的每个 RDD。其中参数传入的函数 func 应该实现将每一个 RDD 中数据推送到外部系统，如将 RDD 存入文件或通过网络将其写入数据库

在 DStream 上调用 saveAsTextFiles()方法，将 DStream 输出到一个文本文件中，如使用语句“saveAsTextFiles('file:///D:/data/output')”将 DStream 结果写入本地 D 盘的 data 目录中。这个目录下会生成很多 output 开头的子目录，这是因为流计算过程在不停地进行，每进行一次计算就会产生一个子目录。进入这些子目录的某个目录下，可以看到类似 part-00000 的文件，里面包含流计算过程输出的结果。

将单词统计结果输出到控制台且保存为文本文件，可使用语句“saveAsTextFiles('file:///D:/test1/output')”将 DStream 内容写入本地 D 盘的 test1 目录中，如代码 4-14 所示。

代码 4-14　将单词统计结果输出到控制台且保存为文本文件

```
In[19]:  from pyspark import SparkContext, SparkConf
         from pyspark.streaming import StreamingContext

         conf = SparkConf()
         conf.setAppName('Sockettest')
         conf.setMaster('local[2]')
         sc = SparkContext(conf=conf)
         ssc = StreamingContext(sc, 10)
```

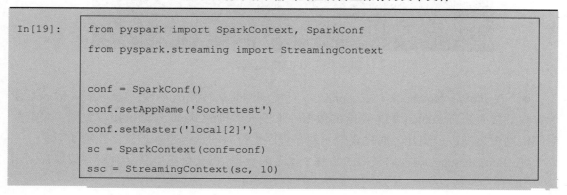

```
In[20]: lines = ssc.socketTextStream('localhost', 9999)
        counts = lines.flatMap(lambda line: line.split(' ')) \
            .map(lambda word: (word, 1)) \
            .reduceByKey(lambda a, b: a + b)
        counts.pprint()
        counts.saveAsTextFiles('file:///D:/test1/output')
```

```
In[21]: ssc.start()
```

```
Out[21]: -------------------------------------------
         Time: 2021-11-28 20:05:20
         -------------------------------------------

         -------------------------------------------
         Time: 2021-11-28 20:05:30
         -------------------------------------------

         -------------------------------------------
         Time: 2021-11-28 20:05:40
         -------------------------------------------

         -------------------------------------------
         Time: 2021-11-28 20:05:50
         -------------------------------------------

         -------------------------------------------
         Time: 2021-11-28 20:06:00
         -------------------------------------------
         ('HE', 1)
         ('IS', 2)
         ('STUDENT', 2)
         ('TOO', 1)
         ('A', 2)
         ('GOOD', 2)
         ('SHE', 1)

         -------------------------------------------
         Time: 2021-11-28 20:06:10
         -------------------------------------------

         -------------------------------------------
```

在本地 D 盘的 test1 目录中会生成很多 output 开头的子目录，这是因为流计算过程在不停地进行，每个批次计算产生一个子目录。DStream 保存到文本文件的运行效果 1 如图 4-11 所示。

图 4-11　DStream 保存到文本文件的运行效果 1

进入这些子目录的某个目录下，可以看到类似 part-00000 的文件，里面包含流计算过程输出的结果。DStream 保存到文本文件的运行效果 2 如图 4-12 所示。

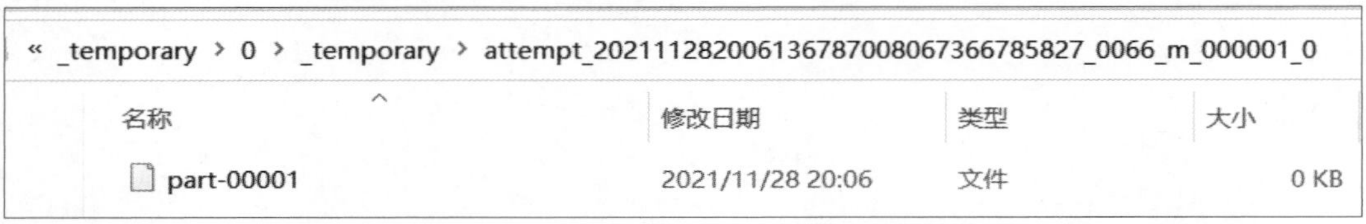

图 4-12　DStream 保存到文本文件的运行效果 2

4.3 Structured Streaming 结构化流处理

Structured Streaming 是 Spark 2.0 开始推出的一种实时流框架，建立在 Spark SQL 之上，是一个可伸缩的、容错的流处理引擎。Structured Streaming 通过一致的 API 整合批处理和流处理，可以像编写批处理程序一样编写流处理程序。

4.3.1 Structured Streaming 概述

Structured Streaming 利用 Spark SQL 引擎构建了一个强大的、可靠的流处理引擎。它允许用户在静态的 DataSet/DataFrame 上执行类似批处理的流计算任务。借助于 Spark SQL 中的 DataSet/DataFrame API，可以对数据流进行各种操作，包括聚合、滑动窗口计算以及与离线数据的连接等。此外，Structured Streaming 还采用了检查点和预写日志机制来确保端到端的一次性准确执行。

Structured Streaming 支持两种处理模型：微批处理和持续处理。默认情况下，系统使用微批处理模型，该模型将输入的数据流看作一系列的小批量作业，能够实现端到端延迟低至 100 毫秒的处理。从 Spark 2.3 版本开始，Structured Streaming 引入了持续处理模型，进一步将端到端的延迟降至 1 毫秒。对于开发者来说，无需关心底层使用的是哪种模型，Structured Streaming 会自动选择最优方式以实现快速、可伸缩且容错的处理能力。

与早期的 Spark Streaming 相比，Structured Streaming 具有以下优势。

（1）支持多种数据源的输入、输出。

（2）提供结构化的操作方式，允许使用类似于 Spark SQL 处理离线批数据的方式来处理流数据，使得代码更加简洁易懂。

（3）基于 Event Time（事件时间，即事件发生的时间）的概念，比 Spark Streaming 的 Processing Time（处理时间）更精确，更贴近业务需求。

（4）解决了 Spark Streaming 存在的一些挑战，如代码升级问题、DAG 变更导致的任务失败以及无法断点续传等问题。

4.3.2　Structured Streaming 编程模型

Structured Streaming 的核心思想是将实时数据流视作一个无限扩展的表，即所谓的“无界表”。每条输入的数据都被看作表中新增的一行，如图 4-13 所示。数据会不断地以行的形式被添加到这个无界表中。通过这种方式，流处理可以等同于对一个不断增长的静态数据集执行批处理查询。Spark 负责在不断更新的无界表上运行计算任务，并实施连续的增量查询。

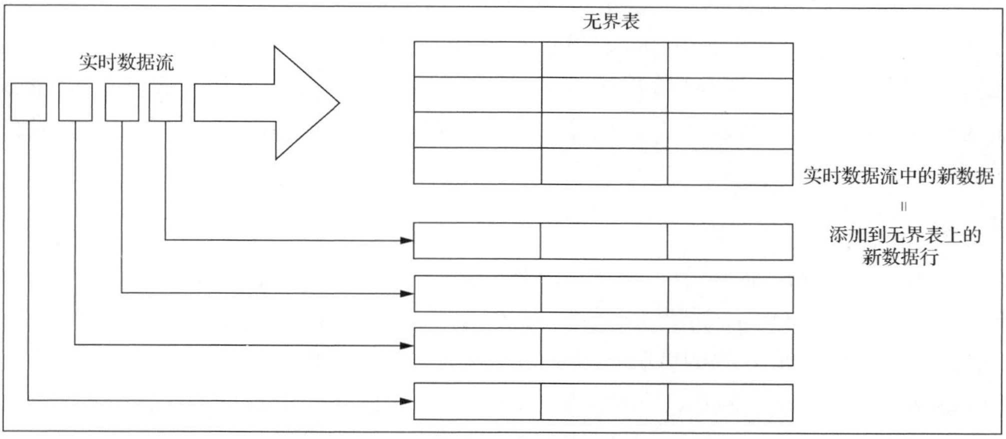

图 4-13　将实时数据流抽象成一张无界表

在 Structured Streaming 中，对无界表的查询会生成一个结果表。系统会定期对无界表进行计算，并更新相应的结果表。这些结果随后被持久化到外部存储中。如图 4-14 所示，Structured Streaming 的编程模型设定了一个批处理间隔，例如每秒，从输入源读取数据到无界表中，并在每次间隔结束时触发一次查询计算，将计算的结果写入结果表。在图 4-14 中，第 1 行表示时间轴，显示了每秒触发一次流计算；第 2 行展示了输入数据的流动，以及如何通过查询转换为结果表中的数据；第 4 行代表外部存储，其中输出模式设置为完全输出模式，即所有结果都会被保存。

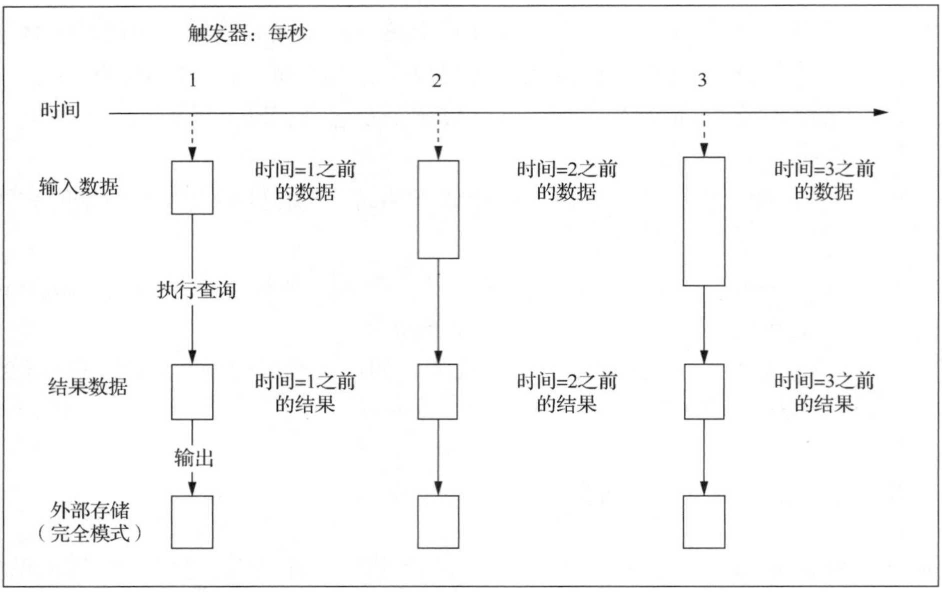

图 4-14　Structured Streaming 编程模型

4.3.3　Structured Streaming 基础操作

在 PySpark 中，Structured Streaming 的基本操作包括三个主要步骤：首先，执行输入操作，从数据源创建流式 DataFrame；然后，根据业务需求对这些流式 DataFrame 进行一系列的转换操作；最后，执行输出操作，将计算结果写入外部系统。此外，Structured Streaming 还支持窗口聚合操作，这使得用户可以对一定时间范围内的数据进行复杂的统计和分析。

1. 输入操作

在 Structured Streaming 中，使用 readStream()方法从数据源读取流数据并创建流式 DataFrame。readStream()方法提供了多种配置选项，例如通过 format()方法定义输入源类型，通过 option()方法设置输入源的参数以及通过 load()方法加载数据。

Structured Streaming 支持多种内置输入源，包括 File 源、Socket 源、Kafka 源和 Rate 源。Structured Streaming 内置输入源说明如表 4-7 所示。

表 4-7　Structured Streaming 内置输入源说明

数据源	可选项说明	是否支持容错
File 源	path：输入目录的路径，所有格式通用。 maxFilesPerTrigger：每个触发器要处理的最大新文件数（默认无最大值）。 latestFirst：是否首先处理最新的文件，当有大量文件积压时很有用，默认为 false。 fileNameOnly：是否仅根据文件名而不是完整路径检查新文件，默认为 false	支持

续表

数据源	可选项说明	是否支持容错
Socket 源	host：要连接的主机，必须指定。 port：要连接的端口，必须指定	不支持
Kafka 源	assign：指定所消费的 Kafka 主题和分区。 subscribe：订阅的 Kafka 主题，为逗号分隔的主题列表。 subscribePattern：订阅的 Kafka 主题正则表达式，可匹配多个主题。 kafka.bootstrap.servers：Kafka 服务器的列表，逗号分隔的 host:port 列表。 startingOffsets：起始位置偏移量。 endingOffsets：结束位置偏移量。 failOnDataLoss：布尔值，表示是否在 Kafka 数据可能丢失时，触发流计算失败。一般应禁止，以免误报	支持
Rate 源	rowsPerSecond：每秒生成多少行数据，默认为 1。 rampUpTime：生成速度达到 rowsPerSecond 需要多少启动时间，使用比秒更精细的粒度将会被截断为整数秒，默认为 0 秒。 numPartitions：使用的分区数，默认为 Spark 的默认分区数	支持

File 源通过文件流方式读取指定目录中新写入的文件，支持 TXT、CSV、JSON、ORC、Parquet 等文件格式。需注意的是，为了确保数据的一致性，新文件应当以原子操作的方式出现在目录中，这通常可以通过文件系统中的文件移动功能实现。

Socket 源能够从本地或远程主机的指定端口接收数据流，数据默认采用 UTF-8 编码。由于 Socket 源无法提供完整的容错机制，通常用于测试或学习场景。

Kafka 源是流处理的理想选择，因为它提供了实时处理能力和内置的容错机制。常见的数据流转过程如下。

应用产生数据→发送到 Kafka→由 Spark Streaming 处理→最终存储到其他数据库。

Rate 源可以每秒钟生成固定数量的数据行，每行包含时间戳和数值字段。时间戳表示消息的生成时间，而数值字段记录了从开始到当前的消息累计数，从 0 开始计数。Rate 源主要用于调试和性能基准测试。

2. 转换操作

Spark SQL 中的数据抽象 DataFrame 有固定的边界，相比 Structured Streaming 中的流式 DataFrame，可看成静态 DataFrame。可以在流式 DataFrame 上使用许多静态 DataFrame 的转换操作，例如 select()、where()、groupBy()等用于查询、投影和聚合，以及 map()、filter()、flatMap()等类似于 RDD 的操作。

然而，并非所有静态 DataFrame 的操作都适用于流式 DataFrame。例如，流式 DataFrame 不支持 limit()、take(n)、show()等读取前 n 行数据的操作，也不支持 distinct()、count()等操作。

流式 DataFrame 可以与静态 DataFrame 进行 join()操作，支持内连接（Inner）和左外连接（Left Outer），结果仍然是流式 DataFrame。此外，两个流式 DataFrame 也可以进行内连接，这是通过匹配已接收到的流数据和当前批次的数据实现的。为了性能考虑，可以通过设置水印（Watermark）来清除过旧的状态数据，避免长时间的数据追溯。

需要注意的是，sort()操作只在聚合后的完整输出模式下受支持，并且不支持跨流的 join()操作。

此外，还可以根据事件时间（Event Time）进行滑动窗口操作，并可通过设置水印来丢弃那些延迟过久的数据。

3. 输出操作

在 Structured Streaming 中，可以使用 writeStream()方法来保存流计算的结果。writeStream()提供了多个配置选项，具体如下。

outputMode()：用于指定输出模式，控制输出接收器的内容。有三种主要模式：追加（Append）、完全（Complete）和更新（Update），不同的流式查询支持不同的输出模式。

format()：用于设置输出接收器的类型。

queryName()：可选参数，用于标识查询的名称。

triggerInterval()：可选参数，用于设定触发间隔。

option()：其中 checkpointLocation 参数用于设置检查点的位置，以保存输出结果，确保数据的可靠性。

start()：用于启动流计算。

具体到输出模式，Append 模式会在数据到达时将其添加到接收器中，Complete 模式会在每个触发间隔输出当前所有有效的数据，而 Update 模式则在每次新数据到达时更新旧数据。3 种输出模式详细说明如表 4-8 所示。

表 4-8　3 种输出模式详细说明

输出模式	详细说明
Complete	更新后的整个结果表将被写入外部存储。如何处理整个表的写入由输出接收器决定
Append	默认模式。自上次触发后，只将结果表中追加的新行写入输出接收器。适用结果表中的现有行不期望被改变的查询，如 select()、where()、map()、flatmap()、filter()、join()等操作支持该模式
Update	自上次触发后，只有在结果表中更新、增加的行才写入输出接收器。该模式只输出自上次触发以来有更改的行。如果查询不包括聚合，该模式等同于 Append 模式

format()方法的参数用于指定输出接收器的类型。Structured Streaming 提供了多种内置接收器，包括：

（1）File 接收器：将结果输出为文件至指定目录，支持 ORC、JSON 和 CSV 等格式。

（2）Kafka 接收器：将结果输出并发送至一个 Kafka 或多个主题。

（3）Console 接收器：将结果输出到控制台，适用于调试小量数据。

（4）Memory 接收器：将结果存储在内存中作为表，也适用于调试小量数据。

（5）Foreach 接收器：允许用户通过自定义的 foreach()方法实现一些特定功能。

其中，Console 和 Memory 接收器主要用于测试环境。

输出接收器详细说明如表 4-9 所示。

表 4-9 输出接收器详细说明

接收器	支持的输出模式	选项	容错
File 接收器	Append	path：必须指定输出目录的路径	是，数据只会被处理一次
Kafka 接收器	Append、Complete、Update	kafka.bootstrap.servers：Kafka 服务器的列表，以逗号分隔的 host:port 列表。 Topic：主题	是，数据至少被处理一次
Console 接收器	Append、Complete、Update	numRows：每次触发后输出多少行，默认为 20 行。 truncate：如果行太长是否截断，默认为“是”	否
Memory 接收器	Append、Complete	无	否，但在 Complete 模式下，重新启动的查询将重新创建完整的表
Foreach 接收器	Append、Complete、Update	无	是，数据至少被处理一次

在机器发生故障时，检查点可以用来恢复查询的进度和状态，从而实现从故障点继续处理。启用检查点功能后，查询的所有进度信息和计算结果会定期保存到指定的检查点目录中，该目录应位于与 HDFS 兼容的文件系统上。设置检查点如代码 4-15 所示。

代码 4-15 设置检查点

```
aggDF writeStream
          .outputMode('complete')
.option('checkpointLocation', 'path/to/HDFS/dir')
          .format('memory')
.start()
```

4. 窗口聚合操作

窗口聚合通常基于数据的产生时间（事件时间）进行操作，而不是 Spark 处理数据的时间。在 Structured Streaming 中，滑动窗口聚合操作以事件时间为基准，例如按每秒的数据来计算成交均价。这与分组聚合类似，但窗口聚合是在时间维度上的分组和聚合。

由于数据可能会有延迟，如果延迟数据到达时其对应的时间窗口已经计算过，系统会重新计算该窗口的数据并更新结果。为了处理这种情况，可以使用水印机制。水印允许系统自动更新数据中的当前事件时间，并清除旧的状态数据。例如，使用 withWatermark('eventTime', '1 hour')定义一个水印，其中 eventTime 是数据的事件时间字段，而 1 hour 表示允许的最大延迟时间。这意味着超过 1 小时的延迟数据将被丢弃，而在这个时间范围内的数据将被正常处理。

需要注意的是，使用水印时，输出模式必须是 Append 或 Update。Complete 模式需要保留所有聚合数据，因此不适合与水印一起使用。

4.3.4 Structured Streaming 编程步骤

Structured Streaming 编程的主要任务是对流式 DataFrame 进行一系列操作，在 PySpark 中，使用 Python 编写 Structured Streaming 流应用程序的过程与编写 Spark Streaming 流应用程序相似。以经典的单词统计程序为实例，讲解 Structured Streaming 程序编写、运行的整个过程。程序实现的功能：一行行英文语句作为数据流源源不断到达，Structured Streaming 程序对每行英文语句进行单词拆分并统计出每个单词出现的次数。

1. 程序编写

第 1 步，导入 PySpark 相关模块，创建 SparkSession 对象，构建 Structured Streaming Context 环境。导入 PySpark 及相关函数模块，创建一个 SparkSession 对象。由于程序需要用到拆分字符串和展开数组内的所有单词，因此导入 pyspark.sql.functions 模块中的 split()、explode()方法。其中 split()方法用于将字符串切片并转换为列表，explode()方法用于将一行数据转化为多行形式。另外，使用 sparkContext.setLogLevel()方法用于设置日志显示级别，本例设置为“WARN”，只输出等级为 WARN 以上的信息，从而排除 INFO 等日志级别的信息干扰，避免在运行过程中显示大量不必要的信息，如代码 4-16 所示。

代码 4-16 导入模块及相关类创建 SparkSession 对象

```
In[1]:  import pyspark
        from pyspark.sql import SparkSession
        from pyspark.sql.functions import split
        from pyspark.sql.functions import explode

In[2]:  spark = SparkSession \
            .builder.appName('StructuredNetworkWordCount') \
            .getOrCreate()
        spark.sparkContext.setLogLevel('WARN')
```

第 2 步，定义输入源创建流式 DataFrame。

本次使用 SparkSession 对象的 readStream API 定义结构化流输入源，并创建一个名为

lines 的流式 DataFrame。其中 format('socket')用于定义输入源为 Socket 类型，它作为一个 TCP 客户端，将从由 option()方法指明的“localhost 的 9999 端口”，即 Socket 服务器端中持续接收文本数据，load()方法表示载入数据，结果保存在名为 lines 的流式 DataFrame 内。需要说明的是，lines DataFrame 为一张包含流文本数据的无界表，这个表包含一个字符串列，列名为 value，流文本数据中的每一行都是表中的一行。由于目前只是在设置所需的转换，还没有启动转换，因此目前还没有接收任何数据。定义一个 Socket 输入数据源创建流式 DataFrame 如代码 4-17 所示。

代码 4-17　定义一个 Socket 输入数据源创建流式 DataFrame

```
In[3]:  lines = spark.readStream \
            .format('socket') \
            .option('host', 'localhost') \
            .option('port', 9999) \
            .load()
```

第 3 步，根据业务逻辑，操作流式 DataFrame。

对创建好的 lines DataFrame，首先使用 split()方法以空格作为分隔符，将每一行字符串拆分为一个个单词组成的列表。接着使用 explode()方法将该列表展开为一列，列的每行只有一个单词，并使用 alias()方法定义这个列别名为“word”。再使用 select()方法进行查询选取，此时 lines DataFrame 转化为 words DataFrame。对 words DataFrame 使用 groupBy()方法进行分组计算，统计每个单词出现的次数，结果放入 wordCounts 中。单词统计计算如代码 4-18 所示。需要说明的是，这一步只是对各个流式 DataFrame 定义相应查询，并未真正执行流计算。

代码 4-18　单词统计计算

```
In[4]:  words = lines.select(
            explode(
                split(lines.value, ' ')
            ).alias('word')
        )
        wordCounts = words.groupBy('word').count()
```

第 4 步，启动流计算并输出结果。

在定义好对流数据的查询后，开始执行流计算。writeStream API 用于输出结构化流，使用语句 wordCounts.writeStream 对查询结果 wordCounts 进行输出，其中 outputMode('complete')设置输出模式为 Complete，format('console')指定本次输出接收器为 Console 接收器，trigger(processingTime = '8 seconds')定义本次微批处理的间隔时间为 8 秒，start()用于真正启动流计算。一旦启动流计算，程序会一直运行，并且每隔 8 秒对当前收集到的数据流做计算。使用语句 awaitTermination()等待终止，用于保证程序在后台持续运行，直到接收到用户退出指令才退出。启动流计算输出结果如代码 4-19 所示。

代码 4-19　启动流计算输出结果

```
In[5]:   query = wordCounts \
             .writeStream \
             .outputMode('complete') \
             .format('console') \
             .trigger(processingTime='8 seconds') \
             .start()
         query.awaitTermination()
```

综合以上各步骤，一个完整的 Socket 源结构化流单词统计实例程序如代码 4-20 所示，程序将监听本机的 9999 号端口，对源源不断接收到的英文语句进行单词统计，并将结果输出到控制台。

代码 4-20　一个完整的 Socket 源结构化流单词统计实例程序

```
import pyspark
from pyspark.sql import SparkSession
from pyspark.sql.functions import split
from pyspark.sql.functions import explode

spark = SparkSession \
    .builder.appName('StructuredNetworkWordCount') \
    .getOrCreate()
spark.sparkContext.setLogLevel('WARN')
words = lines.select(
    explode(
        split(lines.value, ' ')
    ).alias('word')
)
wordCounts = words.groupBy('word').count()
query = wordCounts \
    .writeStream \
    .outputMode('complete') \
    .format('console') \
    .trigger(processingTime='8 seconds') \
    .start()
query.awaitTermination()
```

2. 测试运行

在 Windows 命令提示符窗口中运行代码 4-9，启动一个 Socket 服务器端，让该服务器端接收客户端的请求，并向客户端不断地发送数据流，也就是输入一行行英文语句。在 Jupyter Notebook（Anaconda3）环境中同时运行代码 4-20，作为客户端接收来自 Socket 服务器端也就是本机 9999 号端口的数据，进行单词统计。

可以在 Windows 命令提示符窗口源源不断输入一行行英文语句，nc 命令会将这些数据发送给 Jupyter 程序做处理，系统每隔 8 秒会启动一次计算并输出数据，程序一直运行下去，直至按下键盘“CTRL+C”组合键停止。

小结

本章从 Spark Streaming 概述开始进行介绍，包括流计算简介，Spark Streaming 基本概念、工作原理、运行机制。接着介绍了 PySpark 中的 pyspark.streaming 模块，包括其简介和核心类（StreamContext 类、DStream 类），重点介绍了 DStream 基本操作。最后简要进行了 Structured Streaming 概述，编程模型、基础操作的介绍，以及结合单词统计讲解 Structured Streaming 编程步骤。

实训

实训 1　使用 Spark Streaming 实现菜品价格实时计算

1. 训练要点

（1）掌握 DStream 获取数据源的方法。

（2）掌握 DStream 的转换操作。

2. 需求说明

顾客在饭店点餐时，有可能出现就餐一半时加菜品的情况，因此饭店在核算顾客的点餐费用时是做实时计算的。现有一份某饭店的菜单数据文件 menu.txt，某饭店的菜单部分数据如表 4-10 所示，每一行有 3 个字段，分别表示菜品 ID、菜名和单价（单位：元）。

表 4-10　某饭店的菜单部分数据

1 香菇肥牛 58
2 麻婆豆腐 32
3 红烧茄子 15
4 小炒凉粉 16
5 京酱肉丝 22
6 剁椒鱼头 48
7 土豆炖鸡 38
8 锅巴香虾 66

请使用 Spark Streaming 编程实时计算出顾客点餐的费用（假设有一位顾客在本次订单中依次点了红烧茄子、京酱肉丝和剁椒鱼头共 3 个菜）。

3. 实现思路及步骤

（1）在命令提示符窗口启动一个端口。

（2）使用 Spark Streaming 连接该端口，并实时统计顾客点餐的总费用。

（3）启动 Spark Streaming 程序，在端口中获取顾客所点的菜单数据，如“3 红烧茄子 15”，并实时查看该顾客本次点餐的总费用。

实训 2　使用 Spark Streaming 实时判别车辆所属地

1. 训练要点

（1）掌握创建输入 DStream 时定义基本输入源的方法。

（2）掌握 DStream 的转换操作。

2. 需求说明

在湖南某地的交通路口，车辆南来北往，实时监控车流，根据车牌号前两位信息，判断车辆所属地。湖南车牌所属地对照如表 4-11 所示。

表 4-11　湖南车牌所属地对照

车牌	所属地	车牌	所属地	车牌	所属地	车牌	所属地
湘 A	长沙	湘 E	邵阳	湘 J	常德	湘 N	怀化
湘 B	株洲	湘 F	岳阳	湘 K	娄底	湘 P	湘西土家族苗族自治州
湘 C	湘潭	湘 G	张家界	湘 L	郴州		
湘 D	衡阳	湘 H	益阳	湘 M	永州		

请使用 Spark Streaming 编程实时计算，根据监控的车辆车牌判别车辆所属地。

3. 实现思路及步骤

（1）自拟一份数据集，模拟来往车辆。

（2）利用 nc 命令启动服务器端，监控本机一个端口。

（3）使用 Spark Streaming 连接该端口，并实时计算车辆所属地。

（4）启动 Spark Streaming 程序，实时查看车辆所属地。

课后习题

1. 选择题

（1）Spark Streaming 是 Spark 用于处理（　　）数据的一个组件。

A. 结构化　　B. 非结构化　　C. 实时　　D. 历史

（2）下列（　　）数据源不是 Spark Streaming 的基本输入源。

A. File 文件流　B. Kafka 消息流　C. Socket 流　D. RDD 队列流

（3）Spark Streaming 数据抽象为（　　）。

A. RDD　B. Dataframe　C. DataSet　D. DStream

（4）Structured Streaming 中使用（　　）创建结构化流。

A. readStream()　B. builder()　C. createStream()　D. writeStream()

（5）下列（　　）不是 Structured Streaming 的输出模式。

A. Append　B. Insert　C. Complete　D. Update

2. 操作题

使用 Spark Streaming 根据设置的黑名单对用户的访问日志做实时过滤，黑名单中的用户访问日志将不输出。日志数据来源为 NetCat 服务器，格式如下。

```
20210926 LiBing
20210926 ZhangHuayan
20210926 FanLiuying
20210926 TangPing
20210926 XiaoHe
```

若将 LiBing、TangPing 设置为黑名单用户，则预期输出结果如下。

```
20210926 ZhangHuayan
20210926 FanLiuying
20210926 XiaoHe
```

第5章 基于PySpark的机器学习库

Spark 的机器学习库（Machine Learning library，MLlib）基于 Spark 的内存计算框架提供分布式数据分析能力，其中 Spark 是用 Scala 语言编写的。为了支持 Python 用户使用 Spark 的分布式架构进行机器学习，Apache Spark 基于 Py4J 库发布了 PySpark 接口与 PySpark Shell 工具，通过 PySpark 接口将 Python API 连接至 Spark Core 并初始化 SparkContext，使 Python 用户能够使用 Python 语言编写 Spark 程序。PySpark 提供了访问 Spark MLlib 的接口，MLlib 支持主流的机器学习算法，提供了特征选择、模型选择和验证，以及机器学习一栈式解决方案。

本章从 MLlib 算法开始介绍机器学习、MLlib 和 pyspark.ml 模块；然后介绍使用 pyspark.ml 模块的转换器处理和转换数据；最后介绍 pyspark.ml 模块的评估器和模型评估。

学习目标

（1）了解机器学习的基本概念。

（2）了解 MLlib 的作用。

（3）了解 pyspark.ml 模块 3 个重要的抽象类。

（4）掌握 pyspark.ml 模块的基本使用方法。

（5）掌握 pyspark.ml 模块中数据加载与数据转换方法。

（6）掌握 pyspark.ml 模块中各类算法模型的构建与评估方法。

素质目标

（1）通过学习机器学习的基本概念和算法模型，正确认识人与机器学习技术的关系，树立正确利用机器学习技术的价值观。

（2）通过学习数据加载和数据处理方法，培养严谨、认真的工作态度，学会对可疑、异常数据做合理的预处理，为后续的数据分析提供完整、一致的数据，继而获得正确的结论。

（3）通过学习机器学习中的分类、聚类、推荐模型，从超参数调优过程到电影推荐，培养创新意识，强化探索精神。

5.1 MLlib 算法

MLlib 是 Spark 提供的、可扩展的库，由一系列的机器学习算法（如分类、回归、聚类、协同过滤等算法）和实用程序（如数据预处理、特征提取、模型保存和加载等程序）组成，并且对常用的机器学习算法做了分布式实现。

5.1.1 机器学习

机器学习是一门多学科交叉专业，涵盖概率论、统计学、近似理论和复杂算法等知识，使用计算机作为工具，致力于真实、实时地模拟人类的学习方式，以获取新的知识或技能，通过重新组织已有知识结构的方式，不断改善自身的性能。机器学习是人类社会发展的好帮手，在改善人类生活品质的同时，还承担了人类社会工作中重复性、规则性、机械性强的工作。人类从这些工作中解脱出来，不是为了无所事事，而是为了更进一步地学习，同时提高创造能力，推动社会更好、更快地发展。机器学习按照学习方式可以分为如下 3 个类别。

（1）有监督学习。有监督学习是一类使用有标签的训练数据计算概率分布或图模型的机器学习算法。计算机在历史数据中学习出规律，从而在没有人为干预的情况下对新的输入数据进行合理的预测或分类。常见的有监督学习算法包括回归和分类。

（2）无监督学习。无监督学习是一类通过学习大量无标签的数据，分析数据内在的特点和结构的机器学习算法。常见的无监督学习算法有聚类算法。

（3）半监督学习。半监督学习是有监督学习与无监督学习相结合的一种学习方法。半监督学习需要采用合适的半监督假设将学习模型和无标签样本的数据分布联系起来。常见的半监督假设包括平滑假设（smoothness assumption）、聚类假设（cluster assumption）和流型假设（manifold assumption）。

5.1.2 MLlib

MLlib 旨在简化机器学习过程，利用 Spark 分布式处理实现在大规模数据集上的机器学习。MLlib 由一些通用的学习算法（如分类、回归和聚类等）和工具（如转换器、管道、评估器等）组成。

随着 Spark 的发展，MLlib 中的算法也在不断地增加和改进。Spark 1.3 引入了高层次的 DataFrame 描述数据。针对这种改变，Spark 将 MLlib 划分成了如下两个模块。

（1）mllib 模块，包含基于 RDD 的机器学习算法 API，目前不再更新，不建议使用。

（2）ml 模块，包含基于 DataFrame 的机器学习算法 API，可以用于构建机器学习工作流，ml 模块弥补了原始 mllib 模块的不足，推荐使用。

5.1.3 pyspark.ml 模块

pyspark.ml 模块主要用于机器学习，实现了很多机器学习算法，包括分类、回归、聚类和推荐等。pyspark.ml 模块的内部是基于 DataFrame 的数据集类型实现的。

pyspark.ml 模块中包含 3 个重要的抽象类，即转换器（Transformer）、评估器（Estimator）和管道（Pipeline）。

（1）转换器。其包含 transform()方法，通过附加一个或多个列将一个 DataFrame 转换成另外一个 DataFrame。在 pyspark.ml.feature 模块中提供了许多转换器，常见的有向量装配转换器和独热编码转换器。

（2）评估器。其包含 fit()方法，接收一个 DataFrame 数据作为输入，后经过训练得到一个转换器，该方法需要合适的参数来拟合 DataFrame 中的数据。PySpark 中的评估器主要包括分类、回归、聚类和推荐等。

（3）管道。其包含 setStages()方法，将多个转换器和一个评估器串联起来，得到一个流水线模型，即管道。该流水线模型可以对一些输入的原始数据执行必要的数据加工、模型构建和评估操作。

1. 转换器

pyspark.ml.feature 模块提供了转换器，按照转换器实现的功能可以对转换器的类型进行划分，pyspark.ml.feature 模块提供的转换器如表 5-1 所示。

表 5-1 pyspark.ml.feature 模块提供的转换器

类别	转换器	功能描述
特征离散化	Binarizer	根据指定的阈值将连续变量转换为二元离散值
	Bucketizer	根据阈值列表将连续变量转换为多元离散值
特征转换	Normalizer	使用 p 范数将数据缩放为单位范数（默认为 2 阶）
	MinMaxScaler	将数据缩放到[0, 1]
	MaxAbsScaler	将数据缩放到[−1, 1]
	StandardScaler	按照均值为 0、方差为 1 进行数据归一化转换
特征选择	PCA	使用主成分分析执行数据降维
	ChiSqSelector	使用卡方检验统计量筛选特征
	VectorSlicer	根据索引列表从原特征向量中提取向量，形成新的特征向量
文本特征提取	CountVectorizer	将文本中的词语转换为词频矩阵
	StringIndexer	将字符串索引化
	Word2Vec	将单词转换为 Map(String, Vector)模型
	IDF	计算文档列表的逆向文件频率
	StopWordsRemover	从标记文本中删除停用词，如“the”“a”等
	Tokenizer	以空格为分割符进行分词
	RegexTokenizer	基于正则表达式的分词器
	NGram	将 n 个相邻词组合成字符
特征向量化	VectorAssembler	将多个数字（包括向量）列合并为一列向量
	PolynomialExpansion	对向量执行多项式展开操作
	OneHotEncoder	将分类列编码为二进制向量列

2. 评估器

pyspark.ml 模块中的评估器主要用于实现各种机器学习算法模型，提供了分类（pyspark.ml.classification）、回归（pyspark.ml.regression）和聚类（pyspark.ml.clustering）等多种算法模型。pyspark.ml 模块提供的机器学习算法模型如表 5-2 所示。

表 5-2　pyspark.ml 模块提供的机器学习算法模型

类别	模型	功能描述
分类模型	LogisticRegression	分类的基准模型，使用对数函数计算属于特定类别的概率
	DecisionTreeClassifier	决策树模型，构建决策树来预测输入数据的类别
	GBTClassifier	梯度提升决策树模型，组合多个弱预测模型形成一个强预测模型
	RandomForestClassifier	随机森林模型，构建多棵决策树对输入数据进行分类，支持二元分类和多元分类
	NaiveBayes	贝叶斯模型，基于条件概率理论对数据行分类
回归模型	DecisionTreeRegressor	决策树回归模型，与决策树分类模型区别是样本标签是连续值而不是离散型
	RandomForestRegressor	随机森林回归模型，标签是连续数值，而不是离散型
	GBTRegressor	梯度提升回归树模型，样本标签是连续值
	LinearRegression	线性回归模型
	GeneralizedLinearRegression	广义线性回归模型，支持使用不同的高斯函数进行线性分析
聚类模型	LDA	主题生成模型，用于获取文本文档的主题模型
	KMeans	K-means 聚类模型，将数据分成 K 类
	BisectingKMeans	结合 K-means（K 均值）算法和层次聚类算法，将数据迭代分解为 K 类
推荐模型	ALS	基于交替最小二乘法求解协同过滤模型

在构建完评估器（即模型）后，还需对模型进行评估与优化。pyspark.ml.evaluation 模块提供了模型的评估方法。在机器学习领域，需要对训练得到的模型进行评估，以确定模型的好坏，预测结果的准确性，有利于改进模型。pyspark.ml.evaluation 模块提供的模型评估方法如表 5-3 所示。

表 5-3　pyspark.ml.evaluation 模块提供的模型评估方法

类别	评估方法	功能描述
分类模型	BinaryClassificationEvaluator	评估二分类模型的方法
	MulticlassClassificationEvaluator	评估多分类模型的方法
	MultilabelClassificationEvaluator	评估多标签分类模型的方法
回归模型	RegressionEvaluator	评估回归模型的方法
聚类模型	ClusteringEvaluator	评估聚类模型的方法
排名模型	RankingEvaluator	评估排名模型的方法

pyspark.ml.tuning 模块提供了模型优化的方法。在机器学习中，需要对模型的参数进行调整，模型不断地拟合训练数据，最终获得较好的预测结果。pyspark.ml.tuning 模块提供参数寻优的方法，通过给定参数的可选范围，遍历参数空间从中选择最优的参数组合。pyspark.ml.tuning 模块提供的模型优化方法如表 5-4 所示。

表 5-4　pyspark.ml.tuning 模块提供的模型优化方法

优化方法	功能描述
ParamGridBuilder	参数网格，设置需要优化参数值的可选范围，遍历搜索网络
CrossValidator	K 折交叉验证，将数据集分成 K 份，选择其中 1 份作为测试数据集，剩下的 $K-1$ 份数据用来训练模型，总共进行 K 次训练，取 K 次估计值的平均值
TrainValidationSplit	根据参数划分训练数据集和测试数据集，模型只训练一次

3. 管道

pyspark.ml 模块中的管道用来表示从转换器到评估器的端到端操作，由多个转换器和一个评估器组成，按照顺序执行，对输入数据执行必要的数据转换，最后评估模型。

管道中每个转换器或评估器称为阶段，在对象上执行 fit()方法时，依次执行管道中每个转换器的 transform()方法和评估器的 fit()方法。

管道就是将数据分析的多个阶段，如数据加载、数据预处理、模型评估等，整合在一个管道对象中进行统一管理。在管道对象上执行 fit()方法，即可一步完成从数据加载到模型评估的全过程，简化模型管理过程。

5.2 使用 pyspark.ml 模块的转换器处理和转换数据

pyspark.ml 模块提供一系列基本的数据类型以支持机器学习算法，数据类型包括本地向量（Local Vector）、向量标签（Labeled Point）、本地矩阵（Local Matrix）和分布式矩阵（Distributed Matrix）等。本地向量和本地矩阵作为公共接口的简单数据模型。向量标签将特征向量和标签进行封装，用于有监督学习算法。在构建模型前，需要先加载数据，再进行数据的转换、划分、标准化等操作，对数据中存在的可疑数据、缺失数据做正确的预处理，对异常数据、离群数据做合理的取舍，为模型构建提供正确的数据。

5.2.1 数据加载及数据集划分

Spark 支持访问多种数据源，可访问的数据源包括 Hive 数据表，数据库，Avro、Parquet、JSON、CSV、TXT 格式文件等，并采用 DataFrame 数据模型实现数据加载和数据集划分，为机器学习模型提供训练数据和测试数据。

1. 数据加载

在进行机器学习前，需要从各种数据源中加载数据，下面以 CSV 格式的文件为例，介绍使用 PySpark 加载数据的过程，其他文件格式的数据加载方式请参考第 3 章。以 CSV 格式的鸢尾花（Iris）数据集为例，该数据集收集了 3 类鸢尾花，记录了鸢尾花萼片、花瓣的长度和宽度数据 4 项特征，包含 6 个数据字段：花分类编号、花瓣宽度、花瓣长度、萼片宽度、萼片长度、花分类名称，鸢尾花数据字段说明如表 5-5 所示。

表 5-5　鸢尾花数据字段说明

字段名称	说明
Species_No	花分类编号，取值 1、2、3、……
Petal_width	花瓣宽度
Petal_length	花瓣长度
Sepal_width	萼片宽度
Sepal_length	萼片长度
Species_name	花分类名称：setosa、versicolour、virginica

将该数据集存储至 HDFS 的/tmp 目录下，使用 csv()方法加载 CSV 格式的文件数据并创建 DataFrame 结构保存数据，如代码 5-1 所示。

代码 5-1　加载 CSV 格式的文件数据

```
In[1]:  from pyspark.sql import SparkSession

        spark = SparkSession.builder.enableHiveSupport().getOrCreate()
        spark.read.csv('hdfs://localhost:9000/tmp/iris.csv',
        header=True).show(5)

Out[1]: +----------+-----------+------------+-----------+------------+-------
        -----+
        |Species_No|Petal_width|Petal_length|Sepal_width|Sepal_length|Species
        _name|
        +----------+-----------+------------+-----------+------------+-------
        -----+
        |         1|        0.2|         1.4|        3.5|         5.1|      Setosa|
        |         1|        0.2|         1.4|          3|         4.9|      Setosa|
        |         1|        0.2|         1.3|        3.2|         4.7|      Setosa|
        |         1|        0.2|         1.5|        3.1|         4.6|      Setosa|
        |         1|        0.2|         1.4|        3.6|           5|      Setosa|
        +----------+-----------+------------+-----------+------------+-------
        -----+
        only showing top 5 rows
```

2. 数据集划分

数据加载后，一般会经过数据的探索和预处理，如缺失值、异常值处理等。处理完数据后，为了后续的模型结果评估，一般需要对数据集进行划分，分为训练数据集和测试数据集。训练数据集用于模型的学习，测试数据集用于评估模型性能和正确性，通常采用 7∶3 或 8∶2 的比例划分数据集（7∶3 表示取数据集中 70%作为训练数据集，30%作为测试数据集）。

使用 pyspark.ml 模块中 DataFrame 对象提供的 randomSplit()方法划分训练数据集和测试数据集，主要参数说明如下。

（1）Weight：权重列表，用于指定划分的训练数据集与测试数据集的比例，列表中的权重值之和应该等于 1，如果不等于 1，会自动进行归一化处理。

（2）Seed：用于采样的种子，对相同的数据集、相同的 Seed，采样得到的结果是一样的。它可以保证在不同计算机上运行程序，得到相同的数据划分结果。

加载鸢尾花数据集，将数据集按照 7∶3 的比例划分训练数据集和测试数据集，如代码 5-2 所示。

代码 5-2　加载数据集并划分数据集

```
In[2]:   from pyspark.sql import SparkSession

         iris_data = spark.read.csv('hdfs://localhost:9000/tmp/iris.csv',
                                    header=True, inferSchema=True)
         train_data, test_data = iris_data.randomSplit([0.7, 0.3])
         print('all:', iris_data.count(),
               'train:', train_data.count(),
               'test:', test_data.count())
Out[2]:  all: 152 train: 112 test: 40
```

5.2.2　数据降维

数据降维，也称为特征选择，是指在特征向量中选择出真正相关的特征，组成新的特征向量，进而简化模型，协助模型理解数据产生的过程。数据降维的目的是剔除不相关（irrelevant）或冗余（redundant）的特征，从而达到减少特征个数、提高模型精确度、减少运行时间的效果。在 pyspark.ml 模块中提供了两种数据降维的方法，即卡方验证和主成分分析。

1. 卡方验证

卡方验证体现了样本的实际观测值与理论推断值之间的偏离程度。卡方值决定了实际观测值与理论推断值之间的偏离程度，卡方值越大，二者偏离程度越大；反之，二者偏离程度越小。若两个值完全相等，卡方值就为 0，表明理论推断值与实际观测值完全符合。

运用卡方验证对候选特征与因变量做独立性检验，如果独立性高，那么表示两者没太大关系，该特征可以舍弃；如果独立性小，则表示两者相关性高，该特征会对因变量产生比较大的影响，应当选择。以鸢尾花数据集为例，该数据包含 4 个特征和 1 个分类标签，使用卡方验证从 4 个特征中筛选出与分类标签相关性高的 2 个特征，如代码 5-3 所示。

代码 5-3 使用卡方验证筛选特征

```
In[3]:  from pyspark.ml.feature import ChiSqSelector
        from pyspark.ml.feature import VectorAssembler
        from pyspark.ml.feature import StringIndexer

        strIndexer = StringIndexer(inputCol='Species_name',
                                   outputCol='label')
        labled_data = strIndexer.fit(iris_data).transform(iris_data)

        ft_assemble = VectorAssembler(inputCols=labled_data.columns[1:5],
                                      outputCol='features', handleInvalid='skip')
        assemble_features = ft_assemble.transform(labled_data)

        chisq_selector = ChiSqSelector(numTopFeatures=2,
                                       outputCol='chisq_Features')
        chisq_features = chisq_selector.fit(assemble_features).transform
        (assemble_features)
        chisq_features.select(['features', 'chisq_Features']).show(5)
Out[3]: +-----------------+--------------+
        |         features|chisq_Features|
        +-----------------+--------------+
        |[0.2,1.4,3.5,5.1]|     [0.2,1.4]|
        |[0.2,1.4,3.0,4.9]|     [0.2,1.4]|
        |[0.2,1.3,3.2,4.7]|     [0.2,1.3]|
        |[0.2,1.5,3.1,4.6]|     [0.2,1.5]|
        |[0.2,1.4,3.6,5.0]|     [0.2,1.4]|
        +-----------------+--------------+
        only showing top 5 rows
```

结果显示鸢尾花数据集前两个特征（Petal_width、Petal_length）与分类标签相关性高。

2. 主成分分析

主成分分析（Principal Component Analysis，PCA）是设法将原来众多具有一定相关性的特征重新组合成一组新的互相无关的综合特征代替原来的特征，实现将高维数据映射到较低维的空间，同时尽可能保留原有信息的数据降维方法。主成分分析尝试沿着垂直轴的方向，以最大化方差的方式挑选新的特征，并有效地将高维特征空间转换为包含衍生特征的较低维空间，以更简洁的形式解释数据的变化。以鸢尾花数据集为例，使用主成分分析方法将数据集中的 4 维特征映射成新的 2 维特征，实现筛选特征目的，如代码 5-4 所示。

代码 5-4　使用主成分分析筛选特征

```
In[4]:  from pyspark.ml.feature import PCA
        from pyspark.ml.feature import VectorAssembler

        ft_assembler = VectorAssembler(inputCols=iris_data.columns[1:-1],
                                       outputCol='features', handleInvalid='skip')
        assembled_features = ft_assembler.transform(iris_data)

        pca = PCA(inputCol='features',
                  outputCol='pcaFeatures',
                  k=2)
        pca_features = pca.fit(assembled_features).transform(assembled_features)
        pca_features.select(['features', 'pcaFeatures']).show(5, False)
Out[4]: +-----------------+-----------------------------------------+
        |features         |pcaFeatures                              |
        +-----------------+-----------------------------------------+
        |[0.2,1.4,3.5,5.1]|[-2.8182395066394736,-5.6463498234127565]|
        |[0.2,1.4,3.0,4.9]|[-2.7882234453146837,-5.149951351762862] |
        |[0.2,1.3,3.2,4.7]|[-2.613374563549713,-5.1820031507421005] |
        |[0.2,1.5,3.1,4.6]|[-2.7570222769676,-5.008653597575744]    |
        |[0.2,1.4,3.6,5.0]|[-2.77364859605448,-5.653707089762584]   |
        +-----------------+-----------------------------------------+
        only showing top 5 rows
```

5.2.3　数据标准化

在机器学习领域中，数据集中包含的特征往往具有不同的量纲和量纲单位，不同的量纲会影响各特征之间的大小范围，不具备可比性，进而影响数据分析的结果。为了消除特征之间的量纲影响，需要做数据标准化处理，实现数据指标之间的可比性。原始数据经过数据标准化处理后，各指标处于同一数量级，适合进行综合对比和评估。pyspark.ml 模块中提供了 4 种数据标准化的方法，包括最大最小标准化、最大绝对值标准化、正态分布标准化和基于范数的标准化。

1. 最大最小标准化

最大最小标准化将数据集中每一维特征值转换到[0,1]闭区间上，即将每一维特征值减去最小值，除以该维度数据的跨度（最大值减最小值），如式（5-1）。

$$f(x_k)=\frac{x_k-\min_k(x)}{\max_k(x)-\min_k(x)} \tag{5-1}$$

如对数据集[(1,1,2),(0,2,2),(－1,5,3),(－3,5,1)]进行最大最小标准化，如代码 5-5 所示。

代码 5-5　使用最大最小标准化对数据集进行标准化

```
In[5]:  from pyspark.ml.feature import MinMaxScaler
        from pyspark.ml.linalg import Vectors
        from pyspark.sql import SparkSession

        spark = SparkSession.builder.getOrCreate()

        mms_raw_data = spark.createDataFrame([(Vectors.dense([1, 1, 2]),),
                                              (Vectors.dense([0, 2, 2]),),
                                              (Vectors.dense([-1, 5, 3]),),
                                              (Vectors.dense([-3, 5, 1]),)],
                                             ['features'])
        mms_scaler = MinMaxScaler().setInputCol('features').setOutputCol
        ('scaledFeatures')
        MinMaxScaler_data = mms_scaler.fit(mms_raw_data).transform(mms_raw_data)
        MinMaxScaler_data.select(['features', 'scaledFeatures']).show()

Out[5]: +--------------+---------------+
        |      features| scaledFeatures|
        +--------------+---------------+
        | [1.0,1.0,2.0]|  [1.0,0.0,0.5]|
        | [0.0,2.0,2.0]|[0.75,0.25,0.5]|
        |[-1.0,5.0,3.0]|  [0.5,1.0,1.0]|
        |[-3.0,5.0,1.0]|  [0.0,1.0,0.0]|
        +--------------+---------------+
```

2. 最大绝对值标准化

最大绝对值标准化将数据集中每一维特征值转换到[－1,1]闭区间上，即将每一维特征值除以该维度数据中的最大值的绝对值。最大绝对值标准化不会平移数据，因此不会破坏原有特征向量的稀疏。如对数据集[(1,－2,1),(0,－2,－2),(－1,2,0),(－2,2,1)]进行最大绝对值标准化，如代码 5-6 所示。

代码 5-6 使用最大绝对值标准化对数据集进行标准化

```
In[6]:  from pyspark.ml.feature import MaxAbsScaler
        from pyspark.ml.linalg import Vectors
        from pyspark.sql import SparkSession

        spark = SparkSession.builder.getOrCreate()

        mac_raw_data = spark.createDataFrame([(Vectors.dense([1, -2, -1]),),
                                              (Vectors.dense([0, -2, -2]),),
                                              (Vectors.dense([-1, 2, 0]),),
                                              (Vectors.dense([-2, 2, 1]),)],
                                             ['features'])
        mac_scaler = MaxAbsScaler().setInputCol('features').setOutputCol
        ('scaledFeatures')
        MaxAbsScaler_data = mac_scaler.fit(mac_raw_data).transform(mac_raw_data)
        MaxAbsScaler_data.select(['features', 'scaledFeatures']).show()
Out[6]: +---------------+---------------+
        |       features| scaledFeatures|
        +---------------+---------------+
        |[1.0,-2.0,-1.0]|[0.5,-1.0,-0.5]|
        |[0.0,-2.0,-2.0]|[0.0,-1.0,-1.0]|
        | [-1.0,2.0,0.0]| [-0.5,1.0,0.0]|
        | [-2.0,2.0,1.0]| [-1.0,1.0,0.5]|
        +---------------+---------------+
```

3. 正态分布标准化

正态分布标准化会将数据集中每一维特征列向量标准化为标准差为 1、平均值为 0 的特征向量，计算方法如式（5-2）。

$$\overline{x}_k = \frac{x_k - \mu}{\sigma} \tag{5-2}$$

其中 x_k 代表特征列向量中的元素，μ 代表该特征列向量的均值，σ 代表该特征列向量的标准差，$\overline{x}_k$ 代表对应元素进行标准化后的结果。

使用正态分布标准化对数据进行标准化，有两个参数可设置，具体说明如下。

（1）withStd：默认为 true，表示使用单位标准差标准化数据，即将每一维特征值除以该维所有特征值的标准差。例如，某特征列向量为[*a*,*b*,*c*]，如果该向量样本差为 *m*，那么通过正态分布标准化后得到向量为[*a*/*m*,*b*/*m*,*c*/*m*]。

（2）withMean：表示是否按均值进行平移，默认为 false，即每维特征不按平均值进行平移。例如，某特征列向量为[a,b,c]，当将 withMean 参数设置为 true 时，如果该向量的平均值为 m（所有特征值之和除以特征值的个数），那么标准化后得到的向量为[$a-m,b-m,c-m$]。

对数据集[(1, −2,0),(0, −2,1),(−1, −2,2)]进行正态分布标准化，如代码 5-7 所示。

代码 5-7　使用正态分布标准化对数据集进行标准化

```
In[7]:  from pyspark.ml.feature import StandardScaler
        from pyspark.ml.linalg import Vectors
        from pyspark.sql import SparkSession

        spark = SparkSession.builder.getOrCreate()
        ss_raw_data = spark.createDataFrame([(Vectors.dense([1, -2, 0]),),
                                        (Vectors.dense([0, -2, 1]),),
                                        (Vectors.dense([-1, -2, 2]),)],
                                       ['features'])

        ss_scaler = StandardScaler().setInputCol('features') \
            .setOutputCol('scaledFeatures') \
            .setWithStd(True).setWithMean(True)
        StandardScaler_data = ss_scaler.fit(ss_raw_data).transform(ss_raw_data)
        StandardScaler_data.select(['features',
        'scaledFeatures']).show(truncate=False)
Out[7]: +---------------+--------------+
        |features       |scaledFeatures|
        +---------------+--------------+
        |[1.0,-2.0,0.0] |[1.0,0.0,-1.0]|
        |[0.0,-2.0,1.0] |[0.0,0.0,0.0] |
        |[-1.0,-2.0,2.0]|[-1.0,0.0,1.0]|
        +---------------+--------------+
```

4. 基于范数的标准化

基于范数的标准化将数据中的每一行向量使用 p 范数将数据缩放为单位范数，即将数据集每个元素除以该行元素的 p 范数。例如，某行向量为[a,b,c]，如果按照式（5-3）计算其 n 阶范数值为 m，那么标准化后得到的向量为[$a/m,b/m,c/m$]。根据 p 范数的式（5-3）可知，1 阶（L1）范数计算如式（5-4）所示，2 阶（L2）范数计算如式（5-5）所示。

$$\|X\|_p=(|x_1|^p+|x_2|^p+|x_3|^p+\cdots+|x_n|^p)^{\frac{1}{p}} \tag{5-3}$$

$$\|X\|_1=(|x_1|+|x_2|+|x_3|+\cdots+|x_n|) \tag{5-4}$$

$$\|X\|_2=(|x_1|^2+|x_2|^2+|x_3|^2+\cdots+|x_n|^2)^{\frac{1}{2}} \tag{5-5}$$

式（5-3）中，x_1 代表特征向量中的元素，p 代表范数值，$\|X\|_p$ 代表计算向量 X 的 p 范数。

对数据集[(– 1,0,1),(1,2,3)]每一行向量使用 p=1 和 p=2 进行基于范数的标准化，如代码 5-8 所示。

代码 5-8　使用基于范数的标准化对数据集进行标准化

In[8]:
```
from pyspark.ml.feature import Normalizer
from pyspark.sql import SparkSession

spark = SparkSession.builder.getOrCreate()
norm_raw_data = spark.createDataFrame([(Vectors.dense([-1, 0, 1]),),
                                       (Vectors.dense([1, 2, 3]),)],
                                      ['features'])

norm_scaler1 = Normalizer(p=1, inputCol='features', outputCol=
                          'norm1Features')
norm_data1 = norm_scaler1.transform(norm_raw_data)
print('L1 Normalizer:')
norm_data1.select(['features', 'norm1Features']).show(truncate=False)

norm_scaler2 = Normalizer(p=2, inputCol='features', outputCol=
                          'norm2Features')
norm_data2 = norm_scaler2.transform(norm_raw_data)
print('L2 Normalizer:')
norm_data2.select(['features', 'norm2Features']).show(truncate=False)
```

Out[8]:
```
L1 Normalizer:
+--------------+------------------------------------------+
|features      |norm1Features                             |
+--------------+------------------------------------------+
|[-1.0,0.0,1.0]|[-0.5,0.0,0.5]                            |
|[1.0,2.0,3.0] |[0.16666666666666666,0.3333333333333333,0.5]|
+--------------+------------------------------------------+

L2 Normalizer:
+--------------+-----------------------------------------------------------
-----+
|features     |norm2Features                                              |
+-------------+-------------------------------------------------------------+
```

```
|[-1.0,0.0,1.0]|[-0.7071067811865475,0.0,0.7071067811865475]
|
|[1.0,2.0,3.0]
|[0.2672612419124244,0.5345224838248488,0.8017837257372732]|
+--------------+---------------------------------------------------
-----+
```

5.2.4　数据类型转换

pyspark.ml 模块中的机器学习算法都采用向量类型存储和处理特征向量，因此需要将数据集中的文本、数值等信息转换成 MLlib 中算法所需要的数据结构。pyspark.ml 模块提供了数据类型转换的方法，可以对数据进行数据类型转换，得到机器学习算法所需的数据结构。

1. 向量

pyspark.ml 模块包含两种向量类型，密集向量（Dense Vector）和稀疏向量（Sparse Vector）。密集向量记录所有的值；稀疏向量则通过索引记录非零值，可以有效减少存储空间。将一维数组转换为密集向量，如代码 5-9 所示。

代码 5-9　将一维数组转换为密集向量

```
In[9]:    from pyspark.ml.linalg import Vectors
          from pyspark.sql import SparkSession

          spark = SparkSession.builder.getOrCreate()
          dn_vector = Vectors.dense([-1, 0, 1])
          print(type(dn_vector), dn_vector)
Out[9]:   (<class 'pyspark.ml.linalg.DenseVector'>, DenseVector([-1.0, 0.0, 1.0]))
```

将一维数组转换为稀疏向量，如代码 5-10 所示。

代码 5-10　将一维数组转换为稀疏向量

```
In[10]:   from pyspark.ml.linalg import Vectors
          from pyspark.sql import SparkSession

          spark = SparkSession.builder.getOrCreate()
          sp_vector = Vectors.sparse(4, {1: 1, 3: 3})
          print(type(sp_vector), sp_vector)
          print(sp_vector)
```

```
Out[10]:    (<class 'pyspark.ml.linalg.SparseVector'>, SparseVector(4, {1: 1.0, 3:
            3.0}))
            (4,[1,3],[1.0,3.0])
```

将该一维数组转换为稀疏向量后，向量长度为 4，其中向量第 1 个位置（从 0 开始）为 1.0，第 3 个位置为 3.0，其余位置为 0。

2. 标签索引转换器

对于字符串类型的数据，可以使用标签索引转换器（StringIndexer）将其转换为数字，再使用其他转换方法得到向量类型的数据结构。标签索引转换器按照字符串出现的频率进行排序，出现次数最多的字符串对应的索引为 0。使用标签索引转换器对字符串建立标签索引，如代码 5-11 所示。

代码 5-11　使用标签索引转换器对字符串建立标签索引

```
In[11]:     from pyspark.ml.feature import StringIndexer
            from pyspark.sql import SparkSession

            spark = SparkSession.builder.getOrCreate()
            si_raw_data = spark.createDataFrame([(0, 'a',), (1, 'b',),
                                                 (2, 'c',), (3, 'd',),
                                                 (4, 'a',), (5, 'a',),
                                                 (6, 'e',), (7, 'd',)],
                                                ['id', 'category'])
            strIndexer = StringIndexer(inputCol='category', outputCol='IdxFeatures')
            indexed_data = strIndexer.fit(si_raw_data).transform(si_raw_data)
            indexed_data.show()
Out[11]:    +---+--------+-----------+
            | id|category|IdxFeatures|
            +---+--------+-----------+
            |  0|       a|        0.0|
            |  1|       b|        3.0|
            |  2|       c|        4.0|
            |  3|       d|        1.0|
            |  4|       a|        0.0|
            |  5|       a|        0.0|
            |  6|       e|        2.0|
            |  7|       d|        1.0|
```

3. 向量装配转换器

向量装配转换器（VectorAssembler）将多个特征组合形成一个特征向量，特别适用于训练逻辑回归和决策树等算法模型。向量装配转换器接收的输入列类型包括所有数值类型、布尔类型和向量类型。在每一行中，输入列的值将按照指定的顺序连接到一个向量中。使用向量装配转换器将数据集中的所有属性合并成单一特征向量，如代码 5-12 所示。

代码 5-12　使用向量装配转换器构建特征向量

```
In[12]:  from pyspark.ml.feature import VectorAssembler
         from pyspark.sql import SparkSession

         spark = SparkSession.builder.getOrCreate()
         va_raw_data = spark.createDataFrame([(0.0, 0.1, 0.2), (1.0, 1.1, 1.2),
                                              (2.0, 2.2, 2.2), (3.0, 3.3, 3.2)],
                                             ['f1', 'f2', 'f3'])
         va_transform = VectorAssembler(inputCols=va_raw_data.columns,
                                        outputCol='assembleFeatures')
         va_features = va_transform.transform(va_raw_data)
         va_features.show()
Out[12]: +---+---+---+----------------+
         | f1| f2| f3|assembleFeatures|
         +---+---+---+----------------+
         |0.0|0.1|0.2|   [0.0,0.1,0.2]|
         |1.0|1.1|1.2|   [1.0,1.1,1.2]|
         |2.0|2.2|2.2|   [2.0,2.2,2.2]|
         |3.0|3.3|3.2|   [3.0,3.3,3.2]|
         +---+---+---+----------------+
```

4. 独热编码转换器

独热编码转换器（OneHotEncoder）将一列分类特征映射成一系列的二元连续特征。原有的分类特征有多少种可能取值，则会被映射成多少个二元连续特征，每一个取值代表一种特征。若该数据集中出现该特征，则取 1，否则取 0。独热编码转换器适用于一些期望分类特征为连续特征的算法，如逻辑回归等。对某特征中的内容进行独热编码转换，如果该特征包含的内容为 0、1、2、3 共 4 个类别，那么编码后采用长度为 3（默认情况下最后一个分类使用全 0 表示，因此长度为 3）的稀疏向量表示，向量中不同位置对应不同的类别，如代码 5-13 所示。

代码 5-13　使用独热编码转换器对特征进行重编码

```
In[13]:  from pyspark.ml.feature import OneHotEncoder
```

```
oh_raw_data = spark.createDataFrame([(0,), (1,), (1,), (2,), (3,)],
                                    ['features'])

oh_encoder = OneHotEncoder(inputCol='features', outputCol=
                               'encodedFeatures')
ohe = oh_encoder.fit(oh_raw_data)
encoded_data = ohe.transform(oh_raw_data)
encoded_data.show()
```

```
Out[13]:  +--------+---------------+
          |features|encodedFeatures|
          +--------+---------------+
          |       0|  (3,[0],[1.0])|
          |       1|  (3,[1],[1.0])|
          |       1|  (3,[1],[1.0])|
          |       2|  (3,[2],[1.0])|
          |       3|  (3,[],[])    |
          +--------+---------------
```

5. 多项式展开转换器

多项式展开转换器（PolynomialExpansion）将特征展开到多项式空间，由原始维度的 *n* 次组合来表示，如将特征向量(X,Y)展开到二项式空间为(X,X^2,Y,XY,Y^2)。多项式展开转换器常用于为数据集构造新特征。使用多项式展开转换器将向量(2,3)展开到二项式空间，如代码 5-14 所示。

代码 5-14　使用多项式展开转换器将向量展开

```
In[14]:  from pyspark.ml.feature import PolynomialExpansion

         pe_raw_data = spark.createDataFrame([(Vectors.dense([2, 3]),)],
                                             ['features'])

         pe_expand = PolynomialExpansion(degree=2,
                                         inputCol='features',
                                         outputCol='expandFeatures')
         expand_data = pe_expand.transform(pe_raw_data)
         expand_data.select(['features',
         'expandFeatures']).show(truncate=False)
```

```
Out[14]:  +---------+--------------------+
          |features |expandFeatures      |
          +---------+--------------------+
          |[2.0,3.0]|[2.0,4.0,3.0,6.0,9.0]|
          +---------+--------------------+
```

5.3 pyspark.ml 模块的评估器和模型评估

pyspark.ml 模块中评估器主要实现机器学习中的各种模型，包括分类、回归、聚类、智能推荐等。本节将通过不同的数据集介绍 pyspark.ml 模块中分类、回归、聚类和智能推荐模型的使用方法。

5.3.1 使用 PySpark 构建并评估分类模型

分类是机器学习和数据挖掘中应用较为广泛的学习模型。分类模型是通过在已有历史数据（带标签）的基础上进行学习和训练，来构建的（即通常所说的分类器（Classifier）），从而对未知数据进行分类。

构建分类模型一般需要如下几个步骤。

（1）选定样本（包含正样本和负样本），将所有样本分成训练样本和测试样本两部分。

（2）使用训练样本来构建分类模型。

（3）在测试样本上执行分类模型，生成预测结果。

（4）对得到的预测结果计算必要的评估指标（如准确率、均方误差等），从而评估分类模型的性能。

pyspark.ml 模块中的分类模型按照分类结果可划分为二分类、多分类和回归分类；按照分类方法可分为决策树、随机森林、逻辑回归和朴素贝叶斯等。分类问题与分类方法关系如表 5-6 所示。

表 5-6　分类问题与分类方法关系

分类问题	支持的分类方法
二分类	逻辑回归，决策树，随机森林，朴素贝叶斯，支持向量机
多分类	逻辑回归，决策树，随机森林，朴素贝叶斯，支持向量机
回归分类	逻辑回归，决策树，随机森林，朴素贝叶斯

下面以人力资源数据集为例，该数据集为入职者参加公司培训后寻找新工作的记录，包含 1 个分类标签、13 个特征，共 19158 条数据记录（存在缺失数据）。人力资源数据字段说明如表 5-7 所示。

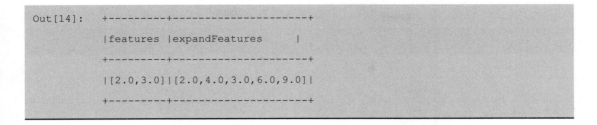

表 5-7　人力资源数据字段说明

字段名称	说明
enrollee_id	入职者的唯一 ID
city	城市代码
city_development_index	城市发展指数（按比例）
gender	入职者性别
relevant_experience	入职者的相关经验
enrolled_university	已注册的大学课程类
education_level	入职者的教育水平
major_discipline	入职者的教育专业
experience	入职者总经验
company_size	当前雇主公司中的雇员人数
company_type	当前雇主公司的类型
lastnewjob	上一份工作与当前工作之间的年差
training_hours	培训时间
target	0 表示培训后不去找工作，1 表示培训后去找工作

使用 pyspark.ml 模块中的随机森林模型在该数据集上训练得到分类模型，然后进行预测并评估该分类模型的性能。随机森林模型是一种集成学习模型，其将若干"弱"模型整合为"强"模型，充分体现了"团结就是力量"的团队精神，并采用少数服从多数的原理对多个学习模型结果进行投票，从而获得更加准确、合理的最终预测结果。

1. 获取数据

创建 SparkSession 对象，从 hr_data.csv 文件中加载人力资源数据集（将 hr_data.csv 文件存储至 HDFS 的/tmp/data 目录下，使用 Jupyter Notebook 新建 Python 3 记事本），如代码 5-15 所示。

代码 5-15　加载数据集

```
In[1]:  from pyspark.sql import SparkSession
        from pyspark.ml.feature import VectorAssembler
        from pyspark.ml.feature import StringIndexer

        spark = SparkSession.builder.getOrCreate()
        hrData = spark.read.csv('hdfs://localhost:9000/tmp/data/hr_data.csv',
                                header=True, inferSchema=True)
        hrData.show(5)
```

```
Out[1]:  +-----------+--------+----------------------+------+-----------------
         ---+-------------------+--------------------+--------------------+----------+-
         -----------+--------------+------------+-------------------+------+
         |enrollee_id|    city|city_development_index|gender| relevant_
         experience|enrolled_university|education_level|major_discipline|experience
         |company_size|  company_type|last_new_job|training_hours|target|
         +-----------+--------+----------------------+------+-----------------
         ---+-------------------+--------------------+--------------------+----------+-
         -----------+--------------+------------+-------------------+------+
         |       8949|city_103|                  0.92|  Male|Has relevant expe...|
         no_enrollment|        Graduate|             STEM|        >20|          null|
         null|           1|            36|   1.0|
         |      29725| city_40|    0.7759999999999999|  Male|No relevant exper...|
         no_enrollment|        Graduate|             STEM|         15|         50-99|
         Pvt Ltd|          >4|            47|   0.0|
         |      11561| city_21|                 0.624|  null|No relevant exper...|
         Full time course|       Graduate|            STEM|          5|         null|
         null|       never|            83|   0.0|
         |      33241|city_115|                 0.789|  null|No relevant exper...|
         null|       Graduate| Business Degree|       <1|         null|         Pvt
         Ltd|       never|            52|   1.0|
         |        666|city_162|                 0.767|  Male|Has relevant expe...|
         no_enrollment|             Masters|                 STEM|             >20|
         50-99|Funded Startup|             4|             8|   0.0|
         +-----------+--------+----------------------+------+-----------------
         ---+-------------------+--------------------+--------------------+----------+-
         -----------+--------------+------------+-------------------+------+
         only showing top 5 rows
```

数据集被加载后，需要对数据进行预处理，如了解数据集规模、是否需要进行数据类型转换、处理包含空值的记录、处理缺失值等。

（1）验证数据集的规模及数据类型

使用数据集对象的 count()方法获取数据集的记录数，再使用 len()方法获取数据集的字段数量，使用 printSchema()方法查看数据集各个字段的数据类型，如代码 5-16 所示。

代码 5-16　验证数据集的规模及数据类型

```
In[2]:   hrData.count(), len(hrData.columns)

Out[2]:  (19158, 14)
```

```
In[3]:    hrData.printSchema()

Out[3]:   root
           |-- enrollee_id: integer (nullable = true)
           |-- city: string (nullable = true)
           |-- city_development_index: double (nullable = true)
           |-- gender: string (nullable = true)
           |-- relevant_experience: string (nullable = true)
           |-- enrolled_university: string (nullable = true)
           |-- education_level: string (nullable = true)
           |-- major_discipline: string (nullable = true)
           |-- experience: string (nullable = true)
           |-- company_size: string (nullable = true)
           |-- company_type: string (nullable = true)
           |-- last_new_job: string (nullable = true)
           |-- training_hours: integer (nullable = true)
           |-- target: double (nullable = true)
```

从代码 5-16 的结果中可以看出人力资源数据集包含 14 个属性（13 个特征数据和 1 个标签数据），总共 19158 条记录。DataFrame 对象使用了正确的数据类型记录数据集中的数据。

（2）检查与处理缺失值

在建立分类模型前，首先对人力资源数据集中是否存在缺失值进行检查，如代码 5-17 所示。

代码 5-17　检查数据集中的缺失值

```
In[4]:    import pyspark.sql.functions as f

          hrData.agg(*[f.count(c) / f.count('*') for c in hrData.columns]).show()

Out[4]:   +-----------------------------+----------------------------+-----------
          ----------------------------+----------------------------+----------
          --------------------------+----------------------------------------
          +-------------------------------------+------------------------------
          ----+-----------------------------+-----------------------------------+
          ------------------------------+----------------------------------+---
          ----------------------------+----------------------------+
          |(count(enrollee_id) / count(1))|(count(city) /
           count(1))|(count(city_development_index) / count(1))|(count(gender) /
           count(1))|(count(relevant_experience) /
           count(1))|(count(enrolled_university) /
```

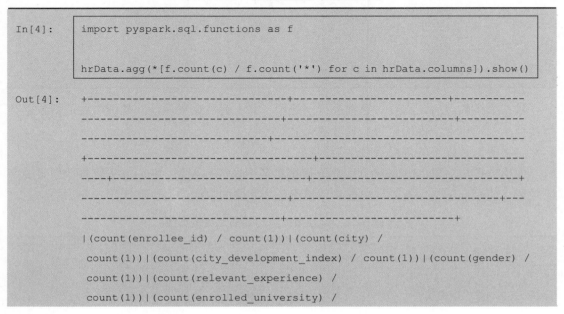

```
count(1))|(count(education_level) / count(1))|(count(major_discipline) /
count(1))|(count(experience) / count(1))|(count(company_size) /
count(1))|(count(company_type) / count(1))|(count(last_new_job) /
count(1))|(count(training_hours) / count(1))|(count(target) / count(1))|
+-------------------------------+-------------------------+----------
-------------------------------+--------------------------+----------
------------------------------+--------------------------------------
+-----------------------------------+--------------------------------
----+-------------------------------+--------------------------------+
-------------------------------+-------------------------------+---
-------------------------------+-------------------------+
|                                  1.0|                             1.0|
1.0|         0.7646936005846122|                                  1.0|
0.9798517590562689|                                 0.9759891429167972|
0.8531683891846749|                                 0.9966071614991127|
0.6900511535650903|                                 0.6795072554546404|
0.977920450986533|                                                 1.0|
1.0|
+-------------------------------+-------------------------+----------
-------------------------------+--------------------------+----------
------------------------------+--------------------------------------
+-----------------------------------+--------------------------------
----+-------------------------------+--------------------------------+
-------------------------------+-------------------------------+---
-------------------------------+-------------------------+
```

代码 5-17 结果显示，属性 gender、company_size、company_type 缺失值较多，属性 enrolled_university、education_level、major_discipline、experience、last_new_job 缺失值较少。

使用 drop()方法删除缺失值较多的属性，使用 dropna()方法去除包含缺失值的记录，如代码 5-18 所示。

代码 5-18 去除包含缺失值的属性和记录

```
In[5]:   hrData2 = hrData.drop('gender', 'company_type', 'company_size')
         hrData = hrData2.dropna()
         hrData.count()

Out[5]:  15792
```

代码 5-18 结果显示，去除包含缺失值的属性和记录后，数据集包含 15792 条记录。

2. 转换和处理数据

在 Spark 中，使用向量描述所有的输入特征，需要将数据集中的特征组合成特征向量。在人力资源数据集中，除了 enrollee_id、city_development_index、training_hours 特征为数值类型外，其他特征均为字符型。pyspark.ml 模块的机器学习模型使用向量方式描述处理对象的特征，因此，需要对数据集中的数据进行转换。首先使用 StringIndexer()将字符型特征转换为数字型，然后使用 VectorAssembler()将所有特征组合成特征向量，如代码 5-19 所示。

代码 5-19 数据类型转换及创建特征向量

```
In[6]:  from pyspark.ml.feature import VectorAssembler
        from pyspark.ml.feature import StringIndexer

        nanColumns = [
            'city', 'relevant_experience', 'enrolled_university',
            'education_level', 'major_discipline', 'experience',
            'last_new_job', 'target'
        ]
        numColumns = ['city_development_index', 'training_hours']

        input_cols = []

        for col in nanColumns:
            strIndexer = StringIndexer(inputCol=col, outputCol='indexed_' + col)
            input_cols.append('indexed_' + col)
            hrData = strIndexer.fit(hrData).transform(hrData)
        input_cols.append(numColumns)

        assembler = VectorAssembler(inputCols=input_cols[1:-1],
                                    outputCol='features')
        hrData = assembler.transform(hrData)
```

数据准备完毕后，在进行机器学习前，需要对数据集进行划分，分为训练数据集和测试数据集。将数据集按照 8∶2 的比例划分为训练数据集和测试数据集，如代码 5-20 所示。

代码 5-20 数据集划分

```
In[7]:  train_data, test_data = hrData.randomSplit([0.8, 0.2])
        print(
```

```
    'all:', hrData.count(),
    'train:', train_data.count(),
    'test:', test_data.count()
)
```

```
Out[7]:   'all:', 15792, 'train:', 12557, 'test:', 3235
```

3. 训练分类模型

随机森林是一种集成学习方法，采用自助抽样集成。这种方法将决策树作为基础模型，使用 bootstrap（自助法）将训练数据集分成 m 个新的训练数据集，然后对每个训练数据集构造一棵决策树。随机森林在节点分裂时，并不是对所有特征都要找到最优切分点，而是在特征中随机抽取一部分特征，在这些特征中找到最优解，将其应用于节点分裂。最后预测时，将 m 个模型的结果进行整合，得到最终结果。整合方式：分类问题用多数投票制（majority voting），回归问题用均值。

在 MLlib 中可以使用 pyspark.ml.classification 中的 RandomForestClassifier 类构建随机森林模型。构建随机森林模型需要的参数说明如下。

（1）featureCol：特征向量，由 VectorAssembler 组合得到。

（2）labelCol：用于描述分类标签列。

（3）maxDepth：生成决策树时，树的最大深度。

（4）impurity='gini'：度量信息增益的方法，有 entropy（信息熵）和 gini（基尼系数）。

（5）numTrees：构建决策树的个数。

随机森林模型属于有监督学习，需要在训练数据集上进行学习，确定模型参数，然后在测试数据集上进行预测。本例采用随机森林模型（随机森林模型中决策树的数量为 20）在人力资源数据集上进行学习，并在测试数据集上进行预测，如代码 5-21 所示。

代码 5-21 训练随机森林模型并在测试数据集上进行预测

```
In[8]:  from pyspark.ml.classification import RandomForestClassifier

        rfc_model = RandomForestClassifier(
            labelCol='target',
            featuresCol='features',
            numTrees=20
        )

        predictions = rfc_model.fit(train_data).transform(test_data)
        predictions.groupBy('prediction',
        'target').count().orderBy('prediction').show()
```

```
Out[8]:   +----------+--------------+-----+
          |prediction|indexed_target|count|
          +----------+--------------+-----+
          |       0.0|           1.0|  839|
          |       0.0|           0.0| 2392|
          |       1.0|           0.0|    4|
          +----------+--------------+-----+
```

4. 评估分类模型

对机器学习而言，最后对模型进行评估很重要，通过模型评估可以知道模型的好坏、预测结果的准确性，有利于对模型进行改进。pyspark.ml.evaluation 模块定义了各种函数用于模型的评估，包括召回率、准确率、精准率、F 值、接收者操作特征曲线（Receiver Operating Characteristic，ROC）等评估指标。我们采用多分类评估方法 MulticlassClassificationEvaluator 对模型进行评估，评估指标为准确率（accuracy），如代码 5-22 所示。模型评估结果显示，accuracy 的值约为 73.9%，这表明模型定义良好，但是并没有优越之处，后续可以考虑对模型进行优化，具体的优化方法可参考表 5-4。

代码 5-22　评估随机森林模型

```
In[9]:   from pyspark.ml.evaluation import MulticlassClassificationEvaluator

         mult_evaluator = MulticlassClassificationEvaluator(
             labelCol='indexed_target',
             predictionCol='prediction',
             metricName='accuracy'
         )

         accuracy = mult_evaluator.evaluate(predictions)
         print('accuracy', accuracy)
Out[9]:  accuracy 0.7394126738794435
```

5.3.2　使用 PySpark 构建并评估回归模型

回归模型是机器学习中广泛使用的预测模型，研究的是因变量（目标）和自变量（预测器）之间的关系，以及变量之间的因果关系。回归模型与分类模型一样，需要在已有数据的基础上进行学习和训练，构建出一个回归模型。回归模型不仅可以用来研究变量间的因果关系，也可以用于分类问题。pyspark.ml 模块提供的 6 种回归模型，如表 5-8 所示。

表 5-8 pyspark.ml 模块提供的 6 种回归模型

回归模型	模型说明
线性回归	线性回归使用最佳的拟合直线（也就是回归线）在因变量 Y 和一个或多个自变量 X 之间建立一种关系
逻辑回归	逻辑回归用来计算事件成功（Success）或失败（Failure）的概率
多项式回归	在因变量 Y 和一个或多个自变量 X 之间建立一种关系，如果自变量的指数大于 1，该回归称为多项式回归（多项式回归的最佳拟合线是曲线）
岭回归	以损失部分信息、降低精度为代价获得回归系数的回归方法（L2 正则化）
套索回归	与岭回归类似，其惩罚函数回归系数的绝对值（L1 正则化）
弹性回归	弹性回归是岭回归和套索回归的混合技术，它同时使用 L2 和 L1 正则化

以某竞赛网站用户数据集为例，该数据集记录了用户对网站中各个标签的访问次数，包含 30 个被访问标签、1 个用户分类标签和 1 个用户 ID，共 76833 条数据记录。竞赛网站用户具体数据字段说明如表 5-9 所示。

表 5-9 竞赛网站用户具体数据字段说明

字段名称	说明
id	用户 ID
status	用户类别，0 或 1
30 个被访问的标签字段	竞赛，泰迪杯，学习，书籍，案例，优秀作品，项目，Python，竞赛通知，项目悬赏，R，数据挖掘，新闻，网络爬虫、数据预处理，干货，培训，数据采集、大数据挖掘，数据服务，招聘，MATLAB，工具，教师，赛题征集，英雄榜，招投标，竞赛相关单位，数睿思，教练员培训，旅游业，农业

以竞赛网站用户数据集为例，介绍如何使用 pyspark.ml 模块的逻辑回归模型和评估方法。

1. 获取数据

使用 SparkSession 加载数据集并对数据集进行预处理，如代码 5-23 所示，包括去除用户 ID 列，去除数据集中未访问任何标签的记录（所有特征的值为 0）。要在数据集中筛选出没有任何访问记录的用户，可以考虑增加一个特征，该特征的值为数据集中对应用户特征值的和，通过检查该特征的结果（是否为 0）判断用户是否为无访问记录的用户。为了实现该功能，需要将 PySpark 的 DataFrame 对象转换为 Pandas 的 DataFrame 对象，处理完后再转换为 PySpark 的 DataFrame 对象。

代码 5-23 加载数据集及预处理

```
In[10]:   import numpy as np

          spark_data = spark.read.csv('hdfs://localhost:9000/tmp/data/web-
```

```
userdata.csv',
                          header=True, inferSchema=True)
pd_data = spark_data.toPandas()
pd_data['sumFeature'] = np.sum(pd_data[pd_data.columns[2:-1]], axis=1)
clean_pd_data = pd_data[pd_data['sumFeature'] > 0]
cleaned_spark_data = spark.createDataFrame(clean_pd_data.values.tolist(),
                                        clean_pd_data.columns.tolist())
print('original data:', spark_data.count(),
     'cleaned data:', cleaned_spark_data.count())
```

```
Out[10]:   original data: 76833 cleaned data: 67406
```

2. 转换和处理数据

对数据集进行预处理后，将数据集中的特征（从数据集的第 2 列开始的数据）组合成特征向量，并按照 8∶2 的比例划分数据集，得到训练数据集和测试数据集，转换和处理数据如代码 5-24 所示。

代码 5-24　转换和处理数据

```
In[11]:   from pyspark.ml.feature import VectorAssembler

          va_model = VectorAssembler(inputCols=cleaned_spark_data.columns[2:],
                                     outputCol='features')
          vector_data = va_model.transform(cleaned_spark_data)

          train_data, test_data = vector_data.randomSplit([0.8, 0.2])
          print('train data:', train_data.count(),
               'test data:', test_data.count())
```

```
Out[11]:   train data: 53856 test data: 13550
```

3. 训练回归模型

逻辑回归（Logistic Regression）模型是一种用于解决二分类问题的机器学习模型。该模型是在线性回归的基础上，增加了一个逻辑函数，将预测值限定在[0,1]之间的一种分类模型，用于估计某种可能性。逻辑回归的结果并非数学定义中的概率值，不可以直接当作概率值来用。

在 MLlib 中可以使用 pyspark.ml.classification 中的 LogisticRegression 类构建逻辑回归模型。构建逻辑回归模型需要的参数说明如下。

（1）featureCol：特征向量，由 VectorAssembler 组合得到。

（2）labelCol：用于描述分类标签列。

（3）maxIter：最大迭代次数。

使用竞赛网站用户数据集训练逻辑回归模型，并使用测试数据集进行测试，建立逻辑回归模型如代码 5-25 所示。

代码 5-25 建立逻辑回归模型

```
In[12]:  from pyspark.ml.classification import LogisticRegression

         cls_lr = LogisticRegression(labelCol='status')
         lr_model = cls_lr.fit(train_data)
         train_predictions = lr_model.evaluate(train_data)
         train_predictions.predictions.select(['status', 'prediction',
         'probability'])\
             .show(5, truncate=False)
Out[12]: +------+----------+----------------------------+
         |status|prediction|probability                 |
         +------+----------+----------------------------+
         |0     |0.0       |[1.0,4.092271297593451E-53] |
         |0     |0.0       |[1.0,2.3656018755314614E-53]|
         |0     |0.0       |[1.0,1.3614784486045067E-52]|
         |0     |0.0       |[1.0,3.2698072330151565E-53]|
         |0     |0.0       |[1.0,2.3656018755314614E-53]|
         +------+----------+----------------------------+
         only showing top 5 rows
```

4. 评估回归模型

在训练数据集上训练得到的模型还需要在测试数据集上通过准确率、召回率等指标的评估，以判断模型性能的好坏。使用训练得到的逻辑回归模型对测试数据集进行预测，使用准确率和 ROC 值进行评估，如代码 5-26 所示。评估结果显示准确率为 98.9%，ROC 值为 99.8%，模型性能较好。

代码 5-26 使用准确率和 ROC 值进行评估

```
In[13]:  test_predictions = lr_model.evaluate(test_data)
         test_predictions.predictions.select(['status', 'prediction',
         'probability'])\
             .show(5, truncate=False)
         print('accuracy:', test_predictions.accuracy,
               'areaUnderROC:', test_predictions.areaUnderROC)
```

```
Out[13]:  +------+----------+---------------------------+
          |status|prediction|probability                |
          +------+----------+---------------------------+
          |0     |0.0       |[1.0,4.139938547951283E-53] |
          |0     |0.0       |[1.0,2.393181942359505E-53] |
          |0     |0.0       |[1.0,1.3772781877372906E-52]|
          |0     |0.0       |[1.0,3.307888563343424E-53] |
          |0     |0.0       |[1.0,2.393181942359505E-53] |
          +------+----------+---------------------------+
          only showing top 5 rows

          accuracy: 0.9891512915129151 areaUnderROC: 0.9979617874748105
```

5.3.3 使用 PySpark 构建并评估聚类模型

聚类是机器学习和数据挖掘中的重要技术，即“物以类聚”。聚类分析将一组数据对象的集合按照相似原则，把其中的数据对象划分到不同的簇中。在所形成的簇中，对象与同一个簇中的对象彼此相似，与其他簇中的对象相异。聚类是“近朱者赤，近墨者黑”这一思想的应用，青年人应和具有“正能量”的人在一起，不断向其学习，乐观向上，不断进步，成为一个充满“正能量”的人。

聚类属于无监督学习，与有监督学习中的分类、回归模型相比，聚类无须先验知识，就会自动寻找数据里面的结构特征。常见的聚类模型如表 5-10 所示。

表 5-10 常见的聚类模型

聚类模型	模型说明
划分方法	给定一个包含 N 个对象的集合，用划分方法构建数据的 K 个分区，其中每个分区代表一个簇。代表算法有：K-means（K 均值）算法
层次方法	给定一个包含 N 个对象的集合，从下而上地将对象合并聚集，得到 K 个簇（凝聚层次聚类）；或从上而下地将 N 个对象进行分割，得到 K 个簇（分裂层次聚类）
基于密度的方法	根据数据对象在数据空间中的稠密程度划分对象集合的方法。代表算法有：DBSCAN 算法
基于网格的方法	将数据空间划分成为有限个单元（cell）的网格结构，以单个的单元为对象进行聚类。代表算法有：STING 算法、CLIQUE 算法、WAVE-CLUSTER 算法

以鸢尾花数据集为例，介绍如何使用和评估 K-means 算法。

1. 获取数据

创建 SparkSession 对象，从 HDFS 的/tmp/iris.csv 文件中加载数据，如代码 5-27 所示。

代码 5-27　加载数据

```
In[14]:   from pyspark.sql import SparkSession

          spark = SparkSession.builder.getOrCreate()
          raw_data = spark.read.csv('hdfs://localhost:9000/tmp/iris.csv',
                                    header=True, inferSchema=True)
          print(raw_data.count(), len(raw_data.columns))
Out[14]:  150 6
In[15]:   raw_data.printSchema()
Out[15]:  root
           |-- Species_No: integer (nullable = true)
           |-- Petal_width: double (nullable = true)
           |-- Petal_length: double (nullable = true)
           |-- Sepal_width: double (nullable = true)
           |-- Sepal_length: double (nullable = true)
           |-- Species_name: string (nullable = true)
In[16]:   raw_data.groupBy('Species_name').count().show()
Out[16]:  +------------+-----+
          |Species_name|count|
          +------------+-----+
          |        test|    2|
          |      Setosa|   50|
          |  Versicolor|   50|
          |   Verginica|   50|
          +------------+-----+
```

2. 转换和处理数据

鸢尾花数据集包含 4 个特征，需要将 4 个特征组合成特征向量，才能使用 MLlib 中的聚类算法进行聚类分析，如代码 5-28 所示。

代码 5-28　转换和处理数据

```
In[17]:   from pyspark.ml.feature import VectorAssembler

          vec_assemble = VectorAssembler(inputCols=raw_data.columns[1:-1],
                                         outputCol='features', handleInvalid='skip')
          final_data = vec_assemble.transform(raw_data)
```

3. 训练聚类模型（寻找最优 K 划分）

聚类按照数据某方面的相似性对数据进行分类组织，主要用于发现数据内在结构特征。聚类属于无监督学习，K-means 是著名的聚类算法，由于代码简洁和效率高使该算法成为所有聚类算法中应用最广泛的聚类算法之一。K-means 采用距离作为相似性指标（常用的距离函数有曼哈顿距离、欧氏距离、余弦距离），从而发现给定数据集中的 K（K 值由用户指定）个类，K-means 需要进行多次迭代计算，最终使得聚类中心尽可能保持不变。

在 MLlib 中可以使用 pyspark.ml.clustering 中的 KMeans 类来构建 K-means 模型。构建 K-means 模型需要的参数说明如下。

（1）featureCol：特征向量，由 VectorAssembler 组合得到。

（2）K：用户指定的聚类数。

（3）epsilon：决定 K-means 收敛的距离阈值。

（4）maxIteration：聚类算法停止之前的最大迭代次数。如果簇内距离的变化不超过 epsilon 值，迭代将会停止，而不考虑最大迭代次数。

（5）initializationMode：指定质心的随机初始化或通过 K-means++算法初始化。

K-means 算法在聚类时需要指定聚类数 K，为了找到最优的聚类数 K，可以指定不同的 K 值，然后计算不同 K 值对应聚类结果的误差平方和（Sum of the Squared Errors，SSE）值，通过 SSE 寻找最优聚类数 K。对于一个簇，它的 SSE 越低，代表簇内成员越紧密；SSE 越高，代表簇内结构越松散。SSE 会随着类别的增加而降低，但对于有一定区分度的数据，在达到某个临界点时其变化程度会比较大，然后缓慢下降，这个临界点即可考虑为聚类性能较好的点。最终呈现的曲线像一个胳膊肘，因此被称为“elbow method”（肘部法则）。设置 K 值从 2 到 9 构建聚类模型，如代码 5-29 所示，结果显示，K 值在 3 和 4 之间变化最大，所以 K 值取 3 的分类效果可能是较好的。

代码 5-29　构建聚类模型

```
In[18]:  from pyspark.ml.clustering import KMeans
         from pyspark.ml.evaluation import ClusteringEvaluator

         errors = {}


         for k in range(2, 10):
             kmeans = KMeans(featuresCol='features', k=k)
             model = kmeans.fit(final_data)
             predictions = model.transform(final_data)
             evaluator = ClusteringEvaluator()
             silhouette = evaluator.evaluate(predictions)
             errors[k] = silhouette
         print(errors)
```

```
Out[18]:   {2: 152.3479517603595, 3: 78.85566582597745, 4: 57.383873265494685, 5:
           50.02108074428936,  6: 45.7812035585035,  7: 37.02641909260282,  8:
           30.41017334115255, 9: 28.304055194805507}
```

4. 评估聚类模型

使用 K-means 算法对鸢尾花数据集进行聚类，取 K 值为 3，评估聚类模型如代码 5-30 所示。结果显示 Setosa 类鸢尾花被聚在了一个类中，少部分 Versicolor 类和 Verginica 类鸢尾花数据被划分到两个不同的类中，聚类结果较好。

代码 5-30　评估聚类模型

```
In[19]:   kmeans = KMeans(featuresCol='features', k=3)
          model = kmeans.fit(final_data)
          result = model.transform(final_data)
          result.groupBy('Species_name',
          'prediction').count().orderBy('prediction').show()

Out[19]:  +------------+----------+-----+
          |Species_name|prediction|count|
          +------------+----------+-----+
          |   Verginica|         0|   36|
          |  Versicolor|         0|    3|
          |      Setosa|         1|   50|
          |  Versicolor|         2|   47|
          |   Verginica|         2|   14|
```

5.3.4　使用 PySpark 构建并评估智能推荐模型

智能推荐是信息过滤和信息系统中常用的技术，它通过分析兴趣相投、拥有共同经验的群体的喜好来产生目标用户的推荐列表；或综合相似用户对某一信息的评价，辅助系统预测指定用户对该信息的喜好程度。其用于构建庞大、丰富的知识体系，运用创新方法探索、反映用户特征，并将这些信息应用于知识图谱中，为智能系统提供做出正确决策的数据支持。

协同过滤技术是目前智能推荐系统中成功且应用广泛的技术之一，其在理论研究和实践中都取得了快速的发展。协同过滤技术分为基于用户的协同过滤（User-based CF）算法和基于物品的协同过滤（Item-based CF）算法。

（1）基于用户的协同过滤算法根据用户的历史选择信息评测用户间的相似性，并基于用户之间的相似性进行推荐。

（2）基于物品的协同过滤算法通过用户对不同物品的评分来评估物品间的相似性，并基于物品间的相似性进行推荐。

协同过滤技术需要建立用户对物品的评分矩阵，并通过矩阵计算相似性，随着用户以及物品的增多，传统的矩阵分解方法很难处理大量数据。交替最小二乘法（Alternating Least Squares，ALS）采用最小化误差的平方和方法，将用户对物品的大型评分矩阵分解为两个秩较低的矩阵乘积，当得到的两个矩阵的乘积尽可能逼近原始评分时，即可使用得到的矩阵进行用户推荐。

下面将以电影评论数据集为例，该数据集包含两个文件，movies.csv 文件记录了电影信息，包含 3 个数据字段，共 9742 条数据记录；ratings.csv 文件记录了用户对电影的评分，包含 4 个数据字段，共 100836 条数据记录。

电影信息和电影评分具体数据字段说明如表 5-11 所示。

表 5-11　电影信息和电影评分具体数据字段说明

文件名	字段名称	说明	数据记录数/条
movies.csv 文件	movieId	电影 ID	9742
	title	电影名称	
	genres	电影的分类	
ratings.csv 文件	userId	用户 ID	100836
	movieId	电影 ID	
	rating	电影评分	
	timestamp	评分时间戳	

以电影评论数据集为例，介绍如何使用 pyspark.ml 模块的 ALS 推荐模型和评估方法。

1. 获取数据集

创建 SparkSession 对象，从 HDFS 的“/tmp/data/movies.csv”和“/tmp/data/ratings.csv”文件中加载电影信息数据集和电影评分数据集，如代码 5-31 所示。

代码 5-31　加载数据集

```
In[20]:  from pyspark.sql import SparkSession

         spark = SparkSession.builder.getOrCreate()
         df_movies = spark.read.csv('hdfs://localhost:9000/tmp/data/movies.csv',
                                    inferSchema=True,
                                    header=True).cache()

         df_ratings = spark.read.csv('hdfs://localhost:9000/tmp/data/ratings.csv',
                                     inferSchema=True,
                                     header=True).cache()
```

电影信息数据集中包含 3 个字段（movieId、title、genres），电影评分数据集中包含 4 个字段（userId、movieId、rating、timestamp）。查看数据集信息，如代码 5-32 所示。

代码 5-32 查看数据集的信息

```
In[21]:  print(df_movies.count(), len(df_movies.columns))
         print(df_ratings.count(), len(df_ratings.columns))

Out[21]: 9742, 3
         100836, 4
```

在推荐电影时，只需要用户 ID、电影 ID、电影名称以及电影评分数据，因此对电影信息数据集和电影评分数据集做合并，然后选择所需要的字段（userId、movieId、title、rating），如代码 5-33 所示。

代码 5-33 合并数据集

```
In[22]:  df_total_movies = df_movies \
             .join(df_ratings, 'movieId', how='left') \
             .select('userId', 'movieId', 'title', 'rating')
         df_total_movies.show(6, False)

Out[22]: +------+-------+----------------+------+
         |userId|movieId|title           |rating|
         +------+-------+----------------+------+
         |610   |1      |Toy Story (1995)|5.0   |
         |609   |1      |Toy Story (1995)|3.0   |
         |608   |1      |Toy Story (1995)|2.5   |
         |607   |1      |Toy Story (1995)|4.0   |
         |606   |1      |Toy Story (1995)|2.5   |
         |605   |1      |Toy Story (1995)|4.0   |
         +------+-------+----------------+------+
         only showing top 6 rows
```

2. 转换和处理数据

在使用智能推荐模型之前，需要对数据集中的电影名称进行类型转换，使用 StringIndexer 将电影名称中的分类标签数据转换为数字索引，如代码 5-34 所示。

代码 5-34 转换和处理数据

```
In[23]:  from pyspark.sql.functions import *
         from pyspark.ml.feature import StringIndexer, IndexToString

         stringIndexer = StringIndexer(inputCol='title', outputCol='title_new')
         model = stringIndexer.fit(df_total_movies)
```

```
indexed = model.transform(df_total_movies)
indexed.show(5)
```

```
Out[23]:  +------+-------+----------------+------+---------+
          |userId|movieId|           title|rating|title_new|
          +------+-------+----------------+------+---------+
          |   610|      1|Toy Story (1995)|   5.0|     11.0|
          |   609|      1|Toy Story (1995)|   3.0|     11.0|
          |   608|      1|Toy Story (1995)|   2.5|     11.0|
          |   607|      1|Toy Story (1995)|   4.0|     11.0|
          |   606|      1|Toy Story (1995)|   2.5|     11.0|
          +------+-------+----------------+------+---------+
          only showing top 5 rows
```

3. 训练并评估智能推荐模型

按照 7∶3 的比例划分数据集，得到训练数据集和测试数据集，如代码 5-35 所示。

代码 5-35 划分数据集

```
In[24]:   train,test = indexed.randomSplit([0.7, 0.3], seed=1)
          train.count(), test.count()

Out[24]:  (70654, 30200)
```

ALS 采用最小化误差的平方和方法分解矩阵，常用于对用户-物品评分矩阵做降维，进而为用户做推荐。在 MLlib 中可以使用 pyspark.ml.Recommendation 中的 ALS 类来构建 ALS 模型。构建 ALS 模型需要的参数说明如下。

（1）maxIter：最大迭代次数。

（2）userCol：用户 ID 的数据字段。

（3）itemCol：物品 ID 的数据字段。

（4）ratingCol：评分的数据字段。

（5）nonnegative：是否对 ALS 使用非负的限制。

（6）coldStartStrategy：在预测阶段用于处理未知或新用户/物品的策略。

使用 ALS 类在训练数据集上训练智能推荐模型，其中 nonnegative 参数设置为不创建负数评分，coldStartStrategy 参数设置为不对非数字评分进行预测，如代码 5-36 所示。

代码 5-36 构建智能推荐模型

```
In[25]:   from pyspark.ml.recommendation import ALS


          rec = ALS(maxIter=10, regParam=0.01, userCol='userId',
```

```
        itemCol='movieId', ratingCol='rating',
        nonnegative=True, coldStartStrategy='drop')
rec_model = rec.fit(train2)
predicted_ratings = rec_model.transform(test2)
predicted_ratings.orderBy(rand()).show(5)
```

```
Out[25]:  +------+-------+--------------------+------+---------+----------+
          |userId|movieId|               title|rating|title_new|prediction|
          +------+-------+--------------------+------+---------+----------+
          |   596|    367|   Mask, The (1994)|   3.0|     42.0| 3.20093|
          |   549|   1198|Raiders of the Lo...|   4.5|     18.0| 3.317914|
          |   381|   5957|Two Weeks Notice ...|   4.0|   1303.0| 3.7436483|
          |   603|    534|  Shadowlands (1993)|   4.0|   1673.0| 3.4937048|
          |   274|   2555|Baby Geniuses (1999)|   2.0|   4383.0| 1.0953298|
          +------+-------+--------------------+------+---------+----------+
          only showing top 5 rows
```

在使用智能推荐模型进行推荐之前，还需要在测试数据集中进行测试，以评估模型的优劣。由于电影评分数据是连续数据，因此使用 RegressionEvaluator 类对模型进行评估。评估方法是均方根误差（Root Mean Square Error，RMSE），一般情况下其值越小越好；评估结果为 1.0421953698，值较小，说明模型预测效果较好，如代码 5-37 所示。

代码 5-37　评估智能推荐模型

```
In[26]:   from pyspark.ml.evaluation import RegressionEvaluator

          evaluator = RegressionEvaluator(metricName='rmse',
                                          predictionCol='prediction',
                                          labelCol='rating')
          rmse = evaluator.evaluate(predicted_ratings)
          print(rmse)
Out[26]:  1.0421953698
```

4. 向用户推荐电影

在电影评分数据集中选择一个用户，如 userId 为 45 的用户，创建该用户的未观影数据集，如代码 5-38 所示。

代码 5-38　创建某用户未观影数据集

```
In[27]:   unique_movies = df_total_movies.select('movieId').distinct()
```

```
a = unique_movies.alias('a')
# unique_movies.count()


userId = 45
watched_movies = df_total_movies \
    .filter(df_total_movies['userId'] == userId) \
    .select('movieId') \
    .distinct()
b = watched_movies.alias('b')
# watched_movies.count()
total_movies = a.join(b, a.movieId == b.movieId, how='left')
# total_movies.show(10)
print('未观影数据:')
remaining_movies = total_movies \
    .where(col('b.movieId').isNull()) \
    .select(a.movieId) \
    .distinct()
# remaining_movies.count()
remaining_movies = remaining_movies.withColumn('userId', lit(int(userId)))
remaining_movies.show(5)
# remaining_movies.printSchema()
```

```
Out[27]:  未观影数据:
          +-------+------+
          |movieId|userId|
          +-------+------+
          |    148|    45|
          |    471|    45|
          |    496|    45|
          |    833|    45|
          |   1088|    45|
          +-------+------+
          only showing top 5 rows
```

使用智能推荐模型，对用户未观影数据集中的电影进行评分，并按评分由高到低的顺序向用户推荐电影，如代码 5-39 所示。

代码 5-39 向用户推荐电影

```
In[28]:  recommendations = rec_model.transform(remaining_movies)
         # recommendations.show(10)
         final_recommendations = recommendations.join(df_movies, 'movieId',
         how='left')
         final_recommendations.select('movieId', 'userId', 'prediction', 'title') \
             .orderBy('prediction', ascending=False) \
             .show(4, False)
Out[28]: +-------+------+----------+------------------------+
         |movieId|userId|prediction|title                   |
         +-------+------+----------+------------------------+
         |2772   |45    |6.766841  |Detroit Rock City (1999) |
         |6932   |45    |6.422922  |Shattered Glass (2003)   |
         |106696 |45    |6.4165173 |Frozen (2013)            |
         |106100 |45    |5.980671  |Dallas Buyers Club (2013)|
         +-------+------+----------+------------------------+
         only showing top 4 rows
```

小结

本章首先介绍了 MLlib 算法库，包括机器学习、MLlib 和 pyspark.ml 模块；然后介绍了使用 pyspark.ml 模块的转换器处理和转换数据，包括数据加载及数据集划分、数据降维、数据标准化和数据类型转换；最后基于标准的数据集实现了 pyspark.ml 模块中的分类、回归、聚类以及智能推荐模型的构建，从获取数据、转换和处理数据、训练模型、评估模型等方面进行了详细的分析，帮助读者掌握使用 pyspark.ml 模块实现机器学习的方法。

实训

实训 1 使用随机森林模型预测是否批准用户申请

1. 训练要点

（1）掌握 PySpark DataFrame 读取外部数据的方法。

（2）掌握 PySpark 中数据标准化的方法。

（3）掌握 PySpark 机器学习中分类模型构建与评估的方法。

（4）掌握 PySpark 机器学习中回归模型构建与评估的方法。

（5）掌握字符类型字段向量化的方法。

（6）掌握特征字段向量聚合的方法。

2. 需求说明

某银行整理了用户申请信用卡的数据，为保护用户的隐私，所有字段都已经被改为对应的无意义符号，数据集中每条数据记录包含 15 个特征字段和 1 个标签（输出属性名为 Class）。如果 Class 的值为“+”表示该用户的申请得到了批准；如果 Class 的值为“－”表示拒绝该申请。现在要求对数据建立分类模型，对新申请信用卡的用户进行评估，决定是否批准其申请。

3. 实现思路及步骤

（1）加载数据，验证数据集大小。

（2）检查数据集是否有缺失数据、空数据，并进行数据清理。

（3）对数据集中的字符型字段使用 StringIndexer 进行向量化。

（4）对数据集中的 15 个特征字段使用 VectorAssembler 进行向量化。

（5）将清理后的数据集划分为训练数据集和测试数据集。

（6）构建随机森林模型，并在训练数据集上进行训练。

（7）使用训练后的随机森林模型获取测试数据集的预测结果。

（8）对模型进行性能评估。

实训 2　使用回归模型实现房价预测

1. 训练要点

（1）掌握数据标准化的方法。

（2）掌握特征字段的向量聚合方法。

（3）掌握回归模型的构建及评估方法。

2. 需求说明

某地区房价数据集统计了当时郊区部分的房产税等，共计 12 个特征字段和房价这 1 个标签，某地区房价数据字段说明如表 5-12 所示。

表 5-12　某地区房价数据字段说明

字段名称	说明
ZN	占地面积超过 2322.575 平方米的住宅用地比例
INDUS	每个城镇非零售业务的比例
CHAS	虚拟变量（如果是河道，则为 1，否则为 0）
NOX	环保指数
RM	每套住宅的平均房间数

续表

字段名称	说明
AGE	1940 年以前建成的自住单位的比例
DIS	距离 5 个就业中心的加权距离
RAD	距离高速公路的便利指数
TAX	每 67000 元的不动产税率
PTRATIO	城镇中教师与学生比例
B	城镇中教师与学生比例
LSTAT	弱势群体人口所占比例
MEDV	自有住房的中位数报价，单位为 6700 元，房屋的平均价格

现在要求根据房价数据构建回归模型，以预测房价。

3. 实现思路及步骤

（1）加载数据，验证数据集大小。

（2）检查数据集是否有缺失数据、空数据，并进行数据清理。

（3）对数据集中的所有字段进行数据标准化处理。

（4）对数据集中的 12 个特征使用 VectorAssembler 进行向量化。

（5）将清理后的数据集划分为训练数据集和测试数据集。

（6）构建回归模型，并在训练数据集上进行训练。

（7）使用训练后的回归模型对测试数据集进行预测。

（8）对回归模型的性能进行评估。

课后习题

1. 选择题

（1）通过学习大量的无标签数据，分析出数据内在特点和结构的机器学习方式称为（　　）。

A. 有监督学习　B. 无监督学习　C. 统计学习　D. 模式学习

（2）在 pyspark.ml 模块中，对数据进行转换的类是（　　）。

A. 评估器　B. 管道　C. 转换器　D. DataFrame

（3）下列关于 ml 和 mllib 模块的描述，正确的是（　　）。

A. mllib 和 ml 都是基于 RDD 的 API

B. mllib 和 ml 都是基于 Vector 的 API

C. mllib 和 ml 都是基于 DataFrame 的 API

D. mllib 是基于 RDD 的 API，ml 是基于 DataFrame 的 API

（4）以下方法不能解决分类问题的是（　　）。

A. 线性回归　B. 逻辑回归　C. K-means　D. 决策树

（5）将数据标准化到[0,1]，可以使用（　　）方法。

A. Normalizer　B. StandardScaler　C. MinMaxScaler　D. MaxAbsScaler

（6）以下属于无监督学习方法的是（　　）。

A. K-means　B. 线性回归　C. 支持向量机　D. 决策树

（7）为了能够读取 Hive 中的数据，创建 SparkSession 实例时需要调用（　　）函数初始化对 Hive 的支持。

A. enableHive()　B. hive()

C. enableHiveSupport()　D. suportHive()

（8）使用以下（　　）可以将字符串转化为数字。

A. Vector　B. StringVector

C. StringIndexer　D. VectroAssembler

（9）使用 PolynomialExpansion 对向量进行多项式展开，以下（　　）是向量[1,2]的二项式展开式。

A. [1,2,1,2,1]　B. [1,2,2,3,4]　C. [1,1,2,2,4]　D. [1,2,1,3,4]

（10）以下（　　）指标不用于分类模型的效果评估。

A. 准确率　B. 召回率　C. 平均绝对误差　D. F 值

2. 操作题

某商场收集了顾客的消费数据，该数据集包含 5 个属性，数据字段说明如表 5-13 所示。

表 5-13　数据字段说明

字段名称	说明
CustomerID	顾客 ID
Gender	性别
Age	年龄
Annual Income	年收入/千元
SendingScore	消费积分（1～100）

基于商场顾客的消费数据集，对商场用户进行聚类分析，以便后续对商场顾客价值做分析。

（1）读取数据集，对数据中除用户 ID 之外的 4 个特征进行标准化处理。

（2）采用 K-means 模型对数据进行聚类，确定不同的目标顾客。

（3）对步骤（2）得到的模型进行评估。

第6章 案例分析：基于 PySpark 的网络招聘信息的职业类型划分

就业是民生之本，是最大的民生工程、民心工程、根基工程，为民造福是立党为公、执政为民的本质要求。随着互联网的发展，网络招聘已成为主流的招聘途径，“互联网+”成为求职主通道。但随之产生的海量数据并未得到充分的重视和应用，大数据的价值被极大忽视。在“数字时代”，数据日益成为国家基础战略性资源和重要的社会基础生产要素，其背后蕴藏着难以估量的价值，大数据思维与挖掘能力，有效、合理地挖掘数据成为推动经济社会发展的强力引擎。基于大数据技术与文本挖掘技术，挖掘招聘信息背后的价值，归类招聘职位的工作性质及内涵，分析目前就业市场所需人才的职业类型，对为求职者提供科学、合理的就业指导的意义重大。

本章基于 Spark 的 Python API，以非结构化的网络招聘信息为基础，从业务需求与系统架构分析开始介绍，然后介绍数据探索（包括数据说明、数据读取、重复数据与空值探索、异常数据探索），接着介绍数据预处理（包括处理空值、重复数据与异常值，分词与停用词过滤，词特征向量化），再介绍模型构建与评估，最终介绍制作词云图，可视化展示划分的结果，分析每种职业类型的岗位描述和能力要求，从而为求职者提供针对性的就业指导。

学习目标

（1）了解网络招聘信息文本挖掘的步骤与流程。

（2）掌握数据探索、预处理的基本方法。

（3）熟悉 TF-IDF 的基本原理及其在 Spark MLlib 库中的实现过程。

（4）了解 LDA 聚类算法，并掌握 Spark MLlib 库的 LDA 聚类算法的使用方法。

（5）掌握 LDA 聚类模型的构建与部署方法。

素质目标

（1）通过学习探索网络招聘信息数据的过程，培养数据挖掘的能力，能够积极、主动探索，尝试运用大数据技术寻求解决问题的途径。

（2）通过对 TF-IDF 与 LDA 聚类算法基本原理的学习与应用，结合理论与实践，实现知行合一，树立正确的认知观。

（3）通过了解数据分析流程，培养严谨、细致的职业习惯，养成尊重事实、追求真理的职业素养。

（4）通过网站招聘信息的分析结果，挖掘社会需求，为求职者厘清职业规划、树立正确的就业观。

6.1 需求与架构分析

万丈高楼始于基。需求分析是整个项目的基础性工作，就如同建造高楼大厦时的基础、基石一样至关重要。任何项目的解决方案都是针对业务需求且在数据基础上建立的。本节将从业务需求出发，梳理划分网络招聘信息职业类型的总体流程，最终形成可行的系统架构方案。

6.1.1 业务需求分析与技术选型

在信息技术高速发展的时代，越来越多的企业将人才招聘信息发布至互联网上，产生了大量的非结构化网络招聘文本数据，这些数据包含用人单位对人才的需求及能力要求信息，使得预测人才需求成为可能。对海量的非结构化网络招聘数据进行采集、清洗与挖掘，为求职者提供更为有效、直观的信息，以及适当的职业引导，进而实现高质量就业的目的。同时，加强人才需求预测，对于缓解我国的就业结构性矛盾、减少人才供需的差异、促进稳就业、保就业具有重要的战略意义。

“工欲善其事，必先利其器”，做好技术选型是数据挖掘的重要一步。对模糊而且非结构化的文本数据进行挖掘比较困难，挖掘过程涉及统计学、机器学习、文本挖掘等技术。隐含狄利克雷分布（Latent Dirichlet Allocation，LDA）模型能有效提取大规模文本的隐含主题。将 LDA 模型引入网络招聘文本分析领域，有助于挖掘文本信息背后隐藏的主题，解决网络招聘分类不明确、缺乏标准、针对性不强等问题，为科学、合理地进行招聘工作提供借鉴与指导。

Spark 作为新一代大数据分析处理框架，其 MLlib 库中包含大量特征抽取、文本分类、文本聚类等过程的经典算法，如词频-逆文档频率（Term Frequency-Inverse Document Frequency，TF-IDF）特征提取算法、LDA 模型等。在大规模文本挖掘的应用场景中，这些算法具有出色的数据分析能力和执行效率。本案例将从实际问题出发，寻找一种解决方案，采集招聘网站中非结构化的文本信息，并对数据进行提取和挖掘，有效地对海量招聘数据进行文本聚类并加以分析，为求职者提供参考建议。

6.1.2 系统架构分析

在明确业务需求后，即可搭建数据分析框架。根据业务需求分析，结合数据样本，实现网络招聘信息职业类型的划分。通过数据抽取、数据探索与预处理、建模与应用、结果与反馈的流程，最后将效果优良的模型应用至具体场景中。网络招聘信息职业类型的划分总体流程如图 6-1 所示。我们不仅在数据挖掘时需要整体架构设计，同样需要规划人生，成功就是一个人事先树立的、有价值的目标被循序渐进地变为现实的过程。

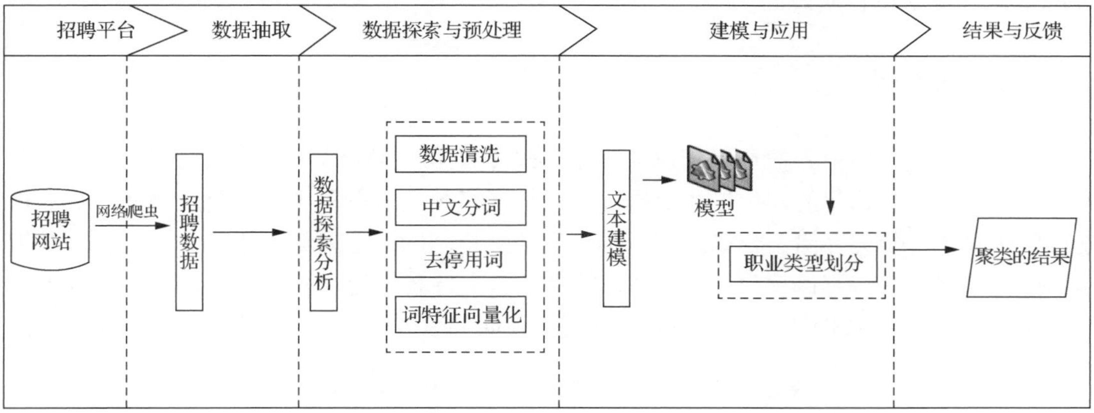

图 6-1　网站招聘信息职业类型的划分总体流程

对网络招聘信息的文本挖掘过程主要包括以下 4 个步骤。

（1）数据抽取。本章已通过网络爬虫技术从某招聘网站上采集了各种职业的相关描述数据，并保存在 CSV 格式的文件中。

（2）数据探索与预处理。数据探索分析主要负责判断招聘数据是否存在重复数据、空值与异常数据等。数据预处理则主要分为数据清洗、中文分词、去停用词与词特征向量化等步骤。

① 数据清洗包括剔除无效数据、去除重复信息等操作。

② 中文分词将一个汉字序列切分成一个个单独的词，是中文信息处理的基础和关键。

③ 去停用词以过滤文档中的功能词为目标，去掉对文本特征没有贡献作用的字词。

④ 词特征向量化将非结构化的文本数据转化为结构化的向量。

（3）建模与应用。文本建模在文本挖掘过程中对后续的知识发现和可视化表示具有重要意义。LDA 是最常用的文档主题生成模型之一，能够通过对文本特征集的训练，获取文档与主题，从而实现职业类型划分。

（4）结果与反馈。文本信息可视化能够概括和形象化地刻画出大规模文本集中的核心内容。制作聚类结果的相应词云图，可以对网络文本中出现频率较高的“关键词”予以视觉上的突出，帮助读者更快速地领略文本主旨。

6.2 数据探索

人的天性是勇于探索真理，要时刻持有对新知识、新事物的探索和发现精神。在数据分析领域，数据探索可以使人们更有效地了解数据，获得对数据的感性认识。互联网上的招聘数据形式多样复杂且数量巨大，为了避免不完整、不规范、冗余的信息对文本挖掘的效率和结果造成影响，在文本挖掘的初始阶段，有必要对数据进行探索性分析。本节将从原始的职位描述数据入手，对数据进行探索；根据数据探索的结果，判定是否存在重复数据、空值与异常数据，为数据清洗与预处理提供处理依据。本节案例是在 Anaconda 的 Jupyter Notebook 环境中编程实现的。

6.2.1 数据说明

网络招聘平台的招聘信息形式包罗万象，按照数据结构大致可以分成结构化的职位相关信息数据和非结构化的职位描述数据。在收集网络数据的过程中，要合规合法，对数据进行依法收集、分类存储、合法处理。本案例从某招聘网站上采集了招聘文本信息，其为非结构化数据，并将其保存为 CSV 格式的文件，文件名称为“职位描述.csv”，文件大小约为 458MB。经过整理加工后得到的数据属性说明如表 6-1 所示。

表 6-1 经过整理加工后得到的数据属性说明

表名	属性名称	属性说明
职位描述	PositionId	职位 ID
	Job_Description	职位描述

其中，职位描述的部分数据如表 6-2 所示。

表 6-2 职位描述的部分数据

PositionId	Job_Description
5849	岗位职责：负责 Web 和 App 端产品的整体视觉风格定位及 UI 设计等
5850	岗位职责：针对不同的用户群体，设计相应的活动方案，达到预期的运营效果负责活动数据跟踪分析等
5851	职位描述：1. 负责把控金融圈海外产品运营方向的整体规划及推广执行；2. 负责海外渠道广告投放等
26668	工作内容：1. 发料统计，记录备份，核对确保数据的精准；2. 对商户用料进行统计，物料使用计划的协调跟进等

结合目前招聘网站的职位数据描述情况，可以实现如下目标。

（1）根据招聘信息内容对该招聘网站的人才市场所需的职业类型进行正确划分。

（2）制作聚类得到的职业类型词云图，以进行更直观地展示，并分析每种职业类型的岗位描述和能力要求。

6.2.2 数据读取

数据决定了问题能够被解决的上限，而模型只决定如何逼近这个上限。原数据以 CSV 格式存储，字段的分隔符为逗号，职位描述（Job_Description）字段的内容中也包含逗号，因此在读取数据时需要格外注意，可将每个字段中数据的最后一个逗号作为分隔符。在本小节中，读取数据文件并转换为 DataFrame，再提取出 Job_Description 字段信息，如代码 6-1 所示。

代码 6-1　数据读取与转换

```
In[1]:  from pyspark import SparkContext
        from pyspark import SparkConf
        from pyspark.sql.session import SparkSession
        from pyspark.sql import Row
        from pyspark.sql import Column

        conf = SparkConf().setAppName('zw').setMaster('local[*]')
        sc = SparkContext.getOrCreate(conf)

        spark = SparkSession(sc)

        # 读取职位描述 CSV 文件，创建 DataFrame
        data = spark.read.text('../data/职位描述.csv')

Out[1]: DataFrame[value: string]

In[2]:  # 返回第一行数据
        data.first()

Out[2]: Row(value='Job_Description,PositionId')

In[3]:  # 定义字符分割函数，分隔符为最后一个逗号
        def f(x):
            index = x.rfind(',')
            desc, id = x[:index], x[index + 1:]
            return desc

In[4]:  # 将 DataFrame 转换为 RDD，提取 Job_Description 字段信息
        dataframe = data.rdd.map(list).map(lambda line: line[0]) \
            .filter(lambda line: 'Job_Description' not in line) \
            .map(lambda line: f(line)) \
            .map(lambda line: Row(Job_Description=line)) \
            .toDF()

Out[4]: DataFrame[Job_Description: string]

In[5]:  # 输出第 1 条数据，由于 Job_Description 字段属性值比较长，为防止截断数据导致输出
        不全，使用 truncate=False 显示全部属性值
        dataframe.show(1, truncate=False)
```

```
Out[5]:  +--------------------------------------------------------------------
         --------------------------------------------------------------------
         +
         |Job_Description|+----------------------------------------------------
         --------------------------------------------------------------------
         ---------------------+
         |职位描述：基于 Android 平台进行手机软件的设计、开发、需求分析等。任职要求：1. 熟
         练掌握 Java 技术，熟悉面向对象编程设计，具备扎实的编程基础；2. 精通 Android 开发平
         台及框架原理，对面向对象开发有深入的理解；3. 具备熟练的技术调研能力并能完成可行性说
         明；4. 两年以上 Android 端移动互联网开发经验； 5. 必须具有熟练的即时通信开发和消息
         推送开发经验；6. 具备良好的团队合作能力和沟通能力，有较强的自我提升和学习能力。优先
         录用条件：1. 研究阅读过 Android 系统的源码；2. 具有移动支付、网上银行或消息推送、
         即时通信等相关软件开发经验； 3. 熟悉 NDK 编程并有相关经验。|
         +--------------------------------------------------------------------
         --------------------------------------------------------------------
         ------+
         only showing top 1 row
```

6.2.3 重复数据与空值探索

在职位描述数据中，可能会出现空行或重复的情况，因此，数据读取成功后，需要对表和字段的内容进行基本的探索。首先使用 DataFrame 的 distinct()方法进行去重操作，验证数据中是否包含重复数据，再通过 groupBy()方法与 orderBy()方法，根据 Job_Description 字段进行分组，统计重复记录出现的次数，并进行降序排序，如代码 6-2 所示。

代码 6-2 重复数据与空值探索

```
In[6]:   # 返回 DataFrame 行数
         dataframe.count()
Out[6]:  3434442
In[7]:   # 返回 DataFrame 去重后的行数
         dataframe.distinct().count()
Out[7]:  1531278
In[8]:   # 分组统计 DataFrame 重复数据出现的次数，显示出现次数最多的前 10 条数据
         dataframe.groupBy('Job_Description').count() \
             .orderBy('count', ascending=False).show(10, False)
```

```
Out[8]:  +---------------+-------+
         |Job_Description|count  |
         +---------------+-------+
         |               |447432|
         |               |295001|
         |  "            |231281|
         | 岗位职责：     |66808  |
         | 任职要求：     |47099  |
         | 岗位要求：     |19627  |
         | 任职资格：     |17374  |
         |               |14891  |
         | 工作职责：     |11816  |
         | 职位要求：     |11112  |
         +---------------+-------+
         only showing top 10 rows
```

根据代码 6-2 的探索结果可以发现，存在大量重复数据和空值。

6.2.4　异常数据探索

异常数据指样本中出现的“极端数据”，其分布明显偏离正常数据。异常数据会干扰后续的挖掘、预测与分析，因此，有必要对异常数据进行探索与处理。在职位描述信息中，有很多记录的 Job_Description 字段较短，并且部分记录含网页链接信息，这些数据都是异常数据，这样的数据将影响聚类的效果。本小节首先对 Job_Description 字段字符串的长度进行分组统计，探索数据中是否包含职位描述较短的数据，再通过 filter()方法过滤包含网页链接的记录，如代码 6-3 所示。

代码 6-3　异常数据探索

```
In[9]:    import pyspark.sql.functions as f
          # DataFrame 增加 len 列，该列为 Job_Description 字段字符串的长度
          df = dataframe.withColumn('len', f.length(f.col('Job_Description')))
Out[9]:   DataFrame[Job_Description: string, len: int]
In[10]:   # 按 len 列值分组统计
          dfByLen = df.groupBy('len').count()
Out[10]:  DataFrame[len: int, count: bigint]
In[11]:   # 按 len 的长度进行升序排序，显示前 5 行数据
          dfByLen.orderBy(f.col('len').asc()).show(5)
```

Out[11]:
```
+---+------+
|len| count|
+---+------+
|  0|447432|
|  1|295058|
|  2| 16354|
|  3|235969|
|  4|  9574|
+---+------+
only showing top 5 rows
```

In[12]:
```
# 根据 Job_Description 字段字符串的长度，过滤出长度在 3～10 之间的记录，显示前 5 行数据
df.filter('len < 10 and len > 3').show(5)
```

Out[12]:
```
+---------------+---+
|Job_Description|len|
+---------------+---+
|          岗位职责：|  6|
|          任职要求：|  6|
|          岗位职责：|  6|
|          任职资格：|  6|
|          岗位职责：|  7|
+---------------+---+
only showing top 5 rows
```

In[13]:
```
# 过滤包含网页链接的记录，显示第 1 条数据
dataframe.filter("Job_Description like '%<a%'").show(1, False)
```

Out[13]:
```
+---------------------------------------------------------------------
---------------------
|Job_Description
                                        |
+---------------------------------------------------------------------
---------------------
|" <a href=""""http://www.xmrc.com.cn/net/info/resultg.aspx?keyword=
JAVA%E9%AB%98%E7%BA%A7%E5%BC%80%E5%8F%91%E5%B7%A5%E7%A8%8B%E5%B8%88"
""" rel=""""nofollow"""">岗位职责：1. 参与服务端的架构设计，并负责详细设计和编
码；2. 对数据进行存储、查询、分析、统计，为前端提供高性能的数据存取接口；3. IM 服务
端程序设计开发，要求高性能抗并发。任职要求：1. 数据结构和算法基础扎实，至少 2 年 Java
```

```
开发经验；2. 熟悉网络编程，熟悉 TCP/IP/HTTP/XML/JSON，精通 Mina 或 Netty 开源框
架，有分布式云计算经验者优先；3. 熟练掌握 J2EE 架构、MVC、Struts2（或 Spring MVC）、
Hibernate、Spring，了解 Restful API；4. 熟悉 MySQL、SQL Server 等主流数据库，
能编写高性能 SQL，有 NoSQL 数据库使用经验者优先；5. 熟悉 Redis、Cassandra、MongoDB、
TFS 类数据库技术；6. 精通 Java 多线程编程；7. 愿意从事系统研发，有刻苦钻研精神，熟
练掌握软件开发规范。 "|
+---------------------------------------------------------------------
--------------------
only showing top 1 row
```

根据代码 6-3 的探索结果可以发现，很多记录的 Job_Description 字段的字符串长度较小，其产生原因是原本属于一条记录的信息被拆分成多条记录。此外，通过探索还发现原记录中有部分记录含网页链接信息，这些数据会对后续的步骤造成影响，在预处理时需要将网页链接信息置为空值。

6.3 数据预处理

对招聘数据进行探索后，发现职位描述的数据集中存在数据重复、缺失、异常值等问题，可能会影响数据挖掘建模的执行效率，甚至导致数据挖掘结果的偏差，所以数据预处理显得尤为重要。数据预处理的目的一方面是提高数据的质量，另一方面是让数据更好地适应特定的挖掘技术或工具。统计发现，在数据挖掘过程中，数据预处理工作量约占整个过程的 60%。数据预处理操作烦琐，我们一定要严谨、细致，把小事做到极致。本节对空值、重复数据与异常数据进行清洗和过滤，并对非结构化数据做中文分词、去停用词、词特征向量化等预处理，为后续 LDA 的文本聚类提供基础。

6.3.1 数据清洗

错误的数据比没有数据更糟糕，数据清洗是提升数据质量的重要手段。直接清洗、剔除空值与 Job_Description 字段值的长度较短的记录，将记录中包含的网页链接信息置为空值，通过 DataFrame 的 distinct()方法对重复数据进行去重，如代码 6-4 所示。

代码 6-4　数据清洗

```
In[1]:   # 读取职位描述 CSV 文件，创建 DataFrame
         data = spark.read.text('../data/职位描述.csv')

Out[1]:  DataFrame[value: string]

In[2]:   import re
```

```
# 定义字符分割函数，分隔符为最后一个逗号，并将记录含网页链接的信息置为空值
def f(x):
    index = x.rfind(',')
    desc, id = x[:index], x[index+1:]
    pattern = r'<(.*?)>'
    result = re.sub(pattern, '', desc)
    return result
```

```
In[2]:  # 过滤 Job_Description 字段值的长度小于 50 的记录
        df = data.rdd.map(list).map(lambda line : line[0])\
             .filter(lambda line : not line.startswith("Job") and len(line) > 50)\
             .map(lambda line: f(line))\
             .distinct().map(lambda line : Row(Job_Description=line))\
             .toDF()
Out[2]: DataFrame[Job_Description: string]
```

```
In[3]:  #返回 DataFrame 行数
        df.count()
Out[3]: 462691
```

在完成空值、重复数据和异常值数据的预处理后，剩下的记录数为 462691 条，接下来进入中文分词与去停用词步骤。

6.3.2 中文分词与去停用词

中文分词（Chinese Word Segmentation，CWS）是将连续的汉字序列按照一定的规范重新组合成词序列的过程。对中文而言，词是承载语义的最小单元，由词构成语句，又由语句构成篇章。但是，中文文本由连续的字序列构成，词与词之间没有天然的分隔符。因此，中文本身的复杂性使得中文分词成为自然语言处理的难点。作为自然语言处理的基础，中文分词已有 30 余年的研究历史，国内外众多专家学者、科研院所等为之付出不懈的努力，取得了显著的研究进展与成果，并将其广泛应用于信息检索、自动摘要、机器翻译、语音识别、自动问答等领域。

停用词是指对文本类别标识没有太大作用的字词。停用词总共分为两类，第一类是弱词性词，如助词、连词、介词等表征能力比较弱的词，这些词本身并无实际意义，和类别信息没有关联；第二类是均匀分布在各类型文本中的词，由于它们在所有类的文本中都会出现，因此这些词区分类别的能力普遍较弱。将这些词过滤掉，可以降低特征空间的维数和噪声。

随着中文分词技术的不断发展，国内涌现出很多优秀的中文分词系统，如中国科学院的汉语词法分析系统（Institute of Computing Technology，Chinese Lexical Analysis System，

ICTCLAS）等。为了使开发简单、便捷，本案例选择开源的、优秀的 Python 第三方中文分词库 jieba 库。jieba 库支持用户自定义词典，这里将自定义词典和自定义停用词分别保存为 2 个文件。在 Anaconda Jupyter Notebook 环境下，需要添加 jieba 库，该部分内容可参考 2.1.6 小节，使用 jieba 库的 load_userdict()方法加载自定义词典，并通过 lcut()方法对句子进行精确分词，返回分词列表。然后，读取自定义停用词文件，建立停用词表；遍历停用词表，从而过滤分词列表中的停用词，如代码 6-5 所示。

代码 6-5 中文分词与去停用词处理

In[4]:
```
# 导入jieba库
import jieba


# 自定义词典与停用词路径
stopWordPath = '../data/stopwords.txt'
customDicPath = '../data/customdictionary.txt'
```

In[5]:
```
# 自定义分词函数
def wordSegment(sentense):
    jieba.load_userdict(customDicPath)
    sentence_seged = jieba.lcut(sentense.strip(), cut_all=False)  # 精确
模式
    stopwords = [line.strip() for line in open(stopWordPath,
                                'r', encoding='utf-8').readlines()]
    wordList = []
    for word in sentence_seged:
        if word not in stopwords and (len(word.strip()) > 0):
            wordList.append(word)
    return wordList
```

In[6]:
```
# 注册自定义分词函数
from pyspark.sql.types import *
from pyspark.sql.functions import udf


wordSegment_udf = udf(wordSegment, ArrayType(StringType()))
```

In[7]:
```
# 使用自定义分词函数
wordDF = df.withColumn('words', wordSegment_udf('Job_Description'))
```

Out[7]:
```
DataFrame[Job_Description: string, words: array<string>]
```

In[8]:
```
# 显示第1条记录的words列数据，即分词信息
wordDF.select('words').show(1, False)
```

```
Out[8]: +-----------------------------------------------------------------------
        ------------------------------------------------------------------------
        ------------------------------------------+
        |words
                                                  |
        +-----------------------------------------------------------------------
        ------------------------------------------------------------------------
        ------------------------------------------+
        |[前端, 框架, 设计, 业务, 模块, 前端, 代码, 开发, 平台, 易用性, 用户体验, 持续,
        改进, Web, 前沿技术, 研究, 新, 技术, 调研, 精通, Web, 前端, 技术, HTML, CSS,
        JavaScript, 精通, JS, 对象, 编程, 熟练, jQuery, 动态, 网页, 开发, AJAX, JSONP,
        开发, 经验, NodeJS, HTML5, 技术, HTTP, 协议, Apache, 模块, Cookie, Web, 技
        术, 技术, 视野, 广阔, 学习, 新, 知识, 新, 技术, 中, 个性, 乐观, 开朗, 逻辑性, 强,
        团队, 合作, Web, 前沿技术, 研究, 新, 技术, 调研]|
        +-----------------------------------------------------------------------
        ------------------------------------------------------------------------
        ------------------------------------------+
        only showing top 1 row
```

经过代码 6-5 的处理后，职位信息的文本已经被分割，并且以字符串数组的形式保存。

6.3.3 词特征向量化

词特征向量化是将非结构化的文本转化为结构化向量的过程，TF-IDF 是一种常用的文本向量化方法。本小节将介绍 TF-IDF 的原理，并使用 Spark MLlib 库的 TF-IDF 算法实现职位描述信息的词特征向量化。

1. TF-IDF 简介

TF-IDF 是在文本挖掘中广泛使用的词特征向量化方法，用于反映词对语料库中文档的重要性。TF-IDF 是一种统计方法，用于评估一个词对一个文件集或一个语料库中的一份文件的重要程度。词的重要性随着它在文件中出现的次数成正比增加，但同时会随着它在语料库中出现的频率呈反比下降。

TF 指的是某一个给定的词在文件中出现的频率。词频是对词数（term count）的归一化，以防止统计频率时偏向长的文件（同一个词在长文件里可能会有比在短文件里更高的词数，而不管该词重要与否）。词用 t 表示，文档用 d 表示，语料库用 D 表示。对于在某一特定文档 d_j 里的词 t_i 而言，t_i 的词频计算如式（6-1）所示。

$$\mathrm{tf}_{i,j} = \frac{n_{i,j}}{\sum_k n_{k,j}} \tag{6-1}$$

其中，$n_{i,j}$ 表示词 t_i 在文档 d_j 中的出现次数，而分母 $\sum_k n_{k,j}$ 则是在文档 d_j 中所有词

t_k 的出现次数之和，$\mathrm{tf}_{i,j}$ 则表示词 t_i 在文档 d_j 中出现的频率。那么，一个词出现频率高，这个词是不是就一定重要？需要注意的是，一些通用的词对主题并没有太大的作用，反倒是一些出现频率较少的词才能够表达文档的主题，所以单纯使用 TF 来衡量是不合适的。

要解决这个问题必须对词进行权重设计，权重设计必须满足：一个词预测主题的能力越强，权重越大；反之，权重越小。所有统计的文章中，一些词尽管在很少几篇文章中出现，但是这样的词对文章主题的作用很大，应该将这些词的权重设计得较大。IDF 就用于一个词普遍重要性的度量。某一特定词的 IDF 可以由总文件数目除以包含该词的文件数目，再将得到的商取以 10 为底的对数得到，如式（6-2）所示。

$$\mathrm{idf}_i = \lg \frac{|D|}{|j: t_i \in d_j|} \tag{6-2}$$

其中，$|D|$ 是语料库中的文件总数，$|j: t_i \in d_j|$ 是包含词 t_i 的文件数目（即 $n_{i,j} \neq 0$ 的文件数目）。如果词不在数据中，就会导致分母为零，因此一般情况下使用 $1+|j: t_i \in d_j|$。

得到 $\mathrm{tfidf}_{i,j}$ 的计算如式（6-3）所示。

$$\mathrm{tfidf}_{i,j} = \mathrm{tf}_{i,j} \times \mathrm{idf}_i \tag{6-3}$$

某一特定文件内的高词频率，以及该词在整个文件集合中的低文件频率，可以产生出高权重的 TF-IDF。因此，TF-IDF 倾向于过滤掉常见的词，保留重要的词。因此，TF 衡量的是词对于某一个具体文档的重要性，而 IDF 衡量的是词对于所有文档的重要性，两者的关系类似于局部与整体的关系。在事物的认知中，要正确认识和处理“整体”与“局部”的关系，必须坚持系统观念，从整体上把握事物，立足于整体，避免“管中窥豹”“盲人摸象”。

2. 词特征向量化

认识是一个在实践基础上，由感性认识上升到理性认识，又由理性认识回到实践的辩证发展过程。实践没有止境，理论创新也没有止境。理论与实践相辅相成，理论来源于实践，必须在实践中得到检验和发展，科学的理论对实践具有积极的指导作用。了解 TF-IDF 的原理后，接下来将其应用于具体实践，使用 Spark MLlib 库的 TF-IDF 算法对职位描述信息进行词特征向量化。在 Spark MLlib 库中，TF-IDF 被分成 TF 和 IDF 两部分。

（1）TF：HashingTF 是一个转换器，在文本处理中，接收词条的集合，将集合转化成固定长度的特征向量。Spark MLlib 使用特征哈希的方式实现词频统计，原始特征通过哈希函数映射得到一个索引值。

（2）IDF：IDF 是一个评估器，在一个数据集上应用 fit()方法，产生一个 IDFModel。该 IDFModel 接收特征向量（由 HashingTF 产生），计算每一个词在文档中出现的频率。IDF 会减少在语料库中出现频率较高的词的权重。

首先，导入 Spark MLlib 库中 TF-IDF 算法所需要的包，定义 HashingTF 转换器，调用 HashingTF 的 transform()方法将词的集合转换为固定长度的特征向量。然后定义 IDF 评估器并调用 fit()方法产生 IDFModel，该 IDFModel 的 transform()方法用于接收 HashingTF 产生的特征向量，最终得到每一个词对应的 TF-IDF 度量值，如代码 6-6 所示。

代码 6-6　词特征向量化

In[9]:
```
# 导入 pyspark.ml 库中需要的包
from pyspark.ml.feature import HashingTF, IDF

# 定义 HashingTF 转换器，输入为词的集合，输出为固定长度的特征向量
hashingTF = HashingTF(inputCol='words', outputCol='rawFeatures',
numFeatures=2048)
featurizedData = hashingTF.transform(wordDF)

# 每一个词被映射成一个不同的索引值，并统计出每个词的词频
featurizedData.select('words', 'rawFeatures').show(1, False)
```

Out[9]:
```
|words                                                                      |
rawFeatures
                                       |
+-------------------------------------------------------------------+
---------------------------------------------------------------------
------------------+
|[前端, 框架, 设计, 业务, 模块, 前端, 代码, 开发, 平台, 易用性, 用户体验, 持续,
改进, Web, 前沿技术, 研究, 新, 技术, 调研, 精通, Web, 前端, 技术, HTML, CSS,
JavaScript, 精通, JS, 对象, 编程, 熟练, jQuery, 动态, 网页, 开发, AJAX,
JSONP, 开发, 经验, NodeJS, HTML5, 技术, HTTP, 协议, Apache, 模块, Cookie,
Web, 技术, 技术, 视野, 广阔, 学习, 新, 知识, 新, 技术, 中, 个性, 乐观, 开
朗, 逻辑性, 强, 团队, 合作, Web, 前沿技术, 研究, 新, 技术, 调研]|
(2048,[56,67,103,202,279,290,347,411,419,422,527,587,616,650,686,738
,753,791,841,925,940,945,947,1006,1072,1077,1093,1103,1104,1118,1196
,1215,1216,1394,1429,1547,1548,1558,1679,1702,1715,1783,1851,1852,19
09,1956,1969,2019,2023],[1.0,1.0,5.0,1.0,2.0,1.0,2.0,1.0,1.0,1.0,1.0
,1.0,1.0,1.0,1.0,1.0,3.0,4.0,1.0,2.0,1.0,1.0,1.0,2.0,1.0,1.0,1.0,1.0
,1.0,1.0,2.0,1.0,1.0,1.0,1.0,1.0,1.0,1.0,1.0,1.0,1.0,1.0,1.0,1.0,1.0
,1.0,1.0,3.0,7.0])|
+-------------------------------------------------------------------+
---------------------------------------------------------------------
------------------+
only showing top 1 row
```

In[10]:
```
# 定义 IDF 评估器
idf = IDF(inputCol='rawFeatures', outputCol='features')
```

```
            # 调用 fit()方法，产生 IDFModel
            idfModel = idf.fit(featurizedData)

            # 调用 IDFModel 的 transform()方法
            rescaledData = idfModel.transform(featurizedData).cache()
In[11]:     # 得到每一个词对应的 TF-IDF 度量值
            rescaledData.select('features').show(1, False)
Out[11]:    |features
                                                            |
            +------------------------------------------------------------------
            ------------------------------------------+
            |(2048,[56,67,103,202,279,290,347,411,419,422,527,587,616,650,686,73
            8,753,791,841,925,940,945,947,1006,1072,1077,1093,1103,1104,1118,119
            6,1215,1216,1394,1429,1547,1548,1558,1679,1702,1715,1783,1851,1852,1
            909,1956,1969,2019,2023],[3.923854324100036,2.4952475542554025,13.33
            8536288102139,2.4477072646057176,9.082634041281535,3.861436694531602
            3,3.5824385978200537,1.700215401504877,0.8669945480875694,2.38358894
            46866645,4.4826503278660335,3.05942681676924,2.6393123914042786,2.81
            07314589602614,3.3139580172119287,3.5831731958407533,8.4069737729429
            37,8.197221463190482,4.056246008709885,5.968223862381662,5.229609822
            735914,2.81162998005509,1.8787716321325192,5.24417842004373,4.803113
            725195184,3.851317530144846,1.766449874084282,1.5993247938048223,2.1
            28565460846802,4.558082900993473,4.819606277919627,4.28656164169221,
            4.447334862279962,3.2010262596470014,3.524348251667208,2.79706609600
            71534,1.4756528735075845,2.21281363089215,3.206614799087504,2.097173
            2295168235,4.085890946230059,1.261047822243185,4.303680462023991,2.0
            587448047979615,0.5974307654706605,1.3263743055576305,2.679200377163
            168,3.210345881946818,10.361271985954904])|
            +------------------------------------------------------------------
            ------------------------------------------+
            only showing top 1 row
```

经过代码 6-6 的处理后，招聘信息的词特征向量化完成。

6.4 模型构建与评估

我们要坚持用辩证唯物主义的立场、观点、方法分析和解决问题，坚持“两点论”与“重点论”相统一，善于抓住关键和要害，牵住“牛鼻子”。LDA 模型通过非监督学习自动挖掘文本的隐藏信息，识别文档的主题，已经逐渐成为文本挖掘的利器。本节在介绍 LDA 主题模型的大致原理后，使用 Spark MLlib 库的 LDA 聚类算法对职位描述信息进行聚类划分，并通过评估函数困惑度（Perplexity）寻找出最优聚类数。在数据建模与分析中，我们要尊重事实、追求真理，学会透过现象看本质，发现数据背后规律。

6.4.1 LDA 算法简介

LDA 模型由戴维·布雷、吴恩达和迈克尔·I.乔丹 3 人于 2003 年提出，其中，吴恩达是华裔计算机科学家，是国际上人工智能和机器学习领域最权威的学者之一。LDA 模型用来推测文档的主题分布，它可以以概率分布的形式给出文档集中每篇文档的主题，通过分析一些文档抽取出它们的主题分布后，便可以根据主题分布进行主题聚类或文本分类。

LDA 模型也被称为三层贝叶斯概率模型，包含文档 d、主题 z 和词 w 共 3 层结构。所谓的生成模型即是以一定概率选择某个主题，并从这个主题中以一定概率选择某个词的过程。文档到主题服从多项式分布，主题到词服从多项式分布。词是文档的基本单元，由 N 个词构成的文档，如式（6-4）所示。

$$d=(w_1,w_2,\cdots,w_N) \tag{6-4}$$

假设语料库 D 由 M 篇文档构成，如式（6-5）所示。

$$D=(d_1,d_2,\cdots,d_M) \tag{6-5}$$

M 篇文档分布着 K 个主题，每个主题 z 如式（6-6）所示。

$$z_i(i=1,2,\cdots,K) \tag{6-6}$$

记 α 和 β 为狄利克雷函数的先验参数，θ 为主题在文档中的多项式分布参数，φ 为词在主题中的多项式分布参数。LDA 模型结构如图 6-2 所示。

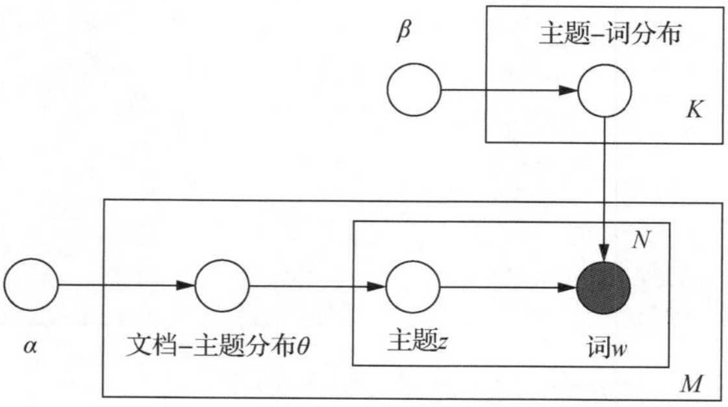

图 6-2　LDA 模型结构

在 LDA 模型中，一篇文档生成的方式如下。

（1）从狄利克雷分布 α 中取样，生成文档 dj 主题分布 θ_i，即主题分布 θ_i 由参数为 α 的狄利克雷分布生成。

（2）从多项式主题分布 θ_i 中取样，生成文档 d_i 第 j 个词的主题 $z_{i,j}$。

（3）从狄利克雷分布 β 中取样，生成主题 $z_{i,j}$ 的词分布 $\varphi_{i,j}$，即词分布 $\varphi_{z_{i,j}}$ 由参数为 β 的狄利克雷分布生成。

（4）从多项式词分布 $\varphi_{z_{i,j}}$ 中采样，最终生成词 $w_{i,j}$。

在 LDA 模型中，参数 α 和 β 由用户凭经验事先给定，$w_{i,j}$ 为可见变量，θ_i 和 $\varphi_{z_{i,j}}$ 都是隐藏变量。因此，整个模型中所有可见变量以及隐藏变量的联合分布如式（6-7）所示。

$$p(w_j,z_i,\theta_i,\varphi|\alpha,\beta)=\prod_{j=1}^{N}p(\theta_i|\alpha)p(z_{i,j}|\theta_i)p(\varphi|\beta)p(w_{i,j}|\varphi_{z_{i,j}}) \quad (6\text{-}7)$$

LDA 模型的求解过程就是，通过反复的迭代学习估计隐藏变量 θ 和 φ 的过程。通过 LDA 模型对语料库进行建模，得到文档-主题分布和主题-词分布两种概率分布。

LDA 模型是一种无监督学习算法，在训练时不需要手动标注训练数据集，需要的仅仅是文档集以及指定主题的数量 K。它在文本挖掘领域的文本聚类、主题分析以及文本相似度计算等方面都有较为广泛的应用。

6.4.2 LDA 模型构建与评估

了解 LDA 算法原理后，即可使用 Spark MLlib 库的 LDA 算法对职位描述信息进行聚类。LDA 模型主题数 K 事先无法确定，而主题数的多少对模型的影响非常大，主题数过多，将会产生很多不具有明显语义信息的主题；反之，数目过少将会出现一个主题包含多层语义信息的状况。模型的效果如何、能否满足业务需求，都需要采用合适的评估指标进行评估。LDA 模型的主题数 K 的选取，可以通过评估函数困惑度进行评估。困惑度用于评判文档在划分主题时的确定性，反映的是模型对新样本的适用性，其中，困惑度值越小，模型预估能力越强，模型的扩展性越强。

在本小节中，首先使用 Anaconda Navigator 在 PySpark 环境中配置 matplotlib 模块，该部分内容可参考 2.1.6 小节；然后，导入 Spark MLlib 库中 LDA 算法所需要的包，初始化 LDA 模型，设置训练参数并调用 fit()方法训练模型；最后，调用该 LDA 模型的 logPerplexity()方法，得到模型的困惑度值。对于寻找最优聚类数，应将从 2 至 9 循环遍历主题数，计算每个模型对应的困惑度值，并绘制出与主题数相对应的模型困惑度折线图，选取困惑度最小的点作为合适的聚类数，如代码 6-7 所示。

代码 6-7 LDA 聚类

```
In[1]:  # 导入 pyspark.ml 库中需要的包
        from pyspark.ml.clustering import LDA, LDAModel
        import matplotlib.pyplot as plt
```

```
In[2]:  # 定义一个寻找最优聚类数的函数
        def bestK(data, listK):
            lda = LDA()
            lp = 0.0
            minLP = 100.0
```

```
    bestk = 2
    lpDict = dict()
    for k in listK:
        # 模型训练
        # k：主题数或聚类中心数
        # setDocConcentration：文章分布的参数（狄利克雷分布的参数），必须大于1.0，值越大，推断出的分布越平滑
        # setTopicConcentration：主题分布的参数（狄利克雷分布的参数），必须大于1.0，值越大，推断出的分布越平滑
        # setMaxIter：迭代次数，需充分迭代，至少20次
        # setSeed：随机种子

lda.setK(k).setMaxIter(100).setSeed(0).setDocConcentration([5.0])\
            .setTopicConcentration(5)
        model = lda.fit(data)
        lp = model.logPerplexity(data)
        print('Iteration:', k, ',logPerplexity:', lp)
        if (lp < minLP):
            minLP = lp
            bestk = k
        lpDict[k] = lp
    return bestk, lpDict
```

In[3]:

```
k, lpDict = bestK(rescaledData, [2, 3, 4, 5, 6, 7, 8, 9])
```

Out[3]:

```
Iteration: 2 ,logPerplexity: 7.11244733692869
Iteration: 3 ,logPerplexity: 7.091141108468464
Iteration: 4 ,logPerplexity: 7.0797315031803665
Iteration: 5 ,logPerplexity: 7.059330584005867
Iteration: 6 ,logPerplexity: 7.059654939650255
Iteration: 7 ,logPerplexity: 7.072012207100246
Iteration: 8 ,logPerplexity: 7.086809136357921
Iteration: 9 ,logPerplexity: 7.103928193322126
```

In[4]:

```
keys = list(lpDict.keys())
values = list(lpDict.values())
plt.rcParams['font.sans-serif'] = ['SimHei']
plt.figure(figsize=(8, 6))
plt.plot(keys, values, lw=3, marker='o', markersize=10)
plt.grid(axis='y', which='major')
plt.xlabel('聚类数', fontsize=20)
```

```
plt.ylabel('Perplexity', fontsize=20)
plt.show()
```

根据代码 6-7 的运行结果可以得出聚类数与困惑度的关系，如图 6-3 所示。

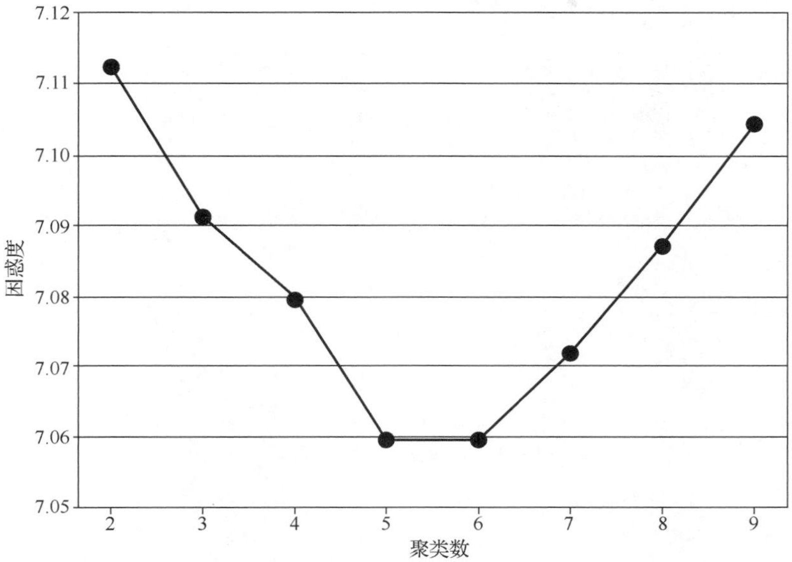

图 6-3 聚类数与困惑度的关系

在从 2 至 9 的循环遍历主题数的过程中，模型对应的困惑度是变化的。因此，要从变化发展视角认识事物，抓住规律，寻找最优解，并做出科学预测。如图 6-3 所示，当聚类数为 5 时困惑度值是最小的。困惑度值越小，表示该模型具有较好的泛化能力，因此将 5 作为聚类中心数。

6.4.3 构建 LDA 模型

通过 Spark MLlib 库的 LDA 算法对职位描述信息进行聚类，当聚类数为 5 时困惑度值最小，为最优聚类数。以聚类数为 5 对职位描述数据进行建模，将经过预处理和词特征向量化后的职位描述数据作为 LDA 模型的输入，设置 LDA 模型的参数并训练模型，最终输出职位的聚类类别，如代码 6-8 所示。

代码 6-8 构建 LDA 模型

```
In[5]:  # 导入 pyspark.ml 库中需要的包
        from pyspark.ml.clustering import LDA, LDAModel

        # 设置训练参数，进行模型训练
        lda                                                          =
        LDA().setK(k).setMaxIter(100).setSeed(0).setDocConcentration([5.0])\
```

```
    .setTopicConcentration(5)
model = lda.fit(rescaledData)
```

In[6]:
```
# 根据训练数据集的模型分布计算的 logLikelihood，越大越好
ll = model.logLikelihood(rescaledData)
```

Out[6]:
```
-390101.84126832685
```

In[7]:
```
# 困惑度评估，值越小越好
lp = model.logPerplexity(rescaledData)
```

Out[7]:
```
7.059330584005867
```

In[8]:
```
# 描述各个主题最终的前 3 个词（最重要的词向量）及其权重
topics = model.describeTopics(3)
topics.show()
```

Out[8]:
```
+-----+----------------+--------------------+
|topic|     termIndices|         termWeights|
+-----+----------------+--------------------+
|    0|[622, 1838, 491]|[0.00892145636107...|
|    1|[1291, 1456, 36]|[0.00561549662341...|
|    2|[440, 296, 1981]|[0.00480371992896...|
|    3|[742, 1426, 289]|[0.00725918582004...|
|    4|[1231, 834, 796]|[0.00797473430780...|
+-----+----------------+--------------------+
```

In[9]:
```
# 对语料库的主题进行聚类
transformed = model.transform(rescaledData)
```

In[10]:
```
transformed.select('topicDistribution').show(1, False)
```

Out[10]:
```
+----------------------------------------------------------------------
----------------------------------+
|topicDistribution
|
+----------------------------------------------------------------------
----------------------------------+
|[8.772270938826507E-4,8.909470605157765E-4,9.064990352947371E-4,0.00
1889650706242461,0.9954356761040642]|
+----------------------------------------------------------------------
----------------------------------+
only showing top 1 row
```

运行代码 6-8 后，LDA 建模完成，可以看到该模型的 logLikelihood 的下限为 -390101.84126832685，困惑度的值为 7.059330584005867。由于 LDA 聚类的结果是一个概

率，保存在一个向量类型的 topicDistribution 字段中，格式如代码 6-8 的 Out[10]所示。由于 LDA 的聚类数为 5，因此有 5 个值。

根据上述分析，编写一个函数将 LDA 的聚类结果转成确定的类别，并提取每个类别的原分词记录的前 10000 条，如代码 6-9 所示，用于制作每类的词云图。

代码 6-9　LDA 类别转换及提取各类别词

```
In[11]:  # 导入 pyspark.ml 库中需要的包
         from pyspark.ml.linalg import Vector
         import numpy as np

In[12]:  # 类别转换函数，类别为最大类别值的索引
         def transformLabel(v):
               return int(np.argmax(v.toArray(), axis=0))

In[13]:  from pyspark.sql.types import *
         from pyspark.sql.functions import udf

         # 注册自定义函数
         transformLabel_udf = udf(transformLabel, IntegerType())

Out[13]: <pyspark.sql.functions.UserDefinedFunction at 0x7f5421c8f400>

In[14]:  # 使用自定义函数
         labelDF = transformed.withColumn('label', transformLabel_udf
         ('topicDistribution'))

Out[14]: DataFrame[Job_Description: string, words: array<string>, rawFeatures:
         vector, features: vector, topicDistribution: vector, label: int]

In[15]:  from pyspark.sql.functions import col, concat_ws

         # 提取各类别的前 10000 条词记录并保存到文本文件中
         for i in range(5):
            labelDF.filter('label='+str(i)).select(concat_ws(' ', col('words')).
         alias('words'))\
                .limit(10000).coalesce(1).write.mode('overwrite').option('head
         er', False)\
                .format('text').save('../tmp/res/' + str(i) + '.txt')
```

执行代码 6-9 后，会提取各类别的前 10000 条词记录并保存到文本文件中，用于后续的词云图制作。

6.5 制作词云图

数据可视化是技术与艺术的完美结合，能以图形的方式清晰、有效地传达和传播信息。一方面，数据赋予可视化价值；另一方面，可视化增强了数据的智能，两者相辅相成。词云图对网络文本中出现频率较高的“关键词”予以视觉上的突出，词出现越多的次数，显示的字号越大、越突出，这个关键词也就越重要，从而让读者通过观察词云图直观、快速感知突出的文字，迅速抓住重点、了解主旨。为了方便，本案例选用开源工具 WordCloud 制作词云图，将在 GitHub 官网下载好的文件 wordcloud-1.8.1-cp38-cp38-win_amd64.whl 解压放置到 ANACONDA_HOME\env\[环境名称]\Lib\site-packages\，即 D:\anaconda3\envs\pyspark\lib\site-packages\中。在本节中，读取并保存各类别前 10000 条词的文本文件，通过 jieba 分词提取词汇，最后使用 WordCloud 制作 LDA 词云图，如代码 6-10 所示。

代码 6-10 制作 LDA 词云图

In[1]:
```
# 导入需要的包
import matplotlib.pyplot as plt
from wordcloud import WordCloud, ImageColorGenerator
import numpy as np
from PIL import Image
import jieba
```

In[2]:
```
def draw(file, resultPath):
    # 读取 TXT 文件
    text = open(file, 'r', encoding='utf-8').read()
    # 通过 jieba 进行分词并通过空格分隔
    wordlist_jieba = jieba.cut(text, cut_all=False)
    wordlist = []
    for w in wordlist_jieba:
        if len(w) > 1:
            wordlist.append(w)
    txt = ' '.join(wordlist)

    # 读入背景图片
    bg_pic = np.array(Image.open('../data/tu/bj.jpg'))
    # 生成词云图
    wordcloud   =   WordCloud(font_path='C:/Windows/Fonts/simkai.ttf', 
mask=bg_pic,
                          scale=1.5, max_words=500,
                          width=1000, height=860,
```

```
                    # margin = 2, # 设置页面边缘
                    min_font_size=4,  # 设置最小字号
                    random_state=42,
                    background_color='white',  # 设置背景颜色
                    max_font_size=60,  # 设置最大字号
                    collocations=False,
                    stopwords={'以上学历'},  # 设置停用词
                    ).generate(txt)
    # 文件类型为字典
    image_colors = ImageColorGenerator(bg_pic)
    # 显示词云图
    plt.rcParams['font.sans-serif'] = ['SimHei']
    plt.rcParams['axes.unicode_minus'] = False
    plt.imshow(wordcloud)
    plt.axis('off')
    plt.show()
    # 保存词云图
    wordcloud.to_file(resultPath)
```

```
In[3]:  import os


def draw_WCs():
    for i in range(5):
        print(i, end='\t')
        path = '../tmp/res/' + str(i) + '.txt/'
        filelist = [path + i for i in os.listdir(path)]
        for file in filelist:
            if file.endswith('.txt'):
                print(file)
                draw(file, '../data/tu/' + str(i) + '.jpg')


# 制作词云图
draw_WCs()
```

Out[3]:   # 类别 1

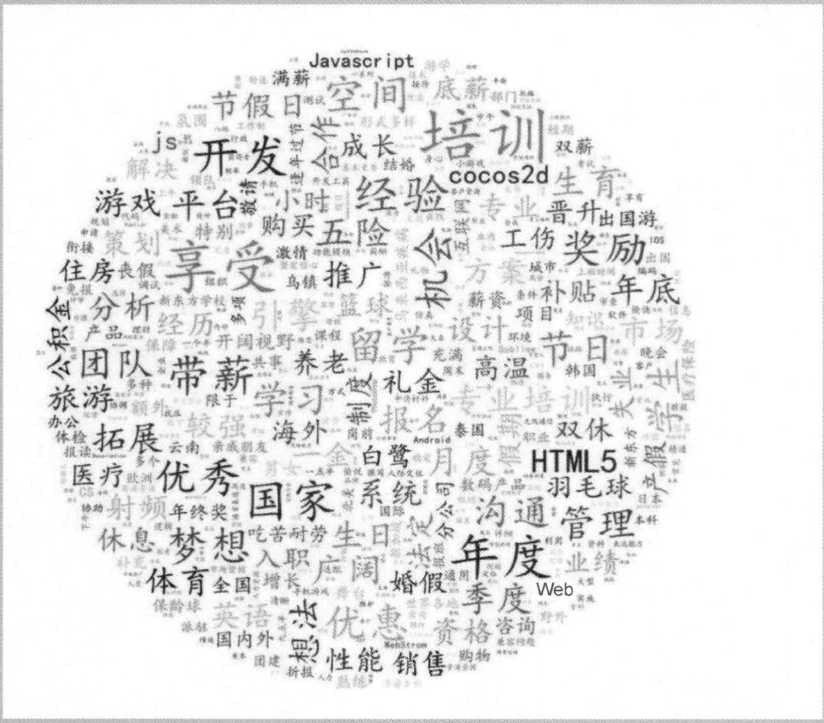
Javascript
培训
开发
经验
享受
机会
奖励
cocos2d
HTML5
国家
年度
Web
带薪
留学
优秀
梦想
团队
游戏
平台
空间
节假日
沟通
管理
季度
婚假
优惠

类别 2

培训
团队
经验
客户
课程
沟通
学习
机构
销售
尚德
服务
招聘
职业
专业
平台
管理
推广
电话
咨询
分校
全国
App

```
# 类别 3
```

运营
用户
电商
团队
产品
也许
设计
平台
管理
淘宝
数据
开发
核心
社区
业务
体验
落地
经理
内容
合作
流程
客户
经验
沟通
分析
服务
市场


```
# 类别 4
```

产品
沟通
合作
微信
专业
需求
经验
管理
业务
客户
媒体
市场
技术
团队
销售
互联网
运营
用户
分析
设计
平台
开发
推广

```
# 类别 5
```

在代码 6-9 中，已经将各类别文件保存至本地。运行代码 6-10 后，即可通过开源工具 WordCloud 根据各类别文件的数据生成对应的词云图。职位描述的各类别文件的高频关键词如表 6-3 所示。

表 6-3 职位描述的各类别文件的高频关键词

类别编号	各类别文件的高频关键词
类别 1	培训，享受，年度，开发，经验，国家，空间，带薪，梦想，奖励，留学，优秀，机会，优惠，节日，学习，学生，沟通，团队，五险
类别 2	培训，客户，机构，团队，经验，销售，尚德，课程，学习，沟通，职业，服务，专业，分校，主管，招聘，学员，产品，电话，协助
类别 3	运营，产品，经验，用户，团队，内容，合作，设计，平台，沟通，电商，体验，流程，经理，分析，管理，业务，落地，数据，淘宝
类别 4	产品，经验，运营，沟通，需求，销售，团队，分析，客户，互联网，管理，媒体，用户，策划，设计，市场，技术，渠道，推广，营销，方案，网站，微信，微博
类别 5	开发，经验，设计，系统，技术，精通，测试，数据库，产品，分析，项目，维护，熟练，沟通，数据，编程，性能，团队，用户，需求，架构

在对各关键词进行分析的基础上，结合招聘行业的信息，可以从每一类的词云图中看出这一类工作岗位对求职者类型和能力的要求。

（1）类别 1 中“培训”“学习”“经验”等词频较高，可以称为培训类，负责公司的培训等工作。

（2）类别 2 中“销售”“客户”“团队”“电话”等词频较高，可以称为销售类，同样可以从词云图里看出，销售类工作岗位需要一定的客户意识和销售意识。此外，“沟通”等词多次出现，说明销售类工作岗位常常要与客户打交道，求职者必须具有很强的沟通能力。

（3）类别 3 中“产品”“内容”“分析”“设计”“经理”等词频较高，可以称为产品经理类，主要负责产品的设计等工作。

（4）类别 4 中“产品”“策划”“销售”“营销”“媒体”等词频很高，可以称为企划类，主要负责产品的活动营销推广等工作。

（5）类别 5 中“设计”“项目”“开发”“技术”“分析”“编程”等词频较高，词云图中还出现“Java”“HTML5”“SQL”“Python”等词，可以称为开发工程师类。

基于 Spark 文本挖掘可以将网络招聘工作岗位划分为 5 类：培训类、销售类、产品经理类、企划类、开发工程师类，并分析出每种职业类型对求职者的能力要求。通过分析招聘信息，能追踪就业市场动态，使求职者做到有的放矢，提前做好自我定位与职业规划，提升专业技能，促进自身就业。同时，面对严峻的就业形势，要正视就业现状，警惕“慢就业”“懒就业”等心态，积极适应新时代，树立正确的就业观。

小结

本章结合文本挖掘与大数据技术展示了一个网站招聘信息职位类型划分的案例。从案例业务需求分析、系统架构分析等展开，较完整地分步实现了职位类型划分系统。同时，针对系统实现的各个过程，包括前期的数据探索、数据预处理，到后期的模型构建与评估等，本章都提供了相关的分析思路与参考代码，以便于读者进行实践操作。期望通过本章的学习，读者可以了解 Spark 技术在大数据分析中的应用场景，具备大数据思维，积极主动探索，并能够综合运用 Spark 数据挖掘技术分析和解决实际问题。

第7章 案例分析：基于 PySpark 的信用贷款风险分析

信用贷款指借款人以其信用向银行或贷款公司申请贷款，不需要提供担保。借款人以本人信用的程度作为还款保证，无须提供抵押品或第三方担保，仅凭自身信用即可获得贷款。因此，贷款方发放信用贷款时，必须对借款人严格地审查、评估，确认其是否具备还款能力。由于这种贷款方式风险较大，一般要对借款人的经济效益、经营管理水平、发展前景等情况做详细考察，以降低风险。

本章根据某银行贷款用户数据，从需求与架构分析开始介绍（包括业务需求分析、系统架构分析），然后介绍数据探索（重点是分析用户信息与逾期率的关系），接着介绍数据预处理，为后续的分析建模提供更高质量的数据来源，再介绍模型构建与评估，最终介绍部署和提交 PySpark 应用程序，实现在 Spark 集群中执行应用程序。

学习目标

（1）了解信用贷款风险分析的工作流程。

（2）了解 GBTs 算法。

（3）掌握数据探索与数据预处理的操作过程。

（4）掌握使用 PySpark 编程实现分类模型的方法。

（5）掌握分类模型的评估方法。

素质目标

（1）通过学习信用贷款案例中的数据探索的方法，培养严谨的工作态度和实践创新能力，正确了解数据形态特征，解释数据的相关性。学会利用图形和表格等多种显示手段，展示清晰的探索结果，促进对数据的研究和理解，更好地了解业务并构建相应的强特征，提升模型的预测性能。

（2）通过学习信用贷款案例中数据预处理的方法，培养数据加工、整理能力，通过数据清洗、数据转化、数据提取、数据计算等处理方法形成合适的数据分析格式，培养耐心、细致的工作作风和严肃、认真的科学精神。

（3）通过学习信用贷款案例中选择数据特征的方法，从特征集合中挑选一组较具统计意义的特征，减少冗余数据，发现更有意义的潜在的变量，提升模型的泛化能力，领会如何在“鱼与熊掌不可兼得”时进行取舍。

7.1 需求与架构分析

本节将结合信用贷款风险分析的数据资源和目标分析业务需求，选择合适的学习算法建立风险评估模型，最终形成可行的风险评估解决方案。

7.1.1 业务需求分析

银行信用贷款将贷款发放给真正需要的企业或个人。同时要避免在经营过程中出现借款人到期不能全额或部分归还本息、逾期不还等信用风险。因此，若对用户逾期还款的信用风险进行分析，需要构建一个用户逾期还款信用风险分类模型，将用户划分为逾期还款用户或非逾期还款用户。分类模型采用有监督学习，需要建立在已有分类标记的数据集上，通过在已有分类标记的数据集上进行学习、优化模型参数，确定模型分类准确率，最后用于用户的信用风险评估。

银行在运营过程中记录了用户基本信息、登录信息、更新信息，以及用户最终的还款情况等，这些信息可以作为分类模型的学习数据，以此构建用户逾期还款信用风险分类模型。为了能够对用户逾期还款概率进行分类，需要对提供的用户基本信息、登录信息、更新信息进行探索和挖掘，判断逾期还款的关键性因素，如基本信息的完整程度、更新信息的频率、登录平台频率等；同时基于其他信息再构建用于辅助判断用户逾期还款风险程度的用户新特征。结合案例需求，设计以下步骤完成用户逾期还款的风险模型构建。

（1）对用户基本信息进行分析。探索用户信息完整程度与逾期还款关系，并确定用户信息完整程度的量化指标。

（2）对用户登录信息进行分析。探索用户的登录频率与逾期还款关系，并确定用户登录频率的量化指标。

（3）对用户更新信息进行分析。探索用户信息的更新频率与逾期还款的关系，并确定用户信息更新频率的量化指标。

（4）对所有数据进行预处理。包括处理缺失值、删除数据中包含的空格（影响分类型数据的统计）、合并重复信息、数据重编码等，对数据进行标准化处理，提高后续数据分析的效率和准确度。

（5）运用梯度提升树（Gradient Boosting Trees，GBTs）模型构建用户贷款风险预测模型，最后对模型做评估，根据评估结果对模型做必要的优化。

7.1.2 系统架构分析

根据业务需求，结合数据样本，实现用户逾期还款风险预测，将通过数据抽取、数据探索与预处理、分析与建模等阶段，最后将效果优良的模型应用至具体场景中进行用户风险评估和预测，系统架构如图 7-1 所示。

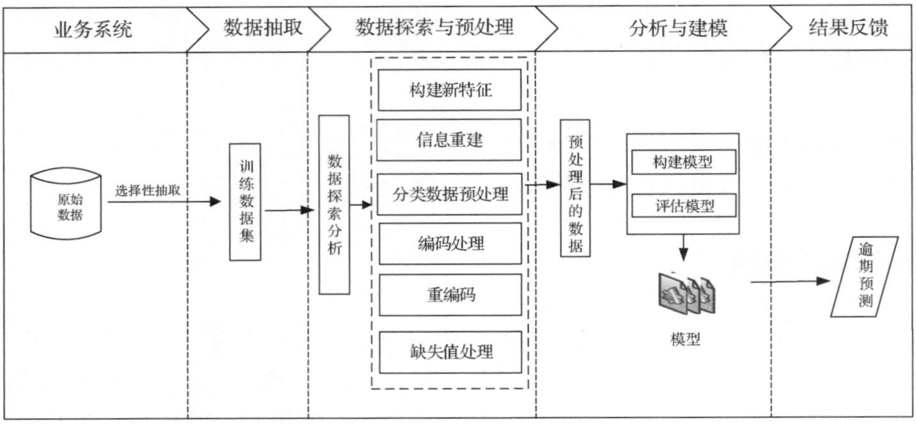

图 7-1　系统架构

系统架构分析如下。

（1）数据抽取。从业务系统中选择性抽取原始数据作为模型学习的训练数据，在该数据集上进行数据探索和建模。

（2）数据探索与预处理。在该阶段，对采集到的数据进行数据探索分析，探索数据的基本信息，分析数据特征与分类结果之间的关系。再对数据进行预处理，包括构建新特征、信息重建、缺失值处理等；提取和构建关键特征，通过分类数据预处理、编码处理、重编码减少数据特征数量，以提高模型的分类效率和准确性。

（3）分析与建模。通过在训练数据集上的学习，不断优化模型参数并对模型分类结果进行评估，以确定最终的分类模型。

（4）结果反馈。最终获得的模型还需要对后续的用户数据进行分类和逾期预测，以评估其真实的分类效果，并通过分类效果不断优化模型，以取得最优的效果。

7.2　数据探索

本节从原始的用户数据着手，首先进行数据探索分析，了解数据的整体情况并检测异常值，通过作图、制表和计算特征量等手段探索用户数据中的结构和规律。数据分析前的探索性数据分析能够帮助读者理解数据的含义、数据结构，发现异常值、筛查数据，以便于进行后续的数据合并、清洗和整理，有助于将业务问题转化为可行的数据分析问题，也有利于结合行业背景选择合适的数据分析方法。

7.2.1　数据说明

已从某银行提供的数据库中抽取了部分数据，并保存为 CSV 格式文件。在进行数据分析前，需要了解数据的基本情况，如数据字段、字段的数据类型、数据含义以及是否有缺失值等。本小节将对银行提供的用户登录信息、用户基本信息和用户更新信息的字段名称、数据含义以及是否有缺失值等进行描述。

1. 用户登录信息

用户登录信息数据分为训练数据文件（Training_LogInfo.csv）和测试数据文件（Test_LogInfo.csv）。用户登录信息共包含 5 个字段，其数据字段说明和缺失值情况如表 7-1 所示。

表 7-1 用户登录信息数据字段说明和缺失值情况

名称	说明	是否含有缺失值
Idx	用户唯一标识	否
ListingInfo	借款成交时间	否
LogInfo1	用户登录操作代码	否
LogInfo2	用户登录操作类别	否
LogInfo3	用户登录时间	否

2. 用户基本信息

用户基本信息数据分为训练数据文件（Training_Master.csv）和测试数据文件（Test_Master.csv 和 Test_Master_result.csv，其中两份测试数据文件字段的交集等于训练数据文件的字段）。用户基本信息共 109 个字段，分为用户唯一标识、用户信息（包含用户基本信息、用户学历信息、用户网页登录信息、用户社交网络信息共 4 组信息）、用户是否逾期、借款成交时间 4 部分，其数据字段说明和缺失值情况如表 7-2 所示。

表 7-2 用户基本信息数据字段说明和缺失值情况（部分）

名称	说明	是否含有缺失值
Idx	用户唯一标识	否
UserInfo_i	用户基本信息	是
Education_Info_i	用户学历信息	是
WeblogInfo_i	用户网页登录信息	是
SocalNetwork_i	用户社交网络信息	是
target	用户是否逾期	否
ListingInfo	借款成交时间	否

3. 用户更新信息

用户更新信息数据分为训练数据文件（Training_UserUpdate.csv）和测试数据文件（Test_UserUpdate.csv）。用户更新信息记录了用户的更新信息，共 4 个字段，包含用户唯一标识、借款成交时间、用户更新信息内容和用户更新信息时间，其数据字段说明和缺失值情况如表 7-3 所示。

表 7-3　用户更新信息数据字段说明和缺失值情况

名称	说明	是否含有缺失值
Idx	用户唯一标识	否
ListingInfo	借款成交时间	否
UserUpdateInfo_1	用户更新信息内容	否
UserUpdateInfo_2	用户更新信息时间	否

7.2.2　建立数据仓库并导入数据

为了方便后续使用 PySpark 读取数据，需对 CSV 文件中的数据进行预处理，包括将 CSV 文件数据导入 Hive 表中、合并训练数据和测试数据、对字段名称进行小写处理等。

1. 新建 Jupyter Notebook 文件

启动 Jupyter 并新建 Jupyter Notebook 文件，如图 7-2 所示，将文件命名为 bcl_initialize。

图 7-2　新建 Jupyter Notebook 文件

2. 新建 Hive 表并导入数据

将数据导入 Hive 表中。可以选择在 Hive 中新建数据库，再按照 CSV 文件的数据字段内容定义 Hive 表，最后将数据导入 Hive 表中。在 Hive 中新建数据库 bclcredits，以 Training_LogInfo.csv 为例，根据 Training_LogInfo.csv 的数据结构，在 bclcredits 数据库中创建对应的表 loginfo_train，如代码 7-1 所示。

代码 7-1　建立 loginfo_train 表

```
create database bclcredits;
use bclcredits;
create table loginfo_train(
Idx string,
ListingInfo string,
LogInfo1 string,
LogInfo2 string,
LogInfo3 string)
```

```
row format delimited fields terminated by ',';
load data local inpath '/opt/credit/Training_LogInfo.csv' overwrite into table loginfo_
train;
```

通过代码 7-1 在 Hive 中创建表再导入数据，过程比较烦琐且容易出错，尤其当 CSV 文件中包含的字段较多时（如 Training_Master.csv 文件包含 109 个字段），在建表和导入数据的过程中更容易出错。因此，选择采用 PySpark 中的 DataFrame 编程模型保存 CSV 文件的数据，再通过 write()方法直接保存至 Hive 表中，这样效率高且不易出错。

可通过代码 7-2 将 CSV 数据文件（总共 7 个）导入 Hive 表中。首先导入 SparkSession 包，创建 SparkSession 对象，创建对象时需要启用对 Hive 的支持（enableHiveSupport），确保已先在 Hive 命令行窗口中创建数据库 bclcredits；然后建立一个字典变量，设置 CSV 文件名与 Hive 中表名的对应关系，其中键为 CSV 文件名，值为 Hive 中的表名；最后对文件中的各个字段名称进行小写化处理（便于后续程序通过字段名称引用 Hive 中各个字段的数据）。

代码 7-2　将 CSV 数据文件导入 Hive 表

```
In[1]:  from pyspark.sql import SparkSession

        spark = SparkSession.builder.enableHiveSupport().getOrCreate()

In[2]:  # 默认使用 HDFS 中的路径（若为本地文件路径，需要使用前缀 file:///path）
        path = '/data'
        database = 'bclcredits'

        file_table_name = {
            'Test_LogInfo.csv': 'loginfo_test',
            'Test_Master.csv': 'masterinfo_test',
            'Test_Master_result.csv': 'test_master_result',
            'Test_UserUpdate.csv': 'userupdate_test',
            'Training_LogInfo.csv': 'loginfo_train',
            'Training_Master.csv': 'masterinfo_train',
            'Training_UserUpdate.csv': 'userupdate_train'
        }

In[3]:  import os

        for fname, tbname in file_table_name.items():
            fpath = path + os.sep + fname
            print('transforming data from : [ {:<25} ] to [ {} ] ...'.format(fname,
        tbname))
```

```
    data = spark.read.csv(fpath, header=True)
    data = data.toDF(*[col.lower() for col in data.columns])
    data.write.mode('overwrite').saveAsTable('{}.{}'.format(database,
tbname))
```

```
Out[3]:  transforming data from:[ Test_Master_result.csv ] to [ test_master_
result ] ...
transforming data from:[ Test_LogInfo.csv     ] to [ loginfo_test ] ...
transforming data from:[ Training_LogInfo.csv ] to [ loginfo_train ] ...
transforming data from:[ Test_UserUpdate.csv  ] to [ userupdate_test ] ...
transforming data from:[ Test_Master.csv      ] to [ masterinfo_test ] ...
transforming data from:[ Training_UserUpdate.csv ] to [ userupdate_
train ] ...
transforming data from:[ Training_Master.csv    ] to [ masterinfo_
train ] ...
```

3. 合并训练数据和测试数据

后续数据分析过程需要先对数据进行清理、标准化等预处理，因此需要将用户基本信息的训练数据和测试数据进行合并，以便统一进行数据清理和标准化处理。用户基本信息数据对应的 3 张表如表 7-4 所示。

表 7-4　用户基本信息数据对应的 3 张表

表名	备注
masterinfo_train	用于训练的用户基本信息数据，包含 108 个特征字段，1 个用户标签字段 label
masterinfo_test	用于测试的用户基本信息数据，包含 108 个特征字段
test_master_result	测试用户信息数据中用户的标签字段 target，该表需要和表 masterinfo_test 合并

合并用户基本信息数据对应的 3 张表，如代码 7-3 所示。

代码 7-3　合并训练数据与测试数据

```
In[4]:  #调整 target 字段位置，与测试数据中 target 位置保持一致
masterinfo_train = spark.sql ('select  *,target as label \
                    from bclcredits.masterinfo_train') \
                .drop('target')
master_train = masterinfo_train.withColumn ('target', masterinfo_train
['label']).drop('label')
```

```
In[5]:  # 统一时间格式
test_master_result=spark.sql('select idx,target \
```

```
                      from bclcredits.test_master_result')

masterinfo_test = spark.sql("select *,\
                      concat_ws('/', split(listinginfo,'/')[2],\
                                split(listinginfo,'/')[1],\
                                split(listinginfo,'/')[0]) as time \
                      from bclcredits.masterinfo_test")\
                .drop('listinginfo')\
                .withColumnRenamed('time', 'listinginfo')
```

```
In[6]:  # 数据合并入库
        master_test = masterinfo_test.join(test_master_result, 'idx')
        masterinfo = master_train.union(master_test)
        masterinfo.write.mode('overwrite').saveAsTable('bclcredits.masterinfo
        ')
```

7.2.3　用户信息完善情况与逾期率的关系探索

在征信领域中，用户信息的完善程度可能会影响该用户的信用评级。一个信息完善程度为 100%的用户比完善程度为 50%的用户具有更强的还款意愿。因此需要对用户信息表中用户信息的完整程度进行统计，分析用户信息完善程度与用户信用评级之间的关系。通过对用户信息数据的探索，寻找影响用户逾期还款的重要因素。

1. 初始化 SparkSession 并读取数据

在 Jupyter Notebook 中新建 Python Notebook 文件，命名为 bcl_dataexplore。首先初始化 SparkSession，从 Hive 中读取 masterinfo 表中的数据，如代码 7-4 所示。

代码 7-4　数据导入

```
In[7]:  from pyspark.sql import SparkSession
        from pyspark.sql import functions as fn
        from pyspark.sql.types import IntegerType
        import pandas as pd
        import matplotlib.pyplot as plt

        plt.rcParams['font.sans-serif'] = ['SimHei']  # 用来正常显示中文标签
```

```
In[8]:  # 从 Hive 中读取数据
        spark = SparkSession.builder.enableHiveSupport().getOrCreate()
        masterInfo = spark.sql('select * from bclcredits.masterinfo')
```

```
# 定义 udf() 函数
newCol = fn.udf(lambda arg: 0 if (arg != None and len(arg) != 0) else 1)
# 构建与 masterInfo 同结构的 DateFrame，记录缺失值情况
masterNew = masterInfo
for col in masterInfo.columns[1:-1]:
    masterNew = masterNew.withColumn(col, newCol(masterNew[col]))
    masterNew = masterNew.select([fn.col(column).cast(IntegerType())
                                 for column in masterInfo.columns.cache()
```

2. 统计分析

masterNew 对象记录了 masterInfo 表中数据的缺失情况。通过遍历 masterNew 对象中所有的用户记录，统计每位用户信息的缺失情况。虽然 PySpark 中没有直接提供统计工具，但是可以使用 Python 的 pandas 模块对 DataFrame 中的数据进行统计分析，pandas 模块支持对 DataFrame 进行按行或按列统计。因此，需要将 PySpark 中 DataFrame 类型的 masterNew 对象转换成 pandas 中 DataFrame 类型的 masterNew 对象，再进行用户缺失信息数据统计，如代码 7-5 所示。

代码 7-5　数据统计

```
In[9]:    pd_masterNew = masterNew.toPandas()
          pd_masterNew['sum'] = pd_masterNew[pd_masterNew.columns[1:]].sum(axis=1)
          result = pd_masterNew.groupby('sum').size()
          print(result)

Out[9]:   sum
          0     377     11    76     34    3
          1      90     12    407    35    10
          2   11023     13    42     36    7
          3    4341     14    1      37    4
          4     427     27    3      39    1
          5   21640     28    4
          6    6446     29    120
          7     983     30    45
          8    2094     31    7
          9     996     32    174
          10    624     33    54
```

利用代码 7-5 得到的结果，绘制用户缺失信息柱形图，如代码 7-6 所示。

代码 7-6　绘制用户缺失信息柱形图

In[10]:
```
# 绘制用户缺失信息柱形图
result.plot.bar(
    xlabel='用户信息缺失数量',
    ylabel='用户数量统计',
    legend=False,
    width=0.5)
```

Out[10]:

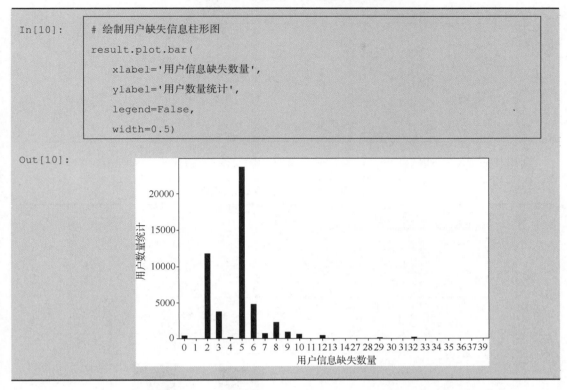

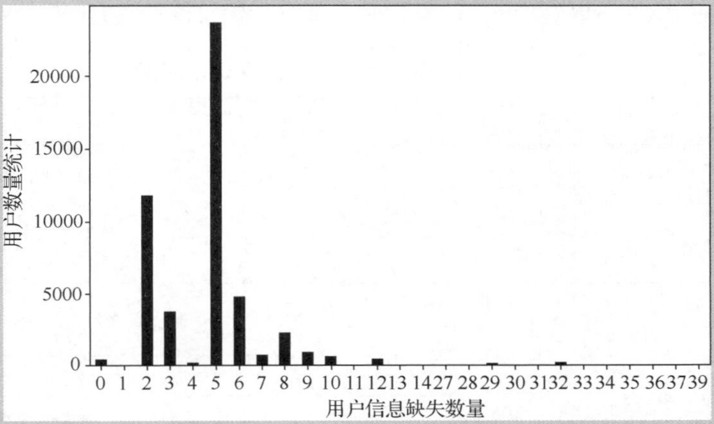

从代码 7-6 的结果中可以发现大部分用户都存在缺失信息，但缺失信息的数量不多。

3. 探索信息完善程度与逾期还款的概率的关系

根据代码 7-6 所示柱形图，发现用户信息缺失的数量集中在 2～10，因此可将用户缺失信息程度大致分为 3 类，即用户缺失信息数量范围分别为[2,4]、[5,7]、[8,10]的 3 类用户群体，探索这 3 类用户群体的逾期还款比例，用户分类统计如代码 7-7 所示。

代码 7-7　用户分类统计

In[11]:
```
filter_result = pd_masterNew[['target', 'sum']][(pd_masterNew['sum']>2)
& (pd_masterNew['sum']< =10)]
filter_result.loc[(filter_result['sum']>=2) & ( filter_result['sum']<=
4), 'level'] = '2-4'
filter_result.loc[(filter_result['sum']>=5) & ( filter_result['sum']<=
7), 'level'] = '5-7'
filter_result.loc[(filter_result['sum']>=8) & ( filter_result['sum']<=10),
'level'] = '8-10'
```

In[12]:
```
re1 = filter_result[filter_result['target']=='1'].groupby('level').size()
re2 = filter_result.groupby('level').size()
```

```
        result = pd.DataFrame(re1 / re2)
        print(result)
Out[12]:              0
        level
        2-4   0.056670
        5-7   0.078396
        8-10  0.080306
```

利用代码 7-7 得到的结果，绘制用户分类统计柱形图，如代码 7-8 所示。

代码 7-8　绘制用户分类统计柱形图

```
In[13]: # 绘制用户缺失信息数量与逾期率的关系柱形图
        result.plot.bar(
            xlabel='用户信息缺失数量',
            ylabel='逾期率',
            legend=False,
            width=0.5)
Out[13]:
```

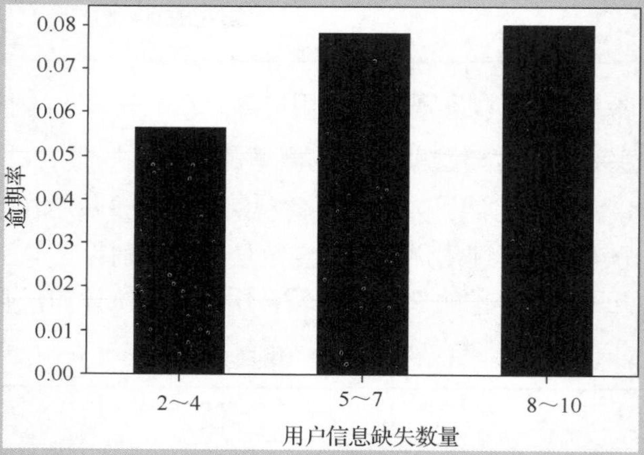

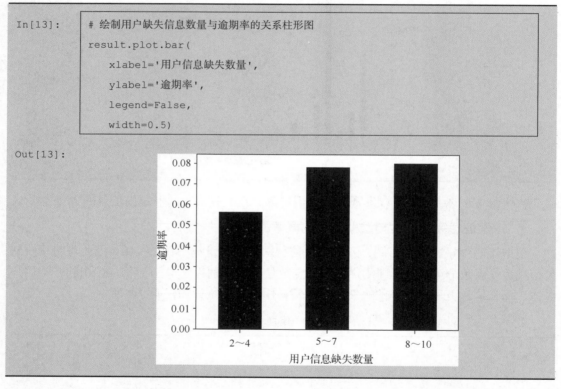

从代码 7-8 得到的柱形图中可以发现用户的信息越完整，其逾期率越低。因此可将用户信息完善程度作为初步判断用户是否会逾期还款的关键因素之一。

7.2.4　用户信息修改情况与逾期率的关系探索

在征信领域中，信息修改频率同样会影响用户信用评级。本小节将对所有借款用户的更新信息日期和借款成交日期的分布情况进行分析，探索用户信息修改情况与逾期率的关系。

1. 读取数据

用户信息更新数据存储在表 userupdate_test 和表 userupdate_train 中，表中的数据为用户 ID 和用户修改信息的日期，读取用户信息更新数据如代码 7-9 所示。运行结果显示用户可以在同一日期内多次修改个人信息，因此表中会有重复数据。

代码 7-9 读取用户信息更新数据

```
In[14]:   userupdate_test = spark.sql('select idx, userupdateinfo2 \
                               from bclcredits.userupdate_test')
          userupdate_test.show(5)

Out[14]:  +-----+---------------+
          |  idx|userupdateinfo2|
          +-----+---------------+
          |10005|      2020/2/16|
          |10005|      2020/2/16|
          |10005|      2020/2/16|
          |10005|      2020/2/16|
          |10005|      2020/2/20|
          +-----+---------------+
          only showing top 5 rows

In[15]:   userupdate_train = spark.sql('select idx, userupdateinfo2 \
                                from bclcredits.userupdate_train')
          userupdate_train.show(5)

Out[15]:  +-----+---------------+
          |  idx|userupdateinfo2|
          +-----+---------------+
          |10001|      2020/2/20|
          |10001|      2020/2/20|
          |10001|      2020/2/20|
          |10001|      2020/2/20|
          |10001|      2020/2/20|
          +-----+---------------+
          only showing top 5 rows
```

2. 对信息修改表中的信息更新次数进行统计

根据代码 7-9 的查询结果，发现用户信息更新数据是按天记录的，用户在同一天内多次修改信息，表中就会出现重复数据。用户在同一天内对信息的修改可以视为一次修改，因此，首先对表 userupdate_test 和表 userupdate_train 两张表中包含的重复数据进行去重，后统计用户修改信息的次数，再将统计结果与用户信息数据进行合并，最后对用户修改次数进行统计，如代码 7-10 所示。

代码 7-10　统计用户借款成功前修改信息的次数

```
In[16]:  userupdate = userupdate_test.union(userupdate_train) \
             .distinct().groupBy('idx').count()
         master_update = userupdate.join(masterInfo.select('idx', 'target'),
         'idx') \
             .withColumn('update_days', userupdate['count']) \
             .drop('count')
         updatedays_count = master_update.groupBy('update_days') \
             .agg(fn.count('idx')) \
             .withColumnRenamed('count(idx)', 'all_count') \
             .orderBy('update_days')
         updatedays_count.show(10)
Out[16]: +-----------+---------+
         |update_days|all_count|
         +-----------+---------+
         |          1|    34068|
         |          2|    11157|
         |          3|     3189|
         |          4|      985|
         |          5|      356|
         |          6|      126|
         |          7|       62|
         |          8|       24|
         |          9|        9|
         |         10|        8|
         +-----------+---------+
         only showing top 10 rows
```

利用代码 7-10 得到的结果，绘制用户借款成功前修改信息次数的柱形图，如代码 7-11 所示。

代码 7-11　绘制用户借款成功前修改信息次数的柱形图

```
In[17]:  # 绘制用户修改信息次数的柱形图
         pd_updatedays_count = updatedays_count.toPandas()
         pd_updatedays_count.plot.bar(x='update_days',
```

```
                    y='all_count',
                    xlabel='用户修改信息次数',
                    ylabel='修改信息总次数',
                    figsize=[12, 6],
                    legend=False)
```

Out[17]:

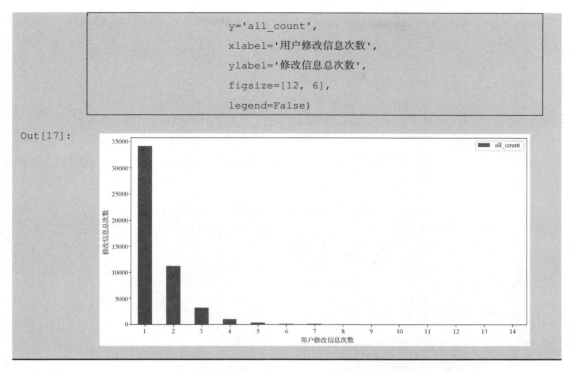

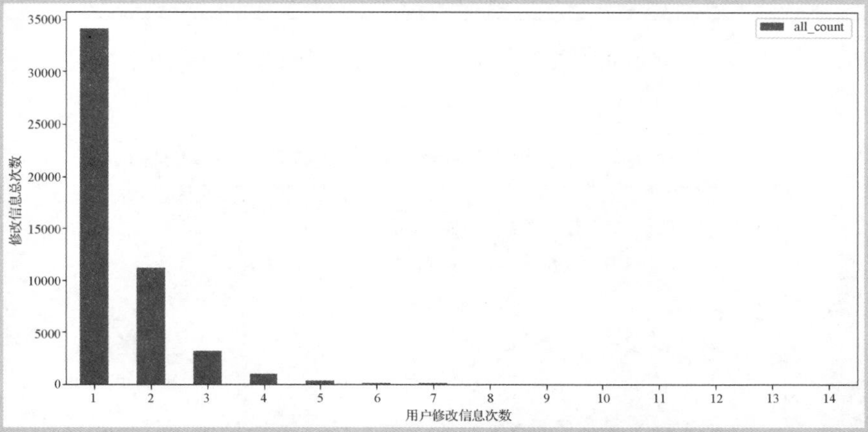

从代码 7-11 中可以发现，绝大部分用户修改信息的次数在 1～5。

3. 探索用户修改信息的次数与逾期率间的关系

代码 7-11 的柱形图表明，用户修改信息的次数集中在 1～5。因此对修改次数集中在 1～5 的用户进行重点分析，探索用户修改信息次数与逾期率之间的关系，如代码 7-12 所示。

代码 7-12 探索用户修改信息次数与逾期率

In[18]:

```
daysUnder5 = master_update.filter('update_days<=5') \
    .groupBy('update_days', 'target') \
    .agg(fn.count('idx')) \
    .withColumnRenamed('count(idx)', 'target_count')
daysUnder5_final = daysUnder5.join(updatedays_count, 'update_days') \
    .filter('target==1')
updatedays_overdue = daysUnder5_final.selectExpr(
    'update_days', 'target_count/all_count as rate') \
    .orderBy('update_days')
updatedays_overdue.show(5)
```

Out[18]:

```
+-----------+-------------------+
|update_days|               rate|
+-----------+-------------------+
```

```
|          1| 0.0712985793119643|
|          2|0.07519942636909563|
|          3|0.08748824082784572|
|          4|0.09746192893401015|
|          5|0.10955056179775281|
+-----------+-------------------+
```

利用代码 7-12 得到的结果，绘制用户修改信息次数与逾期率的柱形图，如代码 7-13 所示。

代码 7-13　绘制用户修改信息次数与逾期率的柱形图

```
In[19]:  # 用户修改信息次数与逾期率的柱形图
         pd_updatedays_overdue = updatedays_overdue.toPandas()
         pd_updatedays_overdue.plot.bar(
             x='update_days',
             xlabel='用户修改信息次数',
             ylabel='逾期率',
             legend=False
         )
Out[19]:
```

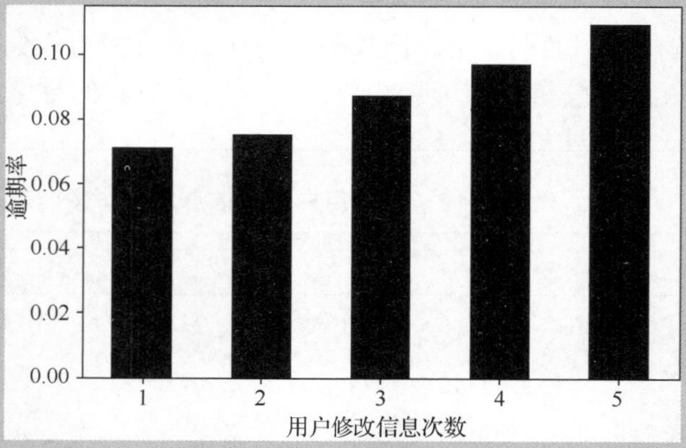

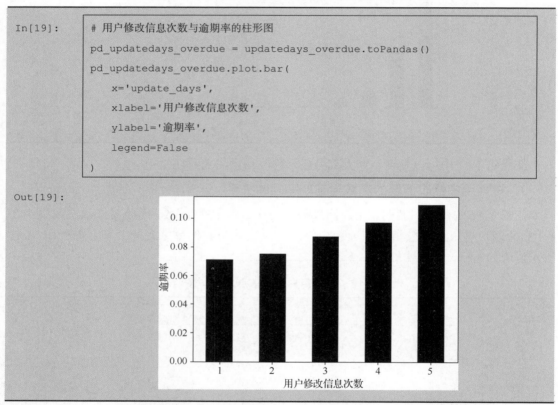

从代码 7-13 得到的柱形图中可以发现，用户修改信息次数越多，逾期率也越高，因此可将用户修改信息次数暂时归为用户逾期还款的关键因素之一。

7.2.5　用户借款月份与逾期率的关系探索

考虑到不同时期，用户的资金状况（如过年资金紧张等）可能会影响用户的贷款行为，某些用户会为了应对资金压力而转向贷款。因此，需要对用户基本信息中的借款月份进行探索性分析。

1. 提取日期字段中的月份信息

masterInfo 表中的日期字段（listinginfo）记录了用户的借款成交时间，可以从该字段中提取用户借款成交时间的日、周和月份，并按月份统计数据，如代码 7-14 所示（省略部分代码的输出结果）。

代码 7-14　提取日期字段中的月份信息

```
In[20]:  # 取出月份
         master_month = masterInfo.selectExpr('idx', "split(listinginfo,' /
         ')[1] as month", 'target')
         # 统计不同月份的逾期记录数
         month_count = master_month.groupBy('month', 'target').count()
         month_count.orderBy(['month']).show()

Out[20]: +-----+------+-----+
         |month|target|count|
         +-----+------+-----+
         |    1|     1|  110|
         |    1|     0| 1578|
         ……
         |    7|     1|  471|
         +-----+------+-----+
         only showing top 20 rows
```

2. 统计不同月份的逾期率

按月份统计用户总人数和逾期还款用户人数，统计不同月份的逾期率，如代码 7-15 所示。

代码 7-15　统计不同月份的逾期率

```
In[21]:  # 统计不同月份借款记录总数
         month_count_sum = month_count.groupBy('month')\
                              .agg(fn.sum('count'))\
                              .withColumnRenamed('sum(count)', 'sum_count')

In[22]:  # 筛选出逾期还款的统计结果
         month_count_final = month_count.join(month_count_sum, 'month')\
                              .filter('target==1')
         month_count_final.show(3)

Out[22]: +-----+---------+
```

```
        |month|sum_count|
        +-----+---------+
        |    7|     5926|
        |   11|     1522|
        |    3|     3239|
        +-----+---------+
        only showing top 3 rows
In[23]: # 计算逾期率
        month_overdue = month_count_final \
            .selectExpr('cast(month as int)', 'count/sum_count as rate') \
            .orderBy('month')
        month_overdue.show()
Out[23]: +-----+--------------------+
        |month|                rate|
        +-----+--------------------+
        |    1| 0.06516587677725119|
        |    2| 0.07246376811594203|
        |    3| 0.09539981475764124|
        |    4| 0.09530026109660575|
        |    5| 0.09500388299249288|
        |    6| 0.08726235741444867|
        |    7| 0.07948025649679379|
        |    8|0.055995864920744313|
        |    9| 0.05319839107305047|
        |   10|0.057510313030817765|
        |   11| 0.09789750328515112|
        |   12| 0.11276849642004773|
        +-----+--------------------+
```

利用代码 7-15 得到的结果，绘制借款月份和逾期率的柱形图，如代码 7-16 所示。

代码 7-16　绘制借款月份和逾期率的柱形图

```
In[24]: #借款月份和逾期率的柱形图
        df_month_overdue = month_overdue.toPandas()
        df_month_overdue.plot.bar(x='month',
                                  y='rate',
                                  xlabel='借款月份',
```

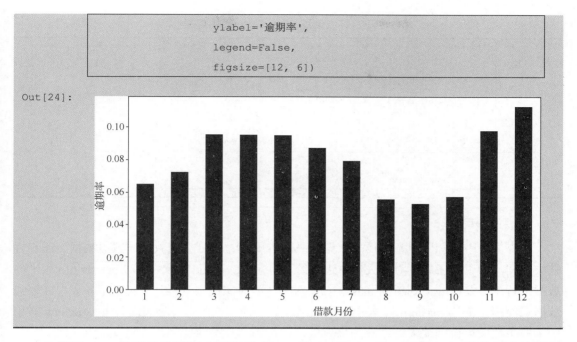

```
            ylabel='逾期率',
            legend=False,
            figsize=[12, 6])
```

Out[24]:

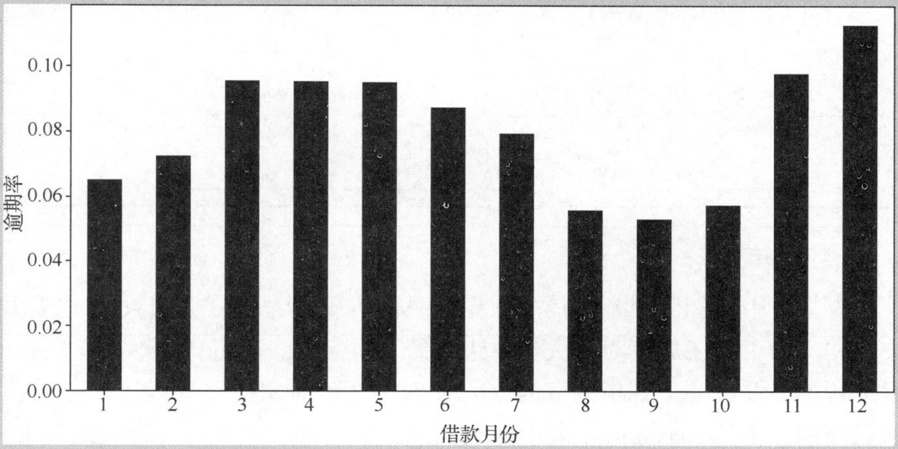

从代码 7-16 得到的柱形图中可以发现，3 月、4 月、5 月、11 月、12 月份用户逾期还款的概率明显高于其他月份。结合中国传统节日，发现用户在阳历年关前和传统春节过后借款的逾期率较高。因此考虑将用户的借款月份暂列为用户逾期还款的关键因素之一。

7.3 数据预处理

数据在处理之前总是不完整、不一致、有噪声的，在进行数据分析之前，需要本着耐心、细致、严肃、认真的工作态度，对数据做合理、正确的预处理操作。将原始数据转换为可以被理解的格式或符合数据分析模型的格式，包括对缺失数据、不完整数据和不一致数据进行清洗、集成和变换，以及构建新特征等操作，其最终目的是提高数据挖掘的质量，减少数据分析所需要的时间。

7.3.1 计算用户信息缺失个数及借款月份构建新特征

根据 7.2 节可知，用户的信息越完整，其逾期率越低。故将用户信息完善程度初步判断为用户逾期还款的关键因素之一，因此需要统计用户信息的缺失数量，并将统计结果作为一个特征。同理，用户的借款月份也暂列为用户逾期还款的关键因素之一，因此还需要统计用户的借款月份。

1. 初始化 SparkSession 并读取数据

在 Jupyter Notebook 中新建 Python Notebook 文件，并命名为 bcl_nullcount。创建 Spark 对象并从 masterinfo 表中读取数据，如代码 7-17 所示。

代码 7-17　读取 masterinfo 表中数据

```
In[1]:  from pyspark.sql import SparkSession
        import pyspark.sql.functions as fn
        from pyspark.sql.types import IntegerType

        spark = SparkSession.builder.getOrCreate()
        masterInfo = spark.sql('select * from bclcredits.masterinfo')
        masterNew = masterInfo
```

2. 数据转换

在 7.2 节中可知用户基本信息数据记录内容不同，有分类型数据、数值数据，还包含缺失数据。为了便于后续对缺失信息进行统计，定义一个 udf()函数，对 masterinfo 表中的数据进行统一处理并得到新的 masterNew 对象。该对象使用 0 描述 masterinfo 表中非缺失数据，使用 1 描述 masterinfo 表中缺失数据或长度为 0 的数据，通过统计 masterNew 对象中 1 的个数即可得到缺失的用户信息数量，如代码 7-18 所示。

代码 7-18　使用 0 或 1 描述 masterinfo 表中的非缺失与缺失信息

```
In[2]:  newCol = fn.udf(lambda arg: 0 if (arg != None and len(arg) != 0 ) else 
        1 )
        for col in masterInfo.columns[1:-1] :
            masterNew = masterNew.withColumn(col, newCol(masterNew[col]))
            masterNew = masterNew.withColumn(col, masterNew[col].cast
        (IntegerType()))
        masterNew = masterNew.cache()
```

3. 统计用户缺失信息以及用户借款月份

为了统计用户缺失信息，需要统计 masterNew 对象中每条记录包含 1 的数量，由于 PySpark 中的 DataFrame 类型对象没有提供相关统计函数，因此将 PySpark 中 DataFrame 类型的 masterNew 对象转换为 pandas 模块中 DataFrame 类型的 masterNew 对象，再使用 sum()函数完成统计；其次，从 masterNew 对象的 listing_month 字段中提取用户借款月份；最后将两组数据进行合并，并存储至 Hive 表中，如代码 7-19 所示。

代码 7-19　统计用户缺失信息和提取用户借款月份

```
In[3]:  # 统计用户缺失信息
        pd_masterNew = masterNew.toPandas()
        pd_masterNew['sum'] = pd_masterNew[pd_masterNew.columns[1:-1]].sum
        (axis=1)
```

```
pd_nullCount = pd_masterNew[['idx','target','sum']]

# 从 listing_month 字段中提取用户借款月份
master_month = masterInfo.selectExpr('idx', "split(listinginfo, '/')[1]
as listing_month")
pd_master_month = master_month.toPandas()
pd_nullCount= pd_nullCount.join(pd_master_month.set_index('idx'), on='idx')
nullCount = spark.createDataFrame(pd_nullCount,
                    schema=['idx', 'target', 'na_num', 'listing_month'])
nullCount.orderBy('idx').show(10)
```

```
Out[3]:  +-----+------+------+-------------+
         |  idx|target|na_num|listing_month|
         +-----+------+------+-------------+
         |10001|     0|     5|            3|
         |10002|     0|     2|            2|
         |10003|     0|     2|            2|
         |10006|     0|     6|            2|
         |10007|     0|     6|            2|
         |10008|     0|     5|            2|
         |10011|     1|     2|            2|
         |10015|     0|     5|            2|
         |10019|     1|     5|            2|
         |10021|     0|     5|            2|
         +-----+------+------+-------------+
         only showing top 10 rows
```

```
In[4]:   # 将统计数据存储至 Hive 表中
         nullCount.write.mode('overwrite').saveAsTable('bclcredits.nullcount')
```

7.3.2 用户更新信息重建

用户更新信息表中 userupdateinfo_1、userupdateinfo_2 字段对每一位用户均有多条记录，与 masterinfo 主表的一位用户一条记录的形式不符；且字段中时间格式表示不统一，因此需要对时间格式进行统计，以便于后续处理；基于表中数据统计出用户更新信息的频率，重建一个用于预测用户贷款风险的特征。

1. 读取数据

用户更新信息数据记录在 userupdate_train 表和 userupdate_test 表中，两个表合并为 userupdate（用户更新信息）表，其示例数据如表 7-5 所示。

表 7-5 userupdate 表示例数据

idx	listinginfo	userupdateinfo1	userupdateinfo2
10001	2020/3/5	_EducationId	2020/2/20
10001	2020/3/5	_HasBuyCar	2020/2/20
10001	2020/3/5	_LastUpdateDate	2020/2/20

为了便于后续数据的处理分析，删除 userupdateinfo1 字段中包含的“_”字符，并将 userupdateinfo2 和 listinginfo 两个字段的时间格式统一为标准格式（使用“-”替换“/”），用于计算时间间隔，完成数据的预处理，如代码 7-20 所示。

代码 7-20 读取用户更新数据及预处理数据

```
In[5]:  # 如果新建 Notebook，需要导入包并初始化 SparkSession 对象
        # from pyspark.sql import SparkSession
        # from pyspark.sql import functions as fn
        # from pyspark.sql.types import IntegerType
        # spark = SparkSession.builder.enableHiveSupport().getOrCreate()
        train_update = spark.sql("select idx,\
                        lower(regexp_replace(userupdateinfo1,'_','')) as
        userupdateinfo1,\
                        datediff( regexp_replace(listinginfo,'/','-'), \
                              regexp_replace(userupdateinfo2,'/','-')) as
        diff_days,\
                        userupdateinfo2 \
                        from {}.{}".format('bclcredits', 'userupdate_train'))

        test_update = spark.sql("select idx,\
                        lower(regexp_replace(userupdateinfo1,'_','')) as
        userupdateinfo1,\
                        datediff( regexp_replace(listinginfo,'/','-'),\
                              regexp_replace(userupdateinfo2,'/','-')) as
        diff_days,\
                        userupdateinfo2 \
                        from {}.{}".format('bclcredits', 'userupdate_test'))

        userupdate = train_update.union(test_update)
```

2. 计算用户更新信息的统计值

用户更新信息表中记录了用户更新操作的类型、更新操作的时间和借款成交的时间

等。通过计算可以得到的统计值有用户最早更新信息的时间距离借款成交时间的天数、用户更新次数、用户更新信息频率、借款成交时间之前用户更新信息的天数、用户更改特征数目，如代码 7-21 所示。

代码 7-21　计算用户更新信息的统计值

```
In[6]:
# 增加字段，统计用户最早更新信息的时间距离借款成交时间的天数
update_days = userupdate.select(['idx', 'diff_days']) \
    .distinct() \
    .groupBy('idx') \
    .agg(fn.max('diff_days'), fn.min('diff_days')) \
    .withColumnRenamed('max(diff_days)', 'first_update') \
    .withColumnRenamed('min(diff_days)', 'last_update')
update_days.show(3)

Out[6]:
+-----+------------+-----------+
|  idx|first_update|last_update|
+-----+------------+-----------+
|63647|           4|          4|
| 6731|         258|          4|
|57112|          12|         12|
+-----+------------+-----------+
only showing top 3 rows

In[7]:
# 统计用户更新次数
update_counts = userupdate.select(['idx', 'diff_days'])\
                    .groupBy('idx')\
                    .agg(fn.count('diff_days'))\
                    .withColumnRenamed('count(diff_days)',
'update_counts');
update_counts.show(3)

Out[7]:
+-----+-------------+
|  idx|update_counts|
+-----+-------------+
|10096|           10|
|10436|           10|
|11078|            9|
+-----+-------------+
only showing top 3 rows
```

In[8]:

```
# 计算用户更新频率
# 更新频率 = 更新次数/距离首次更新的天数
update_frequency = update_days.join(update_counts, on='idx') \
    .selectExpr('idx', 'update_counts/first_update as update_frequency')
update_frequency.show(3)
```

Out[8]:

```
+-----+------------------+
|  idx|  update_frequency|
+-----+------------------+
|10096|1.4285714285714286|
|10436|3.3333333333333335|
|11078|             1.125|
+-----+------------------+
only showing top 3 rows
```

In[9]:

```
# 统计借款成交时间之前用户更新信息的天数
days_count = userupdate.select(['idx', 'userupdateinfo2']) \
    .distinct() \
    .groupBy('idx') \
    .agg(fn.count('userupdateinfo2')) \
    .withColumnRenamed('count(userupdateinfo2)', 'update_num')
days_count.show(3)
```

Out[9]:

```
+-----+----------+
|  idx|update_num|
+-----+----------+
| 6731|         5|
|90347|         3|
|51722|         1|
+-----+----------+
only showing top 3 rows
```

In[10]:

```
# 统计用户更改特征数目
update_casts_counts = userupdate.select(['idx', 'userupdateinfo1']) \
    .distinct() \
    .groupBy('idx') \
    .agg(fn.count('userupdateinfo1')) \
    .withColumnRenamed('count(userupdateinfo1)', 'update_cats')
update_casts_counts.show(3)
```

```
Out[10]:  +-----+-----------+
          |  idx|update_cats|
          +-----+-----------+
          |21452|         15|
          |22121|         12|
          |28503|         12|
          +-----+-----------+
          only showing top 3 rows
```

3. 长宽表转换

长表是指行多列少的表，即一行中的数据量较少，行数大。宽表是指列多行少的表，即一行中的数据量较大，行数少。在长表的设计中，同一用户的数据分布在多行中，相应的好处是每个用户的行数据较少，易于扩展和拆分表。宽表的设计是将同一用户的内容存储在一条记录中，相应的好处是查询性能高，可以根据行键定位到唯一的记录。在实际应用中，需要根据业务需求选择合适的表结构存储数据。在后续的数据分析中，根据数据分析的要求，会进行长宽表转换以满足数据分析的需求。

根据表 7-5 所示的内容，表中每行数据记录了用户每次的更新内容和更新时间，每一位用户均有多条记录，与 masterinfo 主表的一位用户一条记录的形式不符。因此需要对 userupdate_train 和 userupdate_test 进行结构转换，以用户修改的内容为字段构建新表，表中每行数据记录一位用户更新信息，基于宽表结构的用户更新信息表（部分）如表 7-6 所示。

表 7-6 基于宽表结构的用户更新信息表（部分）

idx	first_update	last_update	update_cats	update_frequency	age	总计 61 个特征
3	67	67	11	0.1	0	……
4	9	0	13	0.076923077	0	……
5	14	14	11	0.166666667	0	……

对用户更新信息表中的数据以 idx 字段为唯一标识，统计每位用户更新各特征的次数。当用户没有对某特征进行修改时，使用 0 填充；最后将结果存储至 Hive 中，如代码 7-22 所示。

代码 7-22 构建基于宽表结构的用户更新信息表

```
In[11]:  update_casts = userupdate.select(['idx', 'userupdateinfo1']) \
             .groupBy(['idx', 'userupdateinfo1']) \
             .count()

         update_casts_result = update_casts.groupBy('idx') \
             .pivot('userupdateinfo1') \
             .sum('count').na.fill(0)
```

```
In[11]:  # 将多个结果按 idx 为唯一标识进行合并,并存储至 bclcredits 数据库的 userupdateprocess 表中
         result = update_days.join(update_casts_counts, on='idx') \
             .join(update_frequency, on='idx') \
             .join(days_count, on='idx') \
             .join(update_casts_result, on='idx')
         result.write.mode('overwrite').saveAsTable(
         'bclcredits.userupdateprocess')
```

7.3.3 用户登录信息重建

用户登录信息表与用户信息更新表一样，用户登录信息表中 loginfo1、loginfo2 字段对每一位用户均有多条记录，与 masterinfo 主表的一位用户一条记录的形式不符；需要基于表中数据统计出用户登录平台次数、频率、最早登录时间等，用于构建预测用户贷款风险的用户登录信息特征。

1. 读取数据

用户登录操作的数据记录在 loginfo_train 表和 loginfo_test 表中，两个表合并为 loginfo（用户登录信息）表，其数据示例如表 7-7 所示。

表 7-7 loginfo 表数据示例

idx	listinginfo	loginfo1	loginfo2	loginfo3
10001	2020/3/5	107	6	2020/2/20
10001	2020/3/5	107	6	2020/2/23
10001	2020/3/5	107	6	2020/2/24

其中，loginfo1 为用户登录操作代码，loginfo2 为用户登录操作类别，可以将两个字段进行合并，减少分类的复杂性。将 listinginfo 和 loginfo3 两个字段的时间格式统一为标准格式（使用“-”替换“/”），用于计算时间间隔，完成数据预处理，如代码 7-23 所示。

代码 7-23 从 Hive 中读取用户登录信息

```
In[12]:  # 如果新建 Notebook，需要导入包并初始化 SparkSession 对象
         # from pyspark.sql import SparkSession
         # from pyspark.sql import functions as fn
         # spark = SparkSession.builder.enableHiveSupport().getOrCreate()
         train_log = spark.sql("select idx, \
         concat('log_',regexp_replace(loginfo1,'-','c'),'_',loginfo2) as loginfo2,\
                         listinginfo,\
                         datediff(regexp_replace(listinginfo,'/','-'),
```

```
regexp_replace(loginfo3,'/','-')) as diff_days,\
                loginfo3 \
            from {}.{}".format('bclcredits', 'loginfo_train'))

test_log = spark.sql("select idx,\
concat('log_',regexp_replace(loginfo1,'-','c'),'_',loginfo2) as loginfo2,\
                listinginfo,datediff(regexp_replace(listinginfo,'/','-'),
regexp_replace(loginfo3,'/','-') as diff_days,\
                loginfo3 \
            from {}.{}".format('bclcredits', 'loginfo_test'))
loginfo = train_log.union(test_log)

loginfo.show(5)
```

```
Out[12]:  +------+----------+------------+---------+----------+
          |   idx| loginfo2| listinginfo| diff_days|  loginfo3|
          +------+----------+------------+---------+----------+
          | 57805|  log_c4_6|   2020-8-24|        28| 2020-7-27|
          | 57805|  log_c4_6|   2020-8-24|        14| 2020-8-10|
          | 57805|  log_c4_6|   2020-8-24|        14| 2020-8-10|
          | 57805|  log_c4_6|   2020-8-24|        14| 2020-8-10|
          | 57805|  log_c4_6|   2020-8-24|        12| 2020-8-12|
          +------+----------+------------+---------+----------+
          only showing top 5 rows
```

2. 计算用户登录信息的统计值

用户登录信息表中记录了用户登录操作类别、用户登录时间和借款成交时间等。通过计算可以得出的统计值有用户最早登录时间距离借款成交时间的天数、用户最晚登录时间距离借款成交时间的天数、用户总的登录类别数目、用户登录平台的天数以及用户第一次登录平台之后的每一天登录平台的频率，如代码 7-24 所示。

代码 7-24 计算用户登录信息的统计值

```
In[13]:  # 用户最早登录时间和最晚登录时间距离借款成交时间的天数
         first_last_day = loginfo.groupBy('idx') \
             .agg(fn.max('diff_days'), fn.min('diff_days')) \
             .withColumnRenamed('max(diff_days)', 'first_log') \
             .withColumnRenamed('min(diff_days)', 'last_log')
         first_last_day.show(3)
```

Out[13]:
```
+-----+---------+--------+
|  idx|first_log|last_log|
+-----+---------+--------+
|10096|        7|       0|
|10436|        3|       0|
|11078|        8|       0|
+-----+---------+--------+
only showing top 3 rows
```

In[14]:
```
# 用户总的登录类别数目
log_casts = loginfo.select(['idx', 'loginfo2']) \
    .distinct() \
    .groupBy('idx') \
    .agg(fn.count('loginfo2')) \
    .withColumnRenamed('count(loginfo2)', 'log_casts')
log_casts.show(3)
```

Out[14]:
```
+-----+---------+
|  idx|log_casts|
+-----+---------+
|18333|        9|
|40740|        8|
|43085|       10|
+-----+---------+
only showing top 3 rows
```

In[15]:
```
# 用户登录平台的天数
log_num = loginfo.select(["idx", "loginfo3"]) \
    .distinct() \
    .groupBy("idx") \
    .agg(fn.count("loginfo3")) \
    .withColumnRenamed("count(loginfo3)", "log_num")
log_num.show(3)
```

Out[15]:
```
+-----+-------+
|  idx|log_num|
+-----+-------+
|26082|     65|
|86804|      5|
|10351|      8|
+-----+-------+
only showing top 3 rows
```

```
In[16]:  # 用户第一次登录平台之后的每一天登录平台的频率
         log_counts = loginfo.select(['idx', 'loginfo3']) \
             .groupBy('idx') \
             .agg(fn.count('loginfo3')) \
             .withColumnRenamed('count(loginfo3)', 'all_count')

         log_frequency = log_counts.join(first_last_day, on='idx') \
             .selectExpr('idx', 'all_count/first_log as log_frequency')
         log_frequency.show(3)
Out[16]: +-----+------------------+
         |  idx|     log_frequency|
         +-----+------------------+
         |10096|2.5714285714285716|
         |10436| 5.333333333333333|
         |11078|              1.25|
         +-----+------------------+
         only showing top 3 rows
```

3. 长宽表转换

根据表 7-7 所示的示例数据，每行数据记录了用户每次的登录类别和登录时间，每一位用户均有多条记录，与 masterinfo 主表的一位用户一条记录的形式不符。因此需要对用户登录信息表进行结构转换，以用户登录操作类别为字段构建新表，表中每行数据记录一位用户更新信息，基于宽表结构的用户登录信息表（部分）如表 7-8 所示。

表 7-8 基于宽表结构的用户登录信息表（部分）

idx	log_0_0	log_1000_23	log_1001_23	log_100_6	log_102_6	总计 62 个特征
85405	1	1	11	1	0	……
10096	1	10	13	34	1	……
36067	0	14	11	2	0	……

对用户登录信息表中的数据以 idx 字段为唯一标识，统计每位用户登录操作类别的次数。如果用户没有使用相应的登录操作类别登录系统，那么使用 0 填充。最后将结果存储至 Hive 中，如代码 7-25 所示。

代码 7-25 构建基于宽表的用户登录信息表

```
In[17]:  log_casts_counts = loginfo.select(['idx', 'loginfo2']) \
             .groupBy(['idx', 'loginfo2']) \
             .count()
```

```
log_casts_result = log_casts_counts.groupBy('idx') \
    .pivot('loginfo2') \
    .sum('count') \
    .na.fill(0)
log_casts_result.show(1)
```

```
Out[17]: +-----+-------+-----------+-----------+---------+---------+--------
+---------+---------+---------+--------+---------+--------+--------+
-------+-------+-------+--------+--------+-------+-------+----------
+---------+---------+---------+--------+-------+--------+--------+---
-----+-------+--------+--------+-------+-------+-------+----------+-
---------+----------+----------+----------+----------+----------+---
-------+---------+-------+--------+-------+-------+-------+--------
+-------+-------+-------+-------+-------+-------+-------+--------+--
-----+-------+---------+--------+
|
idx|log_0_0|log_1000_23|log_1001_23|log_100_6|log_101_6|log_102_6|lo
g_103_6|log_104_6|log_107_6|log_10_0|log_10_20|log_11_0|log_12_0|log
_1_0|log_1_1|log_1_2|log_1_20|log_1_21|log_1_4|log_1_6|log_2000_6|lo
g_200_0|log_207_0|log_22_22|log_2_0|log_2_1|log_2_10|log_2_11|log_2_
16|log_2_2|log_2_20|log_2_21|log_2_3|log_2_6|log_2_7|log_3000_0|log_
3001_6|log_300_20|log_302_20|log_303_20|log_304_20|log_305_20|log_30
7_20|log_310_20|log_3_1|log_3_21|log_3_6|log_4_0|log_4_1|log_4_19|lo
g_4_6|log_4_7|log_5_0|log_6_0|log_6_6|log_8_0|log_8_6|log_99_6|log_9
_0|log_9_6|log_c10_13|log_c4_6|
+-----+-------+-----------+-----------+---------+---------+--------
+---------+---------+---------+--------+---------+--------+--------+
-------+-------+-------+--------+--------+-------+-------+----------
+---------+---------+---------+--------+-------+--------+--------+---
-----+-------+--------+--------+-------+-------+-------+----------+-
---------+----------+----------+----------+----------+----------+---
-------+---------+-------+--------+-------+-------+-------+--------
+-------+-------+-------+-------+-------+-------+-------+--------+--
-----+-------+---------+--------+
|18333|      0|          0|          0|        0|        0|        0|
0|        0|        0|       0|        0|       0|       1|       1|
2|      1|      0|       0|       0|      0|      0|      0|       0|
0|      1|      1|       0|       0|      0|      0|       2|       0|
0|      0|       0|       0|       0|       0|       0|       0|
0|         0|         0|       0|        0|       0|      0|       1|       0|
0|      0|      0|      0|      0|      0|      0|      0|      0|      0|
```

```
    0|     29|
    |40740|       0|          0|          0|        0|        0|        0|
    0|        0|        0|       0|        0|       0|       0|      1|      1|
    1|      1|      0|      0|      0|        0|       0|       0|       0|
    0|       1|       0|        0|        0|       0|       0|      1|       0|
    0|      0|        0|        0|        0|        0|        0|       0|
    0|         0|        0|      0|       0|      0|      0|      1|       0|
    0|      0|      0|      0|      0|      0|      0|       0|      0|      0|
    0|      1|
    +-----+-------+-----------+-----------+---------+---------+---------
    +---------+---------+---------+--------+---------+--------+--------+
    -------+-------+-------+--------+---------+--------+-------+----------
    +--------+---------+----------+--------+-------+--------+--------+---
    -----+-------+--------+--------+-------+--------+-------+----------+-
    ---------+---------+----------+----------+----------+----------+---
    -------+----------+-------+--------+-------+-------+-------+--------
    +-------+-------+-------+-------+-------+-------+-------+--------+--
    -----+-------+----------+--------+
    only showing top 3 rows
In[18]:
    log_casts_result.write.mode('overwrite').saveAsTable('bclcredits.
    loginfoprocess')
```

7.3.4 分类数据预处理

在用户数据中，部分数据包含空格，空格在后续的数据分析中可能造成不可预估的后果。因此，在数据分析前，通常需要对包含空格的数据进行清洗和处理，将之转换成规范的数据。

1. 读取数据并删除数据中的空格

masterinfo 表中存储了大量的字符型数据，部分字符型数据包含空格，会导致字符串无法匹配。查看 masterinfo 表字符型字段中的空格，如代码 7-26 所示。

代码 7-26 查看 masterinfo 表字符型字段中的空格

```
In[19]:
    # 如果新建 Notebook，需要导入包并初始化 SparkSession 对象
    # from pyspark.sql import SparkSession
    # from pyspark.sql import functions as fn
    # spark = SparkSession.builder.enableHiveSupport().getOrCreate()
    spark.sql('select distinct userinfo_9 from bclcredits.masterinfo').show()
```

```
Out[19]:    +-----------+
            |userinfo_9|
            +-----------+
            |  中国移动 |
            |  中国移动 |
            |  中国电信 |
            |  中国联通 |
            |  中国联通 |
            |  不详     |
            |  中国电信 |
            +-----------+
```

因此，需要对 masterinfo 表中字符型字段的数据进行筛选，删除多余的空格，避免因为字符型字段中包含空格导致字符串无法匹配，如代码 7-27 所示。

代码 7-27　删除字符型字段中的空格

```
In[20]:  data = spark.sql('select * from bclcredits.masterinfo')

         data_trim = data.withColumn('userinfo_9', fn.trim(data['userinfo_9'])) \
            .withColumn('userinfo_2', fn.trim(data['userinfo_2'])) \
            .withColumn('userinfo_4', fn.trim(data['userinfo_4'])) \
            .withColumn('userinfo_8', fn.trim(data['userinfo_8'])) \
            .withColumn('userinfo_20', fn.trim(data['userinfo_20'])) \
            .cache()
```

2. 重复字段合并

masterinfo 表中存在多个记录内容相同的字段，如 userinfo_7 和 userinfo_19 两个字段，如代码 7-28 所示，两个字段均代表省份信息。

代码 7-28　探索重复字段

```
In[21]:  data_trim.select(['idx', 'userinfo_7', 'userinfo_19']).show(5)

Out[21]: +-----+----------+-----------+
         |  idx|userinfo_7|userinfo_19|
         +-----+----------+-----------+
         |10001|      广东|     四川省|
         |10002|      浙江|     福建省|
         |10003|      湖北|     湖北省|
```

```
|10006|        福建|        江西省|
|10007|        辽宁|        辽宁省|
+-----+----------+-----------+
only showing top 5 rows
```

从代码 7-28 的结果中发现，同一个用户 userinfo_7 和 userinfo_19 字段的值可能是同一个省份，也可能是不同的省份。因此，增加一个字段 diffprov 整合 userinfo_7 和 userinfo_19 两个字段信息，如果 userinfo_7 和 userinfo_19 代表同一个省份那么 diffprov 值为 1，否则为 0，如代码 7-29 所示。

代码 7-29　重复字段内容整合

```
In[22]:  udf_trans_diff = fn.udf(lambda arg1, arg2: -1 if not ((len(arg1) > 0) and
         (len(arg2) > 0)) \
            else (1 if (arg1 in arg2) else 0))

         diffprov = data_trim.withColumn('diffprov',
                                udf_trans_diff(data_trim['userinfo_7'],
                                            data_trim['userinfo_19'])) \
                                .cache()
```

除了 userinfo_7 和 userinfo_19 字段外，字段 userinfo_2、userinfo_8、userinfo_4、userinfo_20 存在记录形式不统一情况，如代码 7-30 所示。

代码 7-30　查看记录形式不统一的字段

```
In[23]:  data_trim.select(['userinfo_2', 'userinfo_8', 'userinfo_4',
         'userinfo_20']).show(4)

Out[23]: +----------+----------+----------+-----------+
         |userinfo_2|userinfo_8|userinfo_4|userinfo_20|
         +----------+----------+----------+-----------+
         |        深圳|        深圳|        深圳|        南充市|
         |        温州|        温州|        温州|         不详|
         |        宜昌|        宜昌|        宜昌|        宜昌市|
         |        南平|        南平|        南平|         不详|
         +----------+----------+----------+-----------+
         only showing top 4 rows
```

从代码 7-30 所示结果中发现，userinfo_2、userinfo_8、userinfo_4 和 userinfo_20 字段记录形式不统一（部分城市名称包含“市”），为了统一城市名称，删除城市名称中的“市”，如代码 7-31 所示。4 个字段的记录内容也不完全相同，参考 userinfo_7 和 userinfo_19 字段处理方式，对 4 个字段按照两两一组的方式，创建新特征 UserInfodiff_2_4（对应 userinfo_2、userinfo_4 字段）、UserInfodiff_2_8（对应 userinfo_2、userinfo_8 字段）、UserInfodiff_4_20（对应 userinfo_4、userinfo_20 字段）、UserInfodiff_4_8（对应 userinfo_4、userinfo_8 字段）、UserInfodiff_8_20（对应 userinfo_8、userinfo_20 字段），如果两个字段内容相同，那么赋值为 1，否则为 0。

代码 7-31　统一城市名称

```
In[24]:  keystr = '市'
         udf_trans_del = fn.udf(lambda arg: arg.replace(keystr, '') \
            if ((arg is not None) and (keystr in arg)) else arg)
         tmp_data_transform = diffprov.withColumn('userinfo_2', \
                                 udf_trans_del(fn.decode('userinfo_2', 'UTF-8'))) \
            .withColumn('userinfo_4', udf_trans_del(fn.decode('userinfo_4',
         'UTF-8'))) \
            .withColumn('userinfo_8', udf_trans_del(fn.decode('userinfo_8',
         'UTF-8'))) \
            .withColumn('userinfo_20', udf_trans_del(fn.decode('userinfo_20',
         'UTF-8')))
         tmp_data_transform.select(['userinfo_2', 'userinfo_4', 'userinfo_8',
         'userinfo_20']).show(10)
Out[24]: +----------+----------+----------+-----------+
         |userinfo_2|userinfo_4|userinfo_8|userinfo_20|
         +----------+----------+----------+-----------+
         |        深圳|        深圳|        深圳|         南充|
         |        温州|        温州|        温州|         不详|
         |        宜昌|        宜昌|        宜昌|         宜昌|
         |        南平|        南平|        南平|         不详|
         +----------+----------+----------+-----------+
         only showing top 4 rows
In[25]:  udf_city_cmp = fn.udf(lambda arg1, arg2: 1 if (arg1 == arg2) else 0)
         city = tmp_data_transform.select(['idx', 'userinfo_2', 'userinfo_4',
         'userinfo_8', 'userinfo_20'])

         city_addCol = city.withColumn('UserInfodiff_2_20',
                                 udf_city_cmp('userinfo_2', 'userinfo_20')) \
            .withColumn('UserInfodiff_2_4', udf_city_cmp('userinfo_2',
         'userinfo_2')) \
```

```
    .withColumn('UserInfodiff_2_8', udf_city_cmp('userinfo_2',
'userinfo_2')) \
    .withColumn('UserInfodiff_4_20', udf_city_cmp('userinfo_2',
'userinfo_2')) \
    .withColumn('UserInfodiff_4_8', udf_city_cmp('userinfo_2',
'userinfo_2')) \
    .withColumn('UserInfodiff_8_20', udf_city_cmp('userinfo_2',
'userinfo_2')) \
    .drop('userinfo_2').drop('userinfo_4').drop('userinfo_8').drop(
'userinfo_20')

city_addCol.show(5)
```

```
Out[26]:  +----------------+----------------+-----------------+---------------
          -+-----------------+
          |UserInfodiff_2_4|UserInfodiff_2_8|UserInfodiff_4_20|UserInfodiff_4_
          8|UserInfodiff_8_20|
          +----------------+----------------+-----------------+---------------
          -+-----------------+
          |               1|               1|                0|               1|
          0|
          |               1|               1|                0|               1|
          0|
          |               1|               1|                1|               1|
          1|
          |               1|               1|                0|               1|
          0|
          +----------------+----------------+-----------------+---------------
          -+-----------------+
          only showing top 4 rows
```

7.3.5　字符串字段编码处理

PySpark 的机器学习模型只能处理数值型数据，因此需要将字符型数据转换为数值型数据，使用数值描述不同类别数据。此外，考虑到如果有些类别占类别总数的比例比较小，可以进行合并以减少类别数量。

1．定义处理函数

将类别占总数的比例阈值设置为 0.002，类别占总数的比例小于该值时则合并为 other，将该处理过程定义为一个处理函数，以便重复使用，如代码 7-32 所示。

代码 7-32　定义类别处理函数

```
In[27]:  from pyspark.ml.feature import StringIndexer

         # udf()函数，用于过滤类别占总数比例小于 0.002 的数据，将其划分为“other”
         udf_rate_filter = fn.udf(lambda feature, feature_rate:
                                  feature if (feature is not None and feature_rate > 0.002)
                                  else 'other')


         # 字段内容比例计算函数，计算指定字段中不同类别的占比
         def col_percentage_calc(fmdata, featureCol):
             cols = ['idx']
             cols.append(featureCol)

             feature_count_name = featureCol + '_count'
             feature_rate_name = featureCol + '_rate'

             featureCount = fmdata.select(cols) \
                 .groupby(featureCol) \
                 .agg(fn.count('idx').alias(feature_count_name))

             feature_all_count = fmdata.select(cols).count()

             tmp_data = featureCount \
                 .withColumn(feature_rate_name,
                             featureCount[feature_count_name] / feature_all_count) \
                 .withColumn(featureCol, fn.trim(featureCount[featureCol]))

             feature_rate = fmdata.select(cols).join(tmp_data, on=featureCol,
         how='left')

             result = feature_rate \
                 .withColumn(featureCol,
                             udf_rate_filter(featureCol, feature_rate[feature_
         rate_name])) \
                 .drop(feature_count_name) \
                 .drop(feature_rate_name)
             return result
```

```
In[28]:  # 将类别数据转换为数值型数据
         def col_string_indexer(fmdata, featureCol):
             indexer = StringIndexer(inputCol=featureCol,
                                     outputCol=featureCol + '_index')
             idx_model = indexer.fit(fmdata)
             result = idx_model.transform(fmdata)

             return result
```

```
In[29]:  # 使用 Hive 进行缓存
         def dataCacheToHive(fmdata, database, table, count):
             if (len(spark.sql('show tables in {}'.format(database))
                          .filter("tableName=='{}_{}'".format(table, count))
                          .collect()) == 1):
                 print('drop table [ {}.{}_{} ] ...'.format(database, table, count))
                 spark.sql('drop table {}.{}_{}'.format(database, table, count))

             print('save data to table [ {}.{}_{} ] ...'.format(database, table,
         count))
             fmdata.write.saveAsTable('{}.{}_{}'.format(database, table, count))

             # time.sleep(5)
             print('catalog.refreshTable [ {}.{}_{} ] ...'.format(database, table,
         count))
             spark.catalog.refreshTable('{}.{}_{}'.format(database, table, count))

             print('return cached data  ...')
             return spark.read.table('{}.{}_{}'.format(database, table, count)).
         cache()
```

2. 将字符型数据转换为数值型数据

对所有字符型字段进行类别统计（占比小于 0.002 的合并为 other 类别），并将类别通过编码转换为数值型数据。考虑到要对多个字符型字段进行类别统计和编码转换操作，并进行字段合并操作，需要使用较多的内存，为了避免内存溢出，对中间结果通过 Hive 进行临时存储，如代码 7-33 所示。

代码 7-33 字符型字段转换

```
In[30]:  cleaned_result = tmp_data_transform.join(city_addCol, on='idx').cache()
         cleaned_result = cleaned_result.toDF(*[col.lower()
```

```
                              for col in cleaned_result.columns]).cache()

# 定义字符型字段
nanColumns = ['userinfo_2', 'userinfo_4', 'userinfo_7', 'userinfo_8',
            'userinfo_19', 'userinfo_20', 'userinfo_24', 'userinfo_23',
            'education_info2', 'education_info3', 'education_info4',
            'education_info6', 'education_info7', 'education_info8',
            'webloginfo_19', 'webloginfo_20', 'webloginfo_21']
otherColumns = list(set(nanColumns) ^ set(cleaned_result.columns))
```

In[31]:

```
other_column_result = cleaned_result.select(otherColumns).cache()
nan_column_result = cleaned_result.select(['idx'] + nanColumns).cache()

count = 0
nan_column_result = cleaned_result.select(['idx'] + nanColumns)
for col in nanColumns:
    print('processing the columns [{}] ...'.format(col))
    col_other_result = col_percentage_calc(nan_column_result, col)
    col_index_result = col_string_indexer(col_other_result, col).drop(col)
    nan_column_result = nan_column_result.join(col_index_result, on=
'idx').drop(col)
    count = count + 1
    if (count % 2 == 0):
        nan_column_result = dataCacheToHive(nan_column_result,
                                    'bclcredits', 'tmp_data', count)

nan_column_result = dataCacheToHive(nan_column_result,
                              'bclcredits', 'tmp_data', count + 2)
nan_column_result.count()
```

Out[31]:

```
processing the columns [userinfo_2] ...
processing the columns [userinfo_4] ...
processing the columns [userinfo_7] ...
processing the columns [userinfo_8] ...
drop table [ bclcredits.tmp_data_4 ] ...
save data to table [ bclcredits.tmp_data_4 ] ...
catalog.refreshTable [ bclcredits.tmp_data_4 ] ...
return cached data  ...
……省略部分数据……
49999
```

```
In[32]:  # 将处理后的数据存储到 bclcredits 数据库中的 encodeprocess 表中
         result = nan_column_result.join(other_column_result, on='idx')
         result.write.mode('overwrite').saveAsTable('bclcredits.encodeprocess')
```

7.3.6　分类数据重编码

在 PySpark 机器学习中用到的数据都需要数字化，其中类别数据（如男、女）是离散、无序的，可以使用简单的数字编码（如 0、1）分别与其对应实现数字化。但是这样的处理并不能直接放入机器学习模型中（机器学习模型默认数据是有序的），类别之间本是无序的，编码后才会变为有序。解决该问题的其中一种方案就是 One-Hot（独热）编码，其使用 N 位二进制来对 N 个状态进行编码，每个状态都有唯一的二进制位与其对应，并且在任何时间，只有一个二进制位是有效的。例如："男"和"女"有两个特征，所以 N 需要取 2，"男"编码为 01，"女"编码为 10，只使用其中的一个二进制位来描述类别数据。另外，使用 One-Hot 编码将类别数据的取值扩展到了欧氏空间，可以理解为类别数据在经过 One-Hot 编码后得到 N 位二进制，可以与空间中的某个点相对应。例如"男"对应的 01 编码可以理解为二维坐标系中的(0,1)，"女"对应坐标(1,0)。类别数据经过 One-Hot 编码后，其之间的距离计算会更加合理，因为类别数据到原点的距离是相等的，如坐标(0,1)和坐标(1,0)到原点(0,0)的距离都是相等的。

1. 重编码

探索 encodeprocess 表中 userinfo_9 字段，该字段有 4 种不同值，分别为中国移动、中国联通、中国电信和不详。该字段中不同内容对构建用户还款预测模型有重要作用，因此对 userinfo_9 字段进行 One-Hot 编码处理，并生成新特征。"userinfo_9"将被分解为"userinfo_9_不详""userinfo_9_中国电信""userinfo_9_中国联通""userinfo_9_中国移动"。

首先需要将 PySpark 中 DataFrame 类型的对象转换为 pandas 模块中 DataFrame 类型的对象，再对 userinfo_9 字段中的内容进行 One-Hot 编码并生成新特征字段。同理，对 userinfo_22 字段描述的婚姻状态数据进行相同的操作，如代码 7-34 所示。

代码 7-34　对字段进行 One-Hot 编码

```
In[33]:  # 如果新建 Notebook，需要导入包并初始化 SparkSession 对象
         # from pyspark.sql import SparkSession
         # import pandas as pd
         # spark = SparkSession.builder.enableHiveSupport().getOrCreate()
         data = spark.sql('select * from {}.{}'.format('bclcredits',
         'encodeprocess'))
In[34]:  pd_phone = data.select(['idx', 'userinfo_9']).toPandas()
         pd_phone['userinfo_9_e_commerce'] = pd_phone['userinfo_9'] \
```

```
    .apply(lambda v: 1 if v == '中国移动' else 0)
pd_phone['userinfo_9_unicom'] = pd_phone['userinfo_9'] \
    .apply(lambda v: 1 if v == '中国联通' else 0)
pd_phone['userinfo_9_telecom'] = pd_phone['userinfo_9'] \
    .apply(lambda v: 1 if v == '中国电信' else 0)
pd_phone['userinfo_9_unknown'] = pd_phone['userinfo_9'] \
    .apply(lambda v: 1 if v == '不详' else 0)
pd_phone.drop(['userinfo_9'], axis=1, inplace=True)
pd_phone.head(5)
```

In[35]:

```
# 将包含marriage字段和idx字段的DataFrame转换成pandas模块的DataFrame类型
pd_marriage = data.select(['idx', 'userinfo_22']).toPandas()
pd_marriage['userinfo_22_married'] = pd_marriage['userinfo_22'] \
    .apply(lambda v: 1 if v == '初婚'
                   or v == '已婚'
                   or v == '再婚'
else 0)

pd_marriage['userinfo_22_unmarried'] = pd_marriage['userinfo_22'] \
    .apply(lambda v: 1 if v == '未婚' else 0)

pd_marriage['userinfo_22_unknown'] = pd_marriage['userinfo_22'] \
    .apply(lambda v: 1 if v == 'D'
                   or v == '不详'
else 0)
pd_marriage.drop(['userinfo_22'], axis=1, inplace=True)
pd_marriage.head(5)
```

Out[35]:

```
idx userinfo_22_married userinfo_22_unmarried userinfo_22_unknown
0 10001 0 0 1
1 10002 0 0 1
2 10003 0 0 1
3 10006 0 0 1
4 10007 0 0 1
```

2. 结果写入 Hive 表

删除结果对象中的字段 userinfo_9 和 userinfo_22，并将结果转换成 PySpark 中 DataFrame 类型的对象，最后写入 Hive，如代码 7-35 所示。

代码 7-35 删除字段并将结果写入 Hive

```
In[36]:  marriage = spark.createDataFrame(pd_marriage)
         phone = spark.createDataFrame(pd_phone)
         onehotprocess = data.drop('userinfo_9')\
                         .drop('userinfo_22')\
                         .join(marriage, on='idx')\
                         .join(phone, on='idx')
         onehotprocess.write.mode('overwrite').saveAsTable(
         'bclcredits.onehotprocess')
```

7.3.7 缺失值处理

经过数据预处理后，得到了新的数据表，即 onehotprocess 表、userupdateprocess 表和 loginfoprocess 表。但表中仍然存在缺失数据，因此需要统计表中所有特征列的缺失数据比例。特征列中缺失数据比例较大的，则将其剔除；特征列中缺失数据比例较小的，则使用 0 代替该特征列中的缺失数据。

1．读取数据

对得到新的数据表：onehotprocess 表、userupdateprocess 表和 loginfoprocess 表，按照表中的 idx 列合并数据，构建机器学习模型的输入数据。3 张表都包含字段 listinginfo，在合并时需删除重复字段，如代码 7-36 所示。

代码 7-36 合并数据并删除重复字段

```
In[37]:  # 如果新建 Notebook，需要导入包并初始化 SparkSession 对象
         # from pyspark.sql import SparkSession
         # from pyspark.sql import functions as fn
         # from pyspark.sql.types import DoubleType
         # spark = SparkSession.builder.enableHiveSupport().getOrCreate()
         database = 'bclcredits'
         tb_onehotprocess = 'onehotprocess'
         tb_loginfoprocess = 'loginfoprocess'
         tb_userupdateprocess = 'userupdateprocess'
         tb_nullprocess = 'nullprocess'
         merge_idx = 'idx'
         master = spark.sql('select * from {}.{}'.format(database, tb_onehotprocess)) \
             .drop('listinginfo') \
             .drop('label')
```

```
userupdate = spark.sql('select * from {}.{}'.format(database,
tb_userupdateprocess)) \
    .drop('listinginfo')

loginfo = spark.sql('select * from {}.{}'.format(database,
tb_loginfoprocess)) \
    .drop('listinginfo')

data = userupdate.join(loginfo, on=merge_idx).join(master, on=merge_idx)
all_count = data.count()
data = data.cache()
filter_columns = data.drop('idx').drop('target').columns
```

2. 字段缺失数据统计及处理

合并之后的表中存在缺失数据，需统计各特征的缺失数据比例并且将所有特征列的数据类型都转换成 Double 类型。若缺失值比例大于 0.9，则认为该特征的价值不高，将该特征删除；若缺失数据比例小于 0.9，则将该特征列的缺失数据填充为 0。最后，将完成缺失数据处理后的数据集保存至 Hive 中，如代码 7-37 所示。

代码 7-37　字段缺失数据统计及处理

```
In[38]:  rate_threshold = 0.9
         drop_columns = []
         cast_columns = []
         procssed_count = 0
         all_count = len(filter_columns)

         for col in filter_columns:
             procssed_count += 1
             if procssed_count % 10 == 0:
                 print('[ {} / {} ]'.format(procssed_count, all_count))

             null_count = data.select(col).filter(fn.col(col).isNull()).count()
             rate = null_count / all_count
             if rate > rate_threshold:
                 drop_columns.append(col)
             else:
                 # data_master = data_master.withColumn(col,data_master[col].
         astype(DoubleType()))
```

```
        cast_columns.append(col)
print('all_count:cast_columns_count:drop_columns_count:[ {}: {} / {} ]' \
    .format(len(data.columns) - 2, len(cast_columns), len(drop_columns)))
```

```
In[39]:  from pyspark.sql.types import *


         data = data.drop(*drop_columns)
         data = data.select([fn.col(column).cast(DoubleType())
                         for column in cast_columns] + ['idx', 'target'])
         data = data.na.fill(0)
```

```
In[40]:  # 数据集保存至 Hive 中
         data.write.mode('overwrite').saveAsTable('{}.{}'.format(database,tb_n
         ullprocess))
```

7.4 模型构建与评估

完成数据预处理后，即可基于处理后的现有数据构建分类模型，并对构建的分类模型进行评估以达到期望的正确率。分类效果较佳的分类模型可应用于真实的业务场景中，对新用户进行信用风险评估，以便确定其是否可以贷款，并为规定用户的贷款金额和贷款时间等提供决策支持。

7.4.1 了解 GBTs 算法

Spark 在 MLlib 库中引入了 GBTs 算法，该算法适用于分类和回归，在机器学习算法中应用较为广泛。

GBTs 是一种决策树的集成算法，通过反复迭代训练决策树从而最小化损失函数，得到一个强分类器。在机器学习集成算法中，主要有如下 3 种集成学习方法。

（1）Bagging 方法集成同质弱学习器（称为基学习器），相互独立地并行学习这些弱学习器，并按照某种确定性的平均过程将它们进行组合。

（2）Boosting 方法集成同质弱学习器，顺序地学习弱学习器（每个弱学习器都依赖于前面的学习器），并按照某种确定性策略将它们进行组合。

（3）Stacking 方法集成异质弱学习器，并行地学习异质弱学习器，并通过训练一个元模型将它们进行组合，根据不同弱学习器的预测结果输出一个最终的预测结果。

GBTs 采用的是 Boosting 方法，即采用串行的方式组合各个弱学习器，各个弱学习器之间有依赖，再顺序地学习这些弱学习器，最终获得一个比单个学习器更好的集成学习器。

GBTs 的基本思路是依次迭代训练一系列的决策树，每棵决策树使用最小化损失函数学习前一棵决策树的缺点和不足之处。在每一次的迭代中，使用算法得到的决策树对每个训练实例的类别进行预测，再将预测结果与真实的标签值进行比较，通过重新标记，赋予预测结果不好的实例更高的权重。GBTs 使用最小化上一次迭代错误结果的思想，选择和提高下一棵决策树的性能，从而得到最佳的结果。

7.4.2 构建 GBTs 模型

在 Spark 中 GBTs 模型是基于决策树实现的，可用于分类和回归。在本例中，使用 GBTs 构建用户分类模型，实现用户信用风险评估，并使用测试数据在该模型上进行测试。

1. 初始化 SparkSession 并读取数据

从 Hive 中加载预处理后的数据，即读取 nullprocess 表中的数据，如代码 7-38 所示。

代码 7-38 初始化 SparkSession 对象并加载预处理后的数据

```
In[1]:
from pyspark.sql import SparkSession
from pyspark.ml.feature import VectorAssembler
from pyspark.ml.feature import StringIndexer
from pyspark.ml.feature import VectorIndexer
from pyspark.ml.feature import IndexToString
from pyspark.ml.classification import GBTClassifier, GBTClassificationModel
from pyspark.ml.evaluation import MulticlassClassificationEvaluator
from pyspark.ml import Pipeline
from pyspark.ml.feature import PCA
```

```
In[2]:
spark = SparkSession.builder.enableHiveSupport().getOrCreate()
database = 'bclcredits'
tb_train_master = 'masterinfo_train'
tb_test_master = 'masterinfo_test'

data_master = spark.sql('select * from {}.{}'.format(database,
tb_nullprocess))
assembleCols = data_master.drop('idx', 'target').columns
```

2. 特征提取

nullprocess 表中数据包含 206 个特征，考虑到特征较多，可能会影响建模效率，因此使用 PCA()方法进行特征提取，如代码 7-39 所示。数据特征提取是在尽可能保留原始数据结构属性的情况下，从原始特征中寻找最有效、最具有代表性的特征，有效减少特征的数量，增强后续模型的学习和泛化能力。本例将从 206 个特征中筛选出 100 个特征作为机器学习的输入特征，提升模型泛化能力。

代码 7-39　基于 PCA()方法的特征提取

```
In[3]:  assembler = VectorAssembler().setInputCols(assembleCols).setOutputCol
        ('features')
        assember_data = assembler.transform(data_master)
        pcaModel = PCA().setInputCol('features') \
            .setOutputCol('pcaFeatures') \
            .setK(100) \
            .fit(assember_data)
        df = pcaModel.transform(assember_data) \
            .selectExpr('idx', 'target', 'pcaFeatures', 'features')

        df.select('idx', 'target', 'features', 'pcaFeatures').show(10)
Out[3]: +-----+------+--------------------+--------------------+
        |  idx|target|            features|         pcaFeatures|
        +-----+------+--------------------+--------------------+
        |10119|     0|(204,[0,1,2,3,4,1...|[1.01293812333033...|
        |10160|     0|(204,[0,1,2,3,4,1...|[1.01310579411918...|
        |10435|     0|(204,[0,1,2,3,4,1...|[0.06194200717356...|
        |10529|     0|(204,[0,1,2,3,4,1...|[1.01700704157389...|
        |10624|     0|(204,[0,1,2,3,4,1...|[0.73224428591137...|
        |10882|     0|(204,[0,1,2,3,4,1...|[1.01114246774016...|
        |10943|     0|(204,[0,1,2,3,4,1...|[1.01979305716163...|
        |11152|     0|(204,[0,1,2,3,4,1...|[0.82277259102802...|
        |11449|     0|(204,[0,1,2,3,4,1...|[1.01198398396320...|
        |11950|     0|(204,[0,1,2,3,4,1...|[1.02309814772795...|
        +-----+------+--------------------+--------------------+
        only showing top 10 rows
```

3. GBTs 建模

构建 GBTs 模型，首先对 target 字段中的字符串内容进行重编码，并构建 100 个特征的向量，作为 GBTs 模型的输入数据。最后使用 GBTClassifier 类构建 GBTs 模型，如代码 7-40 所示。

代码 7-40　构建 GBTs 模型

```
In[4]:  # 对 target 字段的字符串内容进行重编码
```

```
labelIndexer = StringIndexer().setInputCol('target') \
    .setOutputCol('indexedLabel') \
    .fit(df)

# 对特征字段进行编码，对向量进行编码
featureIndexer = VectorIndexer().setInputCol('features') \
    .setOutputCol('indexedFeatures') \
    .setMaxCategories(4) \
    .fit(df)

# GTBs 建模，设置特征字段和标签字段
gbt = GBTClassifier().setLabelCol('indexedLabel') \
    .setFeaturesCol('indexedFeatures') \
    .setMaxIter(10)

# 标签字段还原，还原成原来的字符串
labelConverter = IndexToString().setInputCol('prediction') \
    .setOutputCol('predictedLabel') \
    .setLabels(labelIndexer.labels)

# 通过管道，将预处理、训练和标签还原整合成一个完整的步骤，便于直接用于训练数据和测试数据
pipeline = Pipeline().setStages([labelIndexer, featureIndexer, gbt, labelConverter])
```

4. 训练 GBTs 模型

预处理后的数据包含训练数据和测试数据，可以从 masterinfo_train 表中读取训练数据的 idx，基于该 idx 从预处理后的数据中获取训练数据，然后使用该训练数据训练 GBTs 模型，如代码 7-41 所示。

代码 7-41　使用训练数据训练 GTBs 模型

```
In[5]:  train_index = spark.sql('select distinct idx from {}.{}'.format(database, tb_train_master))
        train_data = df.join(train_index, on='idx')

        # 使用训练数据训练 GBTs 模型
        gbt_model = pipeline.fit(train_data)
```

7.4.3　评估 GBTs 模型

从 masterinfo_test 表中读取测试数据的 idx，基于该 idx 从预处理后的数据中获取测试数据，然后使用该测试数据对 GBTs 模型进行评估，如代码 7-42 所示。

代码 7-42　使用测试数据对 GBTs 模型进行评估

```
In[6]:  test_index = spark.sql('select distinct idx from {}.{}'.format(database,
        tb_test_master))
        test_data = df.join(test_index, on='idx')

        predictions = gbt_model.transform(test_data)
        # predictions.select('predictedLabel', 'target', 'features').show(5)
        evaluator = MulticlassClassificationEvaluator().setLabelCol
        ('indexedLabel') \
            .setPredictionCol('prediction') \
            .setMetricName('accuracy')
        accuracy = evaluator.evaluate(predictions)
        print('预测的准确率: {}'.format(accuracy))
Out[6]: 预测的准确率: 0.922289965895223
```

根据代码 7-42 的预测结果可知，测试数据的预测准确率高达 0.92，说明这个模型的效果是比较好的，能应用于用户逾期还款的预测。

7.5　部署和提交 PySpark 应用程序

在 7.2～7.4 节中，所有的代码开发和运行均在 Jupyter Notebook 中完成。如果需要在 Spark 集群中执行程序，那么需要将程序及其依赖包进行打包，构建 Spark 应用程序，并将程序提交至 Spark 集群中运行。

7.5.1　打包 PySpark 应用程序

这里以创建 Hive 表并导入数据为例，首先，在 Hive 命令行中创建数据库 bclcredits2。再将 Jupyter 文件代码中的文件存放路径 path 改为绝对路径，数据库名改为 bclcredits2。然后将代码另存为.py 文件，进行打包，如图 7-3 所示，最后将文件名改为 initalize.py。

图 7-3 代码另存为.py 文件

1. 新建模块目录

在搭建了单机模式的 PySpark 开发环境的 Windows 主机的任意路径下新建一个文件夹并命名为 TEST，应用程序目录结构如图 7-4 所示。在该目录中有一个 setup.py 文件，用于配置程序打包；mypkg 目录用于存储源码 initalize.py 文件。

```
D:\TEST
|   setup.py
|
\---mypkg
        initialize.py
        __init__.py
```

图 7-4 应用程序目录结构

2. 配置打包参数

在 setup.py 文件中配置程序打包参数，如代码 7-43 所示。本例中只有一个模块 initialize，存储在 src 目录下。

代码 7-43　配置程序打包参数

```
from setuptools import setup


setup(name='mypkg',
version='1.0',
)
```

在 src 目录中新建__init__.py 文件，在该文件中指明导入 initialize 模块（即 initialize.py 文件），如代码 7-44 所示。

代码 7-44　导入 initialize 模块

```
from mypkg import initialize
```

3. 打包程序

将 test 目录中的文件打包成一个.egg 文件。在 test 目录中执行 egg 生成命令，如代码 7-45 所示。

代码 7-45　执行 egg 生成命令

```
python setup.py bdist_egg
```

代码执行成功，应用程序打包后的 test 目录结构如图 7-5 所示，其中生成了多个目录，dist 目录包含打包成功后的.egg 文件。

```
D:\TEST
│   setup.py
│
├---build
│   \---bdist.win-amd64
├---dist
│       mypkg-1.0-py3.8.egg
│
├---mypkg
│       initialize.py
│       __init__.py
│
\---mypkg.egg-info
        dependency_links.txt
        PKG-INFO
        SOURCES.txt
        top_level.txt
```

图 7-5　应用程序打包后的 test 目录结构

在本例中，打包 PySpark 应用程序不是必需的，因为文件的代码没有引用公共的模块，也没有引用第三方模块，所以也可以选择将.py 文件提交至 Spark 集群中执行。

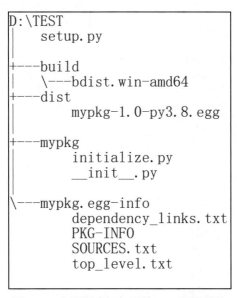

7.5.2 提交 PySpark 应用程序

要让 Spark 执行打包后的.egg 文件，需要额外提供一个文件 submit.py，该文件用于调用.egg 文件中的代码，如代码 7-46 所示。其中的代码为导入 mypkg 模块（即已经打包的应用程序）中的代码，mypkg 包中只包含 initialize.py 模块，因此会直接执行 initialize.py 中的代码。将该代码保存为 submit.py 文件。

代码 7-46 配置 submit.py 文件

```
import mypkg
```

接下来，在命令行中键入如 Spark 作业提交命令，进入 test 目录，如代码 7-47 所示。

代码 7-47 Spark 作业提交命令

```
spark-submit --py-files dist/mypkg-1.0-py3.8.egg submit.py
```

由于本例的程序代码没有引用其他的包，也可以直接提交。基于代码文件提交 Spark 作业如代码 7-48 所示，直接将.py 文件作为参数传递给 spark-submit，然后提交到 Spark 集群中执行。

代码 7-48 基于代码文件提交 Spark 作业

```
spark-submit mypkg/initialize.py
```

使用 cmd 命令行工具，输入“pyspark”进入 PySpark Shell 中，使用 spark.sql 命令查询结果，结果如图 7-6 所示（由于字段较多，只展示部分字段数据）。

```
>>> spark.sql("select idx, userinfo_1, userinfo_2,userinfo_3,userinfo_4 from bclcredits.masterinfo limi
t 20").show()
22/10/10 16:16:31 WARN util.Utils: Truncated the string representation of a plan since it was too large
. This behavior can be adjusted by setting 'spark.debug.maxToStringFields' in SparkEnv.conf.
+-----+----------+----------+----------+----------+
|  idx|userinfo_1|userinfo_2|userinfo_3|userinfo_4|
+-----+----------+----------+----------+----------+
|10001|         1|      深圳|         4|      深圳|
|10002|         1|      温州|         4|      温州|
|10003|         1|      宜昌|         3|      宜昌|
|10006|         4|      南平|         1|      南平|
|10007|         5|      辽阳|         1|      辽阳|
|10008|         1|      吴忠|         5|      银川|
|10011|         1|      绵阳|         3|      赤峰|
|10015|         4|      东莞|         5|      东莞|
|10019|         1|      赤峰|         6|      赤峰|
|10021|         3|      武汉|         5|      鄂州|
|10022|         5|      武汉|         5|      武汉|
|10024|         5|      长沙|         5|      长沙|
|10026|         3|      漳州|         3|      漳州|
|10027|         3|    牡丹江|         6|    牡丹江|
|10031|         1|      太原|         3|      太原|
|10032|         1|      北京|         6|      北京|
|10036|         1|      成都|         3|      忻州|
|10039|         1|      三明|         4|      三明|
|10040|         1|      临沂|         6|      临沂|
|10044|         4|      临沂|         6|      临沂|
+-----+----------+----------+----------+----------+
```

图 7-6 查询结果

小结

本章结合某银行提供的用户信息，通过构建分类预测模型展示了一个基于 PySpark 的信用贷款风险分析案例。从案例业务需求分析、系统架构分析出发，分步骤实现数据探索、数据预处理、模型构建与评估，以及部署和提交 PySpark 应用程序，每一步骤都提供了完整的分析思路和参考代码，帮助读者理解并完成整个案例的实践操作。通过本章的学习，读者能掌握并运用 Spark 提供的数据挖掘技术，从海量数据中获取潜藏的有价值信息，帮助企业预测未来的趋势和行为，使得商务活动和生产活动更具有前瞻性。

参考文献

［1］肖芳，张良均．Spark 大数据技术与应用［M］．北京：人民邮电出版社，2018.

［2］KARAU H, KONWINSKI A, WENDELL P, et al．Spark 快速大数据分析［M］．王道远，译．北京：人民邮电出版社，2015.

［3］林子雨．Spark 编程基础（Python 版）［M］．北京：人民邮电出版社，2020.

［4］兰一杰．Python 大数据分析从入门到精通［M］．北京：北京大学出版社，2020.

［5］肖力涛．Spark Streaming 实时流式大数据处理实战［M］．北京：机械工业出版社，2019.

［6］林大贵．Python+Spark 2.0+Hadoop 机器学习与大数据实战［M］．北京：清华大学出版社，2017.

［7］冯勇，屈渤浩，徐红艳，等．融合 TF-IDF 和 LDA 的中文 FastText 短文本分类方法［J］．应用科学学报，2019，37(3):11.

［8］李堂军，戴昕淼．基于 LDA 的招聘信息技能标签生成算法［J］．软件导刊，2021，20（5）：128-133.

［9］汤洋，汤敏倩．网络招聘信息中职业类型与专业领域的情报分析［J］．情报杂志，2017，36（6）：72-77.